京津冀循环农业新技术及实践

JINGJINJI XUNHUAN NONGYE XINJISHU JI SHIJIAN

王甲辰　李吉进　孙钦平　李鹏　主编

中国农业出版社
北　京

内　容　简　介

京津冀地区是我国经济、社会和生态协同发展的重要区域，但在农业领域存在着区域内部发展不平衡、部分地区超出废弃物资源承载极限和环境污染等突出问题，严重影响和制约了该区的可持续发展。本书介绍了国内外循环农业的研究现状，并着重介绍了京津冀地区种植业废弃物资源化利用、养殖业废弃物绿色处理循环利用和以沼气为纽带循环农业的关键技术与示范，以及京津冀区域循环农业能流分析与环境效应。

本书可广泛服务于区域环境生态建设、资源利用与保护以及农业可持续发展等领域，也可供农业资源与环境、环境科学和生态等相关专业的教学和科研人员参考。

编　委　会

前言

FOREWORD

京津冀地区是我国经济、社会和生态协同发展的重要区域，总面积约为 21 万 km^2，占全国陆地总面积的 2.20%，但存在着区域内部发展不平衡、部分地区超出废弃物资源承载极限和环境污染等突出问题，严重影响和制约了该地区的可持续发展。据统计，京津冀地区农作物秸秆年产量约 5 144 万 t；蔬菜种植面积约 139.16 万 hm^2，蔬菜废弃物年产生量约为 8 877.9 万 t（鲜重），农田尾菜已成为仅次于玉米、小麦秸秆的第三大农作物废弃物；果园面积约有 121 万 hm^2，每年可产生果枝等果园废弃物 1 633 万 t。京津冀地区种植业废弃物产生量巨大，循环农业发展亟待提升。

国内外针对农作物秸秆和果蔬废弃物处理技术已有较多的研究，但在以下几个方面仍需加强：①秸秆还田过程中对土壤结构产生的负面效应、C/N 比失调、腐熟慢以及带来的环境问题；②蔬菜废弃物资源化利用大多采用联合堆肥方式，但处于成本较高、运行效率差的现状，而普通沤肥病原菌多，沤制时间长，需针对蔬菜废弃物含水量高、易腐烂的特点，开发快速消毒—沤制的技术和高附加值的商品有机肥；③果林废弃物堆腐后可形成替代基质，能够广泛用于蔬菜育苗、无土栽培等，但果林固体废弃物有机栽培基质存在性状不良的问题，技术需求迫切。

京津冀地区人口密度大，农副产品需求强烈，其中牛奶、鸡蛋等动物性产品难以长途运输，导致在京津地区及河北大城市周边形成了高密度的集约化养殖模式，促进了农业产业结构调整。但在满足人们对肉、蛋、奶需求的同时，也带来了一系列环境污染风险问题，主要包括：①由于饲料添加剂中含有多种重金属元素，致使养殖废弃物重金属含量风险高，同时废弃物中抗生素残留高，影响农产品安全和民众健康；②传统圈舍养殖存在动物养殖环境差、空气污浊和活动空间肮脏等问题，致使动物生活幸福指数低、养殖效率低下；③京津冀规模化养殖年产废弃物近 2 亿 t，传统养殖和垫料养殖废弃物高温堆肥伴随着大量氨气、硫化氢和其他气体释放，造成了大量无机氮、无机硫和其他有机养分的损失以及污染周边居住环境，需要采用综合处理技术降低环境气体排放；④针对养殖废弃物资源化变成肥料后如何与种植业科学配置，缺乏量化循环模式。

随着京津冀地区沼气产业不断发展，沼渣沼液产量逐年增加，虽每年可产 1 200 万 t，但最突出的问题是沼渣沼液分离后农田施用环境效应不明；精准化施用技术缺失，限制了沼渣沼液肥料化利用；同时，针对沼液含固率低、养分浓度高，以及沼液农用季节性、土地承载限制与其产生连续性相矛盾的问题，需要研究解决集成沼液高效氮磷回收处理技术的难题。

区域秸秆、养殖废弃物和沼渣沼液等带来的农业循环过程中的突出问题若能得到及时解决，可为京津冀区域资源科学配制和农业绿色发展奠定基础。在京津冀协同发展的政策驱动下，亟需该区域农业废弃物绿色处理和资源化利用，对京津冀农业产业合理布局和可持续发展必将起到巨大的推动作用。

在北京市农林科学院的大力资助下，研究团队在京津冀地区历经3年攻关研究，取得了解决上述一系列问题的科研成果，并在实践中加以应用，为解决“三农”问题和“美丽乡村”建设，特别是乡村振兴做出应有的贡献。

由于编者水平有限，书中可能存在疏漏和不足之处，希望参考本书的科技人员和读者给予批评、指正。

编　者

2023年9月

目录

CONTENTS

第一章 循环农业研究现状

随着现代农业的快速发展，畜禽养殖业集约化程度不断提高，种植业化肥施用量不断增长，种植业与养殖业严重脱节，导致种养废弃物资源浪费以及环境污染问题日益突出，如何实现种植业、畜禽养殖业产能增长与生态环境保护的协调发展，是种养系统可持续性面临的重大挑战。种养复合循环农业通过协调种植、养殖结构，可实现生物质和养分等资源的循环利用，从而降低投入，促进种养废弃物的合理利用，把传统的依赖农业资源消耗的线性增长方式，转换为资源节约与高效利用型的农业经济增长方式（尹昌斌等，2013）。种养结合循环发展是解决农业废弃物资源化利用的根本出路，是破解农业面源污染难题、实现种植业和畜禽养殖业绿色生产的重要途径（董红敏等，2019）。绿色种养循环农业模式的应用推广对于促进乡村振兴，推动农业绿色低碳可持续发展具有重要意义。

第一节　国外循环农业研究现状

国外循环农业的发展最早可追溯到1909年有机农业的兴起，当时美国农业部土地管理局局长King在考察中国农业后，于1911年写成了《四千年的农民》一书，总结了中国农业始终兴盛不衰的经验（陈红兵等，2019）。1935年，有机农业的奠基人——英国的霍华德爵士出版了《农业盛典》一书，论述了土壤健康与植物、动物健康的关系（杜相革等，2006）。同年，日本学者冈田茂吉创立了自然农业，主张通过增加土壤有机质，不施用化肥和农药获得产量，提出在农业生产中尊重自然、重视土壤和协调人与自然关系的思想（沈德中等，1995）。1940 年，美国的罗代尔受霍华德的影响，开始了有机园艺的研究和实践，并于 1942 年出版了《有机园艺》一书（Coleman，1989）。同一时期，英国的伊夫·鲍尔费夫人第一个开展了常规农业与自然农业方法比较的长期试验。在她的推动下，1946 年成立了英国"土壤协会"，该协会根据霍华德的理论，提倡返还给土壤有机质，保持土壤肥力，以保持生物平衡。这些早期蕴含循环经济思想的农业发展方式是一批具有超前意识的思想家们为打破传统生产方式所带来的环境问题而进行的伟大尝试，为现代循环农业的产生和发展奠定了基础。

循环农业是一个综合性的系统工程。其将生态环境要素与农业发展理念相融合，在促进农业经济发展的同时，注重资源高效利用和生态环境保护，形成一种"资源—产品—再生资源"的农业循环发展模式。传统农业是在自然经济条件下，以自给自足为主导，一般以家庭为单位，依靠人力、畜力和传统农用工具为主要手段的传统农业生产方式。在传统农业多年的发展历史中，形成了其独特的发展特点。相较于循环农业，二者在理论基础、经济增长方式、物质运动方式、对资源环境的影响、资源使用特征、经济评价指标、经济发展要素和社会目标等方面都有很大区别。循环农业与传统农业的区别见表 1-1。

表 1-1　循环农业与传统农业的比较

（陈玺名等，2019）

项目比较	循环农业	传统农业
理论基础	生态学、生态系统理论产业经济学	西方经济学、政治经济学
经济增长方式	内生型增长	数量型增长
物质运动方式	物质能量循环流动的闭环式反馈型流程（资源—产品—再生资源）	物质单向流动的开环式线性经济（资源—产品—污染排放）

（续）

项目比较	循环农业	传统农业
对资源环境的影响	环境友好型经济增长方式	牺牲生态和环境为代价的经济增长方式
资源使用特征	低开采、高利用、低排放	高开采、低利用、高排放
经济评价指标	绿色核算体系	单一经济指标
经济发展要素	劳动力、资本、环境自然资源、科学技术	土地、劳动力、资本
社会目标	经济、环境、社会协调发展	经济利益、资本利益最大化

现代农业循环经济以高科技技术手段和先进科技设备为支撑，降低资源消耗，减少环境污染，高效利用资源，最终实现“再利用、减量化、资源化”的“3R”循环经济原则。目前在美国、德国和日本等发达国家，正在逐步完善循环农业发展模式。

一、以美国为代表的“精准农业”发展模式

美国在 20 世纪 50 年代就开始有意识地发展循环农业，如意识到水资源在农业生产活动中的重要地位，开始将节水灌溉技术推广。到了 90 年代初期，美国尝试将互联网高新技术与农业生产活动相结合，如将 GPS 定位技术应用到农业生产中去，通过 GPS 对某农业生产区域进行土壤样品采集及产量监测，以判定该区域农用化学肥料的使用程度，做到“对症下药”。

精准农业，顾名思义，是对农业生产进行精确化、精细化操作。根据农业用地的土壤特性，相应地进行农作物栽培和管理，力求以最低的投入，最少环境污染的代价换取最高的产量和最大的经济效益。像美国这样的发达国家，在农业生产与管理方面都运用了最先进的信息化技术和数据化统计。迄今为止，世界上最大的农业信息系统就诞生在美国，专门用于农业方面的计算机网络系统 AGNET。针对农业生产数据和经济数据，美国还建立了专门的农

业数据库。在农作物种植和培育方面，美国还运用了遥感技术（RS）、地理信息系统（GIS）以及全球卫星定位系统（GPS）（尹昌斌等，2013），确保美国农业实现精细化运作。专门的网络系统、专业的数据统计和3S技术的运用，由此构成了美国的精准农业体系。在农作物播种、施肥、浇水、收割等培育和收获环节，这个系统都发挥了重要的协助作用。通过数字化地图和坐标化地图的结合，可以准确定位并分析每个种植区农作物的各项指标，如土壤类型、单株产量和每亩①产量等指标。数据处理器则可以准确计算出每一块种植区的施肥数量和肥料配比，并自动下达施肥指令。这种信息化系统的使用大大降低了美国农业生产的成本，提高了农业生产效率，为美国农产品参与国际市场竞争提供了强有力的支持。

二、以德国为代表的“绿色能源农业”发展模式

德国曾经一味地追求农业产量，从而成为世界上使用农用化学品面积最广的国家。显而易见这种方式使德国的生态环境遭到了很大破坏。为了让农业得到绿色和可持续的发展，德国政府提出了“生态补偿”说法，一是发展有机农业，种植业和畜牧业都要按照国家严格的标准来发展；二是发展粗放型草场，将一部分耕地转为粗放型使用草场，并出台法律法规对草场的牲畜承载量做出严格规定；三是以封闭循环的方式对农业生产活动中产生的垃圾、废物进行循环处理，并将农业生产与生态工业相结合，如从甜菜、菊芋植物中制取乙醇，从油菜籽中提炼植物柴油代替矿物柴油作为动力燃料。而且德国非常注重对农民的技术培训和观念培养，技术型农民的高职业化水平也是这种“生态补偿”农业能够发展的一项重要因素（董红敏等，2019）。据资料统计，德国政府每年拨付大量资金，专门用于补贴种植能源农业的农民，且补贴力度远高于当时的大多数国家（余霜等，2015）。这些绿色能源与德国政府倡导的节能环保理念不谋而合。通过“绿色能源”农业发展模式，德国的土壤资

① 亩为非法定计量单位，1亩＝1/15hm^2≈667m^2。——编者注

源和水资源得到了合理保护，达到了农业生产过程与环境生态系统的协调发展，在保证综合经济发展的同时，兼顾了环境生态保护，真正实现了农业经济的循环发展。

三、以日本为代表的“环保型农业”发展模式

在日本农业发展史中，也有过因化肥、农药的大量使用致使水土流失、环境污染，最终造成社会公害的阶段。为此，日本政府通过发展“环保型农业模式”来改善环境问题。“环保型农业模式”是指将废弃物经过处理，重新变成可利用资源，再次回归到农业生产过程中。通过变废为宝，提高资源利用率，实现农业生产的再循环。

日本菱镇是最早将废弃物转化成有机肥的成功典范之一。菱镇将下水道污泥、家禽粪便等有机废物投放到发酵设备中，通过发酵，将产生的甲烷气体用于发电，剩余残留物进行固液分离。固态部分通过干燥形成堆肥，液态部分经过处理后再次利用或排放，充分实现了废弃物的资源化和无害化（李伯霞，2014）。

日本的循环农业模式主要走环保型道路。通过降低农业生产中化肥、农药的产出，保护土壤肥力；也通过提高废弃物的再利用，实现资源的高效再生。这种环保型农业发展模式可以有效防止水土流失、环境恶化等问题，在保护绿色资源，发展循环经济方面具有重要借鉴意义。

四、以英国为代表的“永久型农业”发展模式

相较于我国的地大物博，英国国土面积不大，可用耕地面积也少。为了节约土地资源，英国政府鼓励种植者循环利用各种资源，尽量种植多年生的农作物。于是，催生了“永久型农业”这一发展模式。这种模式可尽量降低人为因素对土地资源的破坏力，鼓励因地制宜，实现整个农业生态系统的自动调节，如秸秆还田、变废为宝等。此外，英国在进行农作物耕种时，尽量不使用化肥和各种杀虫剂，而是通过种植多样性的植物，通过生态链的互相牵制，实现

有害物质的环保性捕杀，以达到整个生态系统的平衡。在耕种土地时，英国政府还大力种植绿色植被，对土地资源进行养分保养，也通过先进技术手段，对当地环境进行监控，实现农业绿色规划发展。

五、以以色列为代表的“节水型农业”发展模式

以色列由于独特的地理和气候特征，常年处于半干旱、干旱状态。以色列政府因地制宜，发展了“节水型农业”。水资源是以色列地区的珍贵资源，在对农作物进行灌溉时，以色列采用了喷灌、滴灌技术。目前还发展了新型的微灌技术，能够满足坡地和远距离灌溉，且能够同时将水和肥料一起输送至农作物根部附近的土壤（刘翌楠，2015）。据有关资料显示，目前以色列地区超过 80%的农田都采用滴灌技术，有效地节约了水资源和肥料资源。除了节流，以色列还积极进行“开源”，循环利用废水资源。这个国家的废、污水经过技术处理，再次用于农业生产灌溉，而这种二次利用率高达 70%，可以说是世界上水资源循环利用率最高的国家之一。此外，对于雨水资源，以色列也没有浪费，通过在全国各地修建蓄水设备，尽可能地收集雨水。这些雨水直接注入水库，经过二次过滤循环，还可以再次使用。以色列的节水型农业发展模式让当今日益紧张的水资源得到了有效缓解，在水资源的开源节流方面做出了有效贡献。

第二节　国内循环农业研究现状

一、我国循环农业模式

近年来，随着我国农业技术的不断完善和农业经济水平的不断发展，以及政府部门和群众生态保护意识越来越高，我国循环农业发展也在奋起直追。如近年来随着我国“互联网＋”技术的不断发展，开始将互联网大数据技术与农业生产相结合，形成了一种新型的现代农业发展模式——智慧农业，它不仅使农业生产更加科学，

农业资源利用率更高，而且大大减少了农用化学品的使用，提高了农产品的质量安全。但作为一项新兴产业，智慧农业还存在发展成本高、专业技术人才不足、信息数据准确度不够等诸多问题。所以“以质增效”使农业获得较高产业效益，也是未来发展的方向。除此之外，我国还有很多包括政府部门引导的或是农民自己智慧发展出来的本土化循环农业模式。

种养复合循环农业模式的构建是根据区域种养产业特点及资源现状，通过种养系统设计和管理，调整和优化种养系统内部结构及产业结构，延长产业链条，利用生产中每一个环节，实现物质能量资源的多层次、多级化的循环利用，达到种养系统的自然资源利用效率最大化、购买性资源投入最低化、可再生资源高效循环化、有害生物和污染物可控化的产业目标（李明德等，2013）。种养复合模式是国内循环农业实践探索最为典型的主要模式（高旺盛，2015），与区域自然条件、产业类型及资源禀赋紧密相关，目前已形成南方以沼气为纽带的“猪—沼—果”模式、“牧草—肉牛—蔬菜”环保型种养循环农业模式（吴金水，2021）；北方的“四位一体”循环农业模式，以及山东寿光以秸秆综合利用、畜禽粪便利用和沼气为纽带的资源利用型种养循环模式等（赵立欣等，2017；王隆，2014）。根据农业生态系统与种植业、养殖业生产体系的特点，国内种养复合循环农业的典型模式有：种植业与生猪养殖业相结合的“猪—沼/肥—种植系统”循环模式，种植业与草食动物养殖业相结合的“牧草（秸秆）—草食动物养殖—沼/肥—种植系统”循环模式，稻田种养结合循环农业模式，如稻鸭共生、稻田养鱼、稻虾共作等，已取得明显的生态经济效益和实践经验。

（一）“猪—沼/肥—种植系统”循环模式

根据种植系统土地利用类型与种养产业特点，“猪—沼/肥—种植系统”循环模式包括“猪—沼/肥—农田种植系统”循环模式、“猪—沼/肥—园地种植系统”循环模式等。“猪—沼/肥—种植系统”循环模式是以规模化生猪养殖为源头，通过技术集成，拓宽粪污循环利用产业链，发展粪污治理、沼气能源、食用菌、种植业和有机肥料等产业，解决规模化养猪场区域内部各产业产生的“废弃物”再利用问题。生猪养殖废弃物资源的循环利用是实现种养循环的关键环节，固体废弃物可生产沼气或肥料化，利用生产的有机肥实现资源循环利用。养殖废水的无害化处理与综合利用是农业面源污染防控的重点，养殖废水通常运用沼液肥水一体灌溉技术实现沼液低成本还田（林代炎等，2010），或可进行生态处理，生态处理模式有生态湿地、氧化塘等，对于高浓度的养殖废水，单一类型生态处理工艺难以实现废水的高效处理，通过种养结合模式，实现养殖废水的组合生态处理与循环利用具有较好的应用前景，较为典型的模式有“猪—沼/肥—草”模式、“猪—沼/肥—藻”模式等。

（二）“牧草（秸秆）—草食动物养殖—沼/肥—种植系统”循环模式

种植业与草食动物养殖业相结合的种养复合循环农业模式，具有节粮、废弃物资源循环利用率高、不污染环境和产品优质等特点，其优势主要体现在：①发展草食动物养殖业可减少对外部饲料的依赖，扩大牧草及饲料作物的种植，促进“粮、经、草（饲）”三元种植结构的形成；②由于草食动物以牧草或作物秸秆为主要饲料来源，可大大提高秸秆资源的转化率，并且通过饲草质量安全控制可保障养殖排泄物的无害化，提高养殖废弃物的肥料化还田利用率与循环利用率，减少废弃物排放对生态环境造成的污染，且提供优质肥料供种植业使用，提高农产品的品质，是国内种养循环农业绿色发展的重要模式。各地结合区域优势条件，以草食畜牧业为中心已形成不同类型的模式，如西藏地区的“青稞—酒—牛—肥—菌—农田系统”模式（张华国，2019），福建漳州、泉州等地“草—牛—沼—蔬”、“果—草—牧—菌—沼”、“竹—草—羊—鱼—菇—沼”模式（肖清铁等，2014），江苏里下河地区的“鲜食玉米—羊—沼气—牧草”、“牧草—鹅—鲜食玉米”模式（汤伟等，2021），湖南长沙县金井镇“牧草/水稻—肉牛—有机肥—果蔬茶”循环模式（林代炎等，2010）等。

（三）“稻田种养结合”生态循环农业模式

稻田种养结合模式充分利用稻田立体空间的光、热、水及生物资源，将种植业中水稻浅水的生态环境加以利用，与鱼、虾、蟹、鳖、鸭等生物共同构成一个较完整的生态系统，使其互利共生，提高稻田综合利用率（王强盛等，2019）。目前，国内典型稻田种养结合生态循环农业模式主要有“稻—鱼”种养、“稻—鸭”共生、“稻—虾”共作模式等，涉及的相关研究包括稻田养分循环与能流、物流特征，土壤肥力状况，水稻产量与稻米品质，病虫害动态，生物多样性和水体环境的影响等（杨伟等，2021；车阳等，2021；魏甲彬等，2017；余经纬等，2021），这些模式在国内稻区已开展了不同形式与各具特色的实践探索。

二、京津冀循环农业存在的主要问题

京津冀地区总面积约为 21 万 km^2，占全国陆地总面积的 2.20%，区域内部发展不平衡、部分地区超出废弃物资源承载极限、环境污染等问题突出，严重影响和制约了该地区的可持续发展，京津冀区域的协调发展是解决这一问题的关键。2014 年 2 月 26 日，习近平总书记在听取京津冀协同发展工作汇报时强调，京津冀协同发展是一个重大的国家战略，他还就推进京津冀协同发展提出了七点要求。随着作为我国重要增长极的京津冀一体化上升到国家战略高度，它再度成为人们关注的焦点。

据统计，在种植业领域京津冀地区年产农作物秸秆量约 5 100 余万 t，蔬菜废弃物约 8 900 万 t，果枝等果园废弃物约 1 700 万 t。但是受集约化程度低、循环农业技术整体缺乏和循环链条不完善等因素制约，上述资源综合利用水平整体不高，仍有大量被直接焚烧或废弃，尤其是果蔬废弃物在堆放或填埋等过程中短时间内产生臭气和大量渗滤液，引发严重的环境污染，造成了资源浪费。因此，种植业废弃物资源化利用成为当前急需解决的问题。此外，京津冀地区集约化养殖密度高、规模大，废弃物环境污染风险高。据统计，该区畜禽粪便产生量近 2 亿 t，其中含氮 198 万 t、磷 80 万 t、钾 158 万 t。大量的养殖业废弃物远远超过养殖区域耕地的承载能力，造成污染环境、威胁水源安全、水体发生富营养化和传播有害细菌甚至威胁人类健康等。畜禽粪便的堆肥化是其安全利用的主要途径，然而传统养殖和垫料养殖废弃物高温堆肥伴随着大量氨气、硫化氢等气体释放，造成了大量无机氮、无机硫和其他有机养分的损失以及污染周边居住环境；同时由于饲料添加剂中含有多种重金属元素，养殖过程中添加难分解抗生素，影响了农产品安全和民众健康。据估算京津冀地区沼渣沼液年产量达 1 200 万 t，目前，由于缺乏沼渣沼液合理消纳和利用的循环农业技术、装备和工程，导致沼渣沼液随意排放，环境污染风险高，成为农业面源污染的主要来源之一。因此沼渣沼液高效分离、转运、储存和利用技术亟须解决，以提高沼渣沼液施用的便捷性和安全性，完善以沼气为纽带的循环农业发展模式。

参考文献

车阳，程爽，田晋钰，等 . 2021. 不同稻田综合种养模式下水稻产量形成特点及其稻米品质和经济效益差异［J］. 作物学报，47（10）：1953-1965.

陈红兵，卢进登，赵丽娅，等 . 2007. 循环农业的由来及发展现状［J］. 中国农业资源与区划，28（6）：65-69.

陈玺名，尚杰 . 2019. 国外循环农业发展模式及对我国的启示与探索［J］. 农业与技术，39（3）：52-54.

董红敏，左玲玲，魏莎，等 . 2019. 建立畜禽废弃物养分管理制度促进种养结合绿色发展［J］. 中国科学院院刊，34（2）：180-189.

杜相革，董民 . 2006. 有机农业导论［M］. 北京：中国农业大学出版社 .

高旺盛，陈源泉，隋鹏 . 2015. 循环农业理论与研究方法［M］. 北京：中国农业大学出版社 .

寇祥明，张家宏，王守红，等 . 2012. 鲜食玉米—羊（猪）—沼气—牧草循环农业模式的高效配套技术研究［J］. 湖南农业科学（11）：136-138.

李伯霞. 2014. 困境中的出路：转变中国农业发展方向［J］. 理论与改革（5）：93-94.

李明德，吴金水．2013. 循环农业实用技术［M］．长沙：湖南科学技术出版社.

林代炎，叶美锋，吴飞龙，等．2010. 规模化养猪场粪污循环利用技术集成与模式构建研究［J］．农业环境科学学报，29（2）：386-391.

刘翌楠．2015. 日本低碳循环经济研究［J］. 世界农业（10）：121-123.

沈德中，谢经荣，张青文．1995. 日本的自然农法［J］．世界农业，195（7）：9-11.

汤伟，陈灿，黄璜．2021. 不同稻田种养模式对土壤与水体理化性状及水稻产量的影响分析［J］．作物研究，35（5）：490-495.

王隆．2014. 山东寿光农业循环经济发展模式研究［D］．杨凌：西北农林科技大学．

王强盛，王晓莹，杭玉浩，等．2019. 稻田综合种养结合模式及生态效应［J］. 中国农学通报，35（8）：46-51.

魏甲彬，周玲红，徐华勤，等．2017. 南方种养结合模式对冬季稻田净碳交换和不同土层活性炭氮转化的影响［J］．草业学报，26（7）：138-146.

吴金水．2021. 南方环保型种养循环农业原理与应用［M］．北京：科学出版社.

肖清铁，陈珊，林光耀，等．2014. “草—牧—沼—蔬”循环农业模式的经济效益分析［J］．台湾农业探索（1）：49-53.

尹昌斌，周颖，刘利花．2013. 我国循环农业发展理论与实践［J］．中国生态农业学报，21（1）：47-53.

余经纬，黄巍，李玉成，等．2021. 稻田生态综合种养模式对土壤理化性质及腐殖质的影响［J］．生物学杂志，37（3）：81-85.

余霜，李光．2015. 国外循环农业发展模式及对中国的启示［J］．广东农业科学（39）：183-184.

张华国，汤晓玉．2019. 西藏现代农牧业循环发展模式探讨［J］．中国生态农业学报（8）：1275-1283.

赵立欣，孟海波，沈玉君，等．2017. 中国北方平原地区种养循环农业现状调研与发展分析［J］．农业工程学报，33（18）：1-10.

Coleman，D. C. 1989. Eco-agriculture systems and sustainable agriculture. Ecology，70（6）：9-15.

第二章 京津冀循环农业研究思路、目标与内容

第一节 研究思路与研究目标

一、研究思路

京津冀循环农业研究是在京津冀协同发展的现实环境条件下，紧紧抓住国家制定实施《京津冀一体化发展规划》的难得契机，研究调整京津冀农业产业发展布局，优化构建种养业良性生态循环发展园区，完善循环农业链条，强化区域内农业废弃物资源的高效协同处置与资源化利用，实现不同区域优势互补，资源优化配置。对于实现京津冀农业协同发展、提高农业面源污染防控水平、促进美丽乡村建设、提升区域环境质量、保障京津冀农产品安全供应具有重要意义。

二、研究目标

针对京津冀地区主导农业产业循环效率不高，效益低下，特别是种养业生产时空错位、种养废弃物资源浪费和环境污染风险高等现状，开展循环农业技术集成创新研究与示范，对京津冀循环农业与可持续发展将起到巨大的推动作用。主要研究目标：①以微生物为关键处理手段，采用好氧及厌氧技术，突破秸秆肥料化、果蔬废弃物无害化资源化处理、畜禽生态养殖及养殖废弃物绿色堆肥处理和沼渣沼液绿色综合利用等技术难题；②完善循环农业链条，开展

区域种养之间及体系内部的种养废弃物协同处置循环利用技术集成与示范，形成京津冀地区可复制可推广的技术模式，促进京津冀农业绿色发展。

第二节　研究内容

针对规模化种植业、养殖业及种养循环相关产业存在的关键技术问题，利用直接还田、好氧发酵、厌氧发酵等技术手段，分别对秸秆、果蔬废弃物、畜禽粪便等开展无害化、资源化、减量化生态循环技术研究，创新集成相关技术，并在京津冀选择核心农业区域进行示范，以科技支撑京津冀绿色循环农业的可持续发展。包括以下4个方面研究内容：

一、种植业废弃物资源化利用关键技术研究与示范

（一）小麦/玉米秸秆还田关键技术研究

针对京津冀地区小麦玉米多种轮作体系以及秸秆还田过程中，C/N失调和水分含量变化等因素导致的秸秆腐熟慢出苗不齐、作物产量低、秸秆还田效果差等一系列问题。在京津冀节水措施的驱动下，以小麦/玉米主产区为研究区域，开展3种轮作体系（小麦—玉米一年两季、小麦—夏玉米—春玉米两年三季和春玉米单作）秸秆全量还田条件下，微生物菌剂/制剂引入、土壤水分含量调节和土壤碳氮比调节等影响秸秆快速腐熟关键技术研究。完善不同轮作体系下，秸秆还田关键环节，组装成低污染排放和生态环境效应好的高效、高质量秸秆还田技术体系，提高种植废弃物的还田利用效率，达到增产减排、恢复地力的协同效果。

（二）蔬菜废弃物无害资源化处理关键技术研究

针对蔬菜废弃物含水量高、易腐烂的特点，联合堆肥方式成本较高、运行效率差的现状以及普通沤肥病原菌多、沤制时间长的问题，本研究开发快速消毒—沤制的技术，对其无害化过程中消毒剂的用量、消毒时长、消毒期间的环境效应、病原菌的去除、资源化

过程中有机质和营养各指标的动态变化及理化性状等进行研究，制成高品质的液体有机肥，研究对作物的农学和环境效应的影响，并形成农田回用的技术规程。

（三）果树弃物无害资源化处理关键技术研究

利用园林废弃物进行堆腐发酵，生产基质主要存在的关键问题是控制堆制发酵时的C/N、保证最后产品的C/N和保持各批次产品理化性质的稳定性；对高木质素含量弃物的高温持续堆放时间进行研究，以有效提高基质的保水保肥性能；利用生物炭、缓控释肥等进行适当比例混配形成系列化标准化产品；完善相应配套肥水灌溉管理技术。

（四）种植业废弃物资源化利用技术集成示范

针对种植业废弃物资源化利用过程中关键节点问题，开展小麦/玉米秸秆碳氮平衡—休耕还田、蔬菜废弃物快速消毒—厌氧沤制回田、果枝废弃物高温堆腐—基质加工等循环农业技术的集成与工程化应用。

二、养殖废弃物绿色处理循环利用关键技术研究与集成示范

（一）畜禽粪污重金属和抗生素源头控制关键技术研究

主要针对当前饲料中重金属添加剂，研发新型饲料添加剂，确保动物粪便重金属含量低微。同时，针对不易被高温发酵工艺分解的磺胺类、四环素类、氟喹诺酮类和大环内酯类抗生素筛选、减量应用技术，在源头降低畜禽粪便中抗生素含量。

（二）生态养殖关键技术研究与示范

筛选高碳物料做垫料，复合枯草杆菌及多孔复合硅酸盐粉体，对垫料原料配比、填放时间、填放厚度和复合菌剂的优化进行研究，实现臭气（氨气、硫化氢等）低排放的生态健康畜牧养殖。

（三）高温好氧发酵工艺综合除臭保氮关键技术研究与示范

主要针对传统高温好氧发酵工艺中的环境污染问题，综合采取包括通气、翻堆、加入生物脱臭菌剂、加入调理剂和覆盖等措施，

实现除臭保氮和污染气体低排放。

（四）常温静态发酵新工艺研究与示范

采用高 C/N 或较低 C/N 作为发酵的起点，加入枯草芽孢杆菌等专性微生物菌剂引导发酵周期，延长发酵时长新工艺，在低废气或无废气排放状况下，生产养分含量高和有益微生物数量多的高品质有机肥。

（五）养殖废弃物绿色处理循环利用技术集成与示范

针对养殖业废弃物资源化利用过程中关键节点问题，开展源头控制重金属和抗生素含量、高温发酵污染排放阻控和常温发酵降低养分损失等循环农业技术的集成与工程化应用。

三、以沼气为纽带的循环农业关键技术研究与示范

（一）沼渣沼液绿色综合利用及其对土壤肥力的影响

对不同作物、不同生育期相应的沼渣沼液精准化应用进行研究，做到供肥与植物需肥规律相一致，研究沼渣、沼液施入土壤后，土壤主要速效养分（N、P、K）的动态变化及运移规律、土壤理化性状特别是土壤有机质和盐分累积的变化，提出不同作物沼肥安全施用量和不同土壤类型上种植不同作物的沼肥承载力，建立安全控制技术体系并配套沼渣做底肥、沼液做追肥的利用方式，形成沼渣、沼液合理绿色综合利用技术规程。研究集成沼渣堆肥、沼液滴灌（管灌）施肥等规模化利用新模式，实现沼液消纳的自动化、规模化和智能化。

（二）沼液氮磷高效回收技术研究

针对沼液低含固率、高养分浓度以及沼液农用季节性、土地承载限制与其产生连续性相矛盾的问题，以氮磷养分的回收为首要目的，开展物化手段强化气体渗透膜回收氮素与土壤友好型吸附剂吸附回收磷素研究，集成沼液高效氮磷回收处理技术。

（三）沼渣、沼液绿色综合利用技术集成与示范

选择废弃物沼气化的典型区域为示范点，以沼渣、沼液废弃物为重要原料，实现沼液的滴灌应用和沼渣的堆肥化应用，完善以沼

气为纽带的养殖业—沼气站—沼渣沼液利用—种植业的循环利用模式。

四、京津冀区域循环农业技术综合集成示范、能流分析和环境效应评价

（一）技术综合示范区建设

针对种植业、养殖业、种养循环资源化利用过程中关键节点问题，开展直接还田、好氧/厌氧发酵等循环农业技术的集成与工程化应用，协调资源配置，延长完善循环农业链条，强化区域内农业废弃物资源的高效协同处置与利用，实现优势互补，构建循环农业技术综合示范区，辐射京津冀区域。

（二）技术综合示范区能流分析和环境效应评价

针对技术综合示范区主要循环途径，对研究区域内各环节物质投入结构、物质产出结构、物质盈余结构、循环效率四部分来评价示范区物流特征；通过投能结构、产能结构、能量转化效率三部分分析能流特征。

第三章 种植业废弃物资源化利用关键技术与示范

据统计，京津冀地区农作物秸秆年产量约 5 144 万 t；蔬菜种植面积约 139.16 万 hm^2，蔬菜废弃物年产生量约为 8 877.9 万 t（鲜重），农田尾菜已成为仅次于玉米、小麦秸秆的第三大农作物废弃物；京津冀地区果园面积约有 121 万 hm^2，京津冀地区每年可产生果枝等果园废弃物 1 633 万 t。京津冀地区种植业废弃物产生量巨大。

蔬菜废弃物在我国城市垃圾中占有较大的比重。蔬菜废物和其他固体废物相比具有高含水率、高营养成分和基本无毒害的特性。因其有机成分含量高，堆放或填埋会产生大量的渗滤液，从而造成严重的环境污染。蔬菜废物高含水率的特点非常符合一般厌氧处理固体含量（10%左右）的要求，且厌氧消化可以不经处理就能实现比较完全的废物稳定化和能源回收利用，厌氧消化可能成为处理蔬菜废物的理想途径。

蔬菜废弃物固体含量在 8%～19%之间，总挥发固体的含量占总固体 80%以上，其中包括 75%的糖类和半纤维素、9%的纤维素和 5%的木质素。其较高的含水量使得它们很适宜采用生物处理工艺，而厌氧消化工艺则是处理这些废弃物的合理选择。好氧工艺不太适合处理水果和蔬菜废弃物，因为有机物含量高需要大量的动力消耗。但并非所有的水果或蔬菜单独消化都会取得令人满意的结果，A. G. Lane（1984）在对杏废弃物进行厌氧消化时发现，在运行到 63d 后，产气量从 0.477L/gVS 下降到了 0.137L/gVS，说明反应器中产生了某种抑制作用，但原因不明。Hamdi（2005）等在处理橄榄油废水时就发现，橄榄油废弃物中含有大量的酚类和一些难以进行生物降解的成分。可见尾菜的产气性能有限，不以产气为目的采用厌氧消化处置，可有效解决尾菜的无害化处理问题。

传统的基质栽培以泥炭等物料为主体，泥炭作为传统的理想基质因其资源的有限性和开采对生态环境的破坏性，大多数国家已经开始寻找其替代资源，而以农林废弃物作为无土栽培基质是一项具有巨大前景的环保新途径。堆制发酵作为生产栽培基质、有机覆盖物或土壤改良剂，既避免了简单的填埋或焚烧造成资源浪费，减少对环境的负面影响，推进废弃物循环利用模式的应用，又能提高土壤肥力，改善土壤物理结构，涵养水分，是发展循环经济的重要举措。

北京林业的发展，特别是果树的发展，带来了巨大的收益，也带来了大量果林废弃物，特别是果树剪枝后的树枝等材料，造成了一定的隐患。以平谷大桃为例，全区 1.47 万 hm^2 桃园在产生良好经济效益的同时，每年还产生 20 万 t 的废弃枝条和落果落叶。刘家店镇是果品专业镇，每年都会产生 1.25 万 t 的果园废弃物，因无有效处理措施，枝条乱堆乱放、果园废叶焚烧等现象频发。

果林废弃物是一种宝贵的生物质资源，含有大量的营养元素、纤维素、半纤维素和脂类物质等，其合理的资源化利用将是废弃物生态化处理的发展趋势。研究和实践表明，果林废弃物通过堆肥、碳化等加工处理后生产有机肥、栽培基质和有机覆盖物等产品，不但减少废弃物填埋侵占土地面积，还能提高果林废弃物的经济价值。为缓解传统非再生草炭资源的过度消耗，拓展农林有机废弃物的再利用途径，提出资源化利用园林废弃物、农作物秸秆来生产设施蔬菜栽培基质，从而达到既提高农业废弃物的资源化利用效率、减少环境污染，又可以解决我国设施蔬菜生产面临的土壤盐渍化和连作障碍问题（特别是设施中的线虫，化肥农药过量等），达到提高蔬菜品质的目的。

以猪粪、牛粪、马粪和鸡粪等畜禽粪便，以及农作物秸秆、园林绿化修剪枝叶和稻壳等为原料，经发酵后的农业废弃物替代土壤在温室中进行无土栽培，研究确定添加的生物炭和腐殖酸的比例，复配成不同类型与功能的有机生态型栽培基质，最终通过综合比较选择最优的改良剂配比和最佳的替代基质比例用于生产。该复合基质能为植物根系生长提供稳定、良好的根际环境。

第一节 小麦/玉米秸秆还田关键技术

冬小麦和夏玉米是我国主要粮食和饲料作物，在实现粮食安全方面发挥着重要的战略作用。中国农作物秸秆年总产量超过10亿t，约占世界秸秆总产量的30%。随着我国1991年实施的秸秆还田政策和2015年推行的2020年化肥使用零增长行动计划，秸秆还田已成为农业可持续发展的必然趋势，它可有效地改善土壤理化性质，增加土壤有机质含量和含水量，缓解集约农业区的土壤退化，减少秸秆燃烧造成的大气污染。然而有研究表明，作物秸秆还田会对作物产量产生负面影响，主要原因是在秸秆腐解过程中，不能协调作物和土壤微生物之间的养分需求，作物生长和秸秆腐解微生物繁殖之间的氮竞争是降低腐解速率和作物产量的原因之一。华北平原是我国冬小麦、夏玉米的重要产区，秸秆还田又是影响麦玉轮作作物生长的关键因素。因此，本研究以玉麦秸秆还田技术为研究目标，解析农艺措施（秸秆破碎程度、耕作方式、化肥投入和地膜覆盖等）对秸秆腐解的影响作用，为制定合理的还田措施提供理论依据。

一、研究方法

秸秆破碎程度、耕作方式、化肥投入和地膜覆盖等农艺措施是影响秸秆腐解的主要因素。秸秆腐解率是评价秸秆腐解质量的标准之一，开展秸秆腐解规律以及农艺措施对秸秆腐解影响的研究，有助于制定合理的还田措施。目前，针对全国范围内的小麦、玉米秸秆腐解率数据库以及相关涵盖大范围耕作方式和农艺措施的数据库尚缺乏，因此，建立了一个关于玉米或小麦秸秆腐解率的数据库，涵盖了不同的耕作条件和农艺措施，通过多重比较以及混合线性模型，明确了影响秸秆腐解的限制性因素。

从中国知网 CNKI（https：//www. cnki. net/）和科学引文索引数据库（http：//www. webofscience. com/）收集了关于“中国小麦和玉米秸秆腐解”文献。选用的文献须符合以下标准：①包括秸秆腐解率的基本数据，或者可以使用研究中的数据进行转换（公式 3-1）；②还田秸秆须是玉米或小麦秸秆；③须明确说明所采用的农艺措施，如秸秆还田方式（粉碎还田、留茬还是整株还田）、耕作措施（旋耕、翻耕、深松、深耕等）、秸秆还田量、氮投入量、秸秆腐解时间以及秸秆埋深等。

$$腐解率=\frac{M_0-M_t}{M_0}\times100\% \tag{3-1}$$

式中，M_0为还田之前秸秆初始重量；M_t为腐解后秸秆质量。

经过筛选，本研究共收集了 46 篇文献。研究地点主要分布在黑龙江、吉林、辽宁、山东、河北、陕西、山西、甘肃、新疆、贵州等 10 个省份。建立了基于秸秆还田方式、农艺措施等因素的小麦玉米秸秆腐解率的数据库，见表 3-1。采用多重比较分析处理间差异显著性，利用广义线性模型判断显著性差异因素。

表 3-1　不同农艺措施下小麦玉米秸秆腐解率

农艺措施	单位	小麦		玉米		合计	
		N_e	N_s	N_e	N_s	N_e	N_s
腐解率	%	365	14	1 471	38	1 836	46
秸秆类型		365	14	1 471	38	1 836	46
是否覆膜		365	14	1 471	38	1 836	46
还田方式（粉碎、整株、留茬）		365	14	1 471	38	1 836	46
覆盖还田/土埋		365	14	1 471	38	1 836	46
耕作方式		83	5	302	14	385	17
埋深	cm	349	12	1 229	32	1 578	39
秸秆还田量	kg/hm²	299	12	1 017	33	1 316	39
氮输入量	kg/hm²	337	11	1 328	31	1 665	37

注：N_e=数据组数；N_s=文献数量。

二、研究结果

（一）腐解时间的影响

小麦秸秆腐解时间研究范围在0～375d内，该时间段内小麦秸秆腐解率为11.12%～80.33%（中值为42.86%）。84.1%的研究集中在120d内，该时间段内小麦秸秆腐解率为11.12%～78.06%（中值为40.80%）。小麦秸秆腐解率与腐解时间呈正比（$y=0.1128x+35.81$，$R^2=0.2586$，$P<0.0001$），然而，在30d内，秸秆腐解率平均为36.71%，是秸秆快速腐解阶段。

玉米秸秆腐解时间研究范围在0～1 460d内，该时间段内玉米秸秆腐解率为1.86%～92.72%（中值为45.24%）。81.1%的研究集中在180d内，该时间段内玉米秸秆腐解率为1.86%～85.61%（中值为40.39%）。玉米秸秆腐解率与腐解时间呈正比（$y=0.0575x+36.03$，$R^2=0.2263$，$P<0.0001$），然而，在60d内，秸秆腐解率平均为31.80%，是秸秆快速腐解阶段（图3-1）。

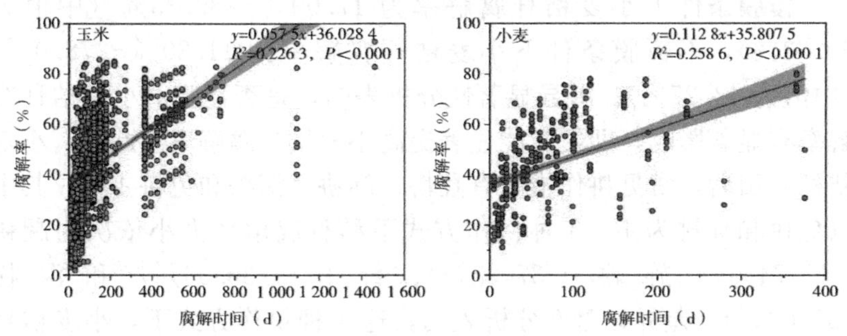

图3-1　腐解率和腐解时间关系

（二）秸秆还田方式的影响

小麦秸秆还田方式主要有粉碎还田和留茬还田，以前者为主。粉碎还田后秸秆腐解率为11.12%～80.33%（中值为41.85%），留茬后秸秆腐解率为1.86%～92.97%（中值为46.90%）。然而差异显著性分析得知，这两种还田方式对小麦秸秆腐解率没有显著影响。

玉米秸秆还田方式主要有粉碎还田和整株还田，以前者为主。粉碎还田后秸秆腐解率为 1.86%～92.72%（中值为 45.58%），留茬后秸秆腐解率为 5.84%～56.82%（中值为 30.365）。然而差异显著性分析得知，粉碎还田显著比整株还田显著提高玉米秸秆腐解率（图 3－2）。

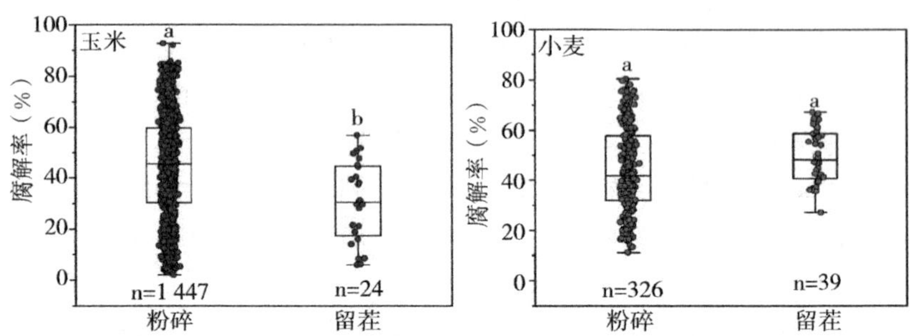

图 3－2　不同秸秆还田方式下小麦、玉米秸秆腐解率特征

（三）耕作措施的影响

覆膜条件下小麦秸秆腐解率为 17.00%～80.33%（中值为 60.63%），不覆膜条件下小麦秸秆腐解率为 11.20%～78.06%（中值为 42.27%）。差异显著性分析表明，是否覆膜对小麦秸秆腐解率有显著影响，即覆膜能显著提高小麦秸秆腐解率。此外，小麦秸秆还田后，常见耕作措施有翻耕、旋耕、深松和免耕 4 种，其中以免耕和翻耕为主。4 种耕作方式下秸秆腐解率大小依次为翻耕（42.74%）、旋耕（37.27%）、深松（36.63%）和深松（35.03%）。差异显著性分析表明，这 4 种耕作方式下，小麦秸秆腐解率没有显著性差异（图 3－3）。

覆膜条件下玉米秸秆腐解率为 1.861%～82.79%（中值为 46.36%），不覆膜条件下玉米秸秆腐解率为 3.063 %～92.73%（中值为 45.07%）。差异显著性分析表明，是否覆膜对玉米秸秆腐解率没有显著影响。此外，玉米秸秆还田后，常见耕作措施有翻耕、旋耕、深松耕、免耕、深耕、翻耕＋旋耕、轮耕制 7 种，其中以翻耕和旋耕为主。7 种耕作方式下秸秆腐解率大小依次为翻耕

(52.20%)、旋耕（45.36%)、免耕（36.24%)、翻耕＋旋耕（34.43%)、深松耕（32.80%)、深松（32.22%）和轮耕制(29.93%)。差异显著性分析表明，耕作方式显著影响玉米秸秆腐解率，翻耕和旋耕耕作模式下秸秆腐解率显著高于其他，并且二者之间差异也较显著（图 3-4)。

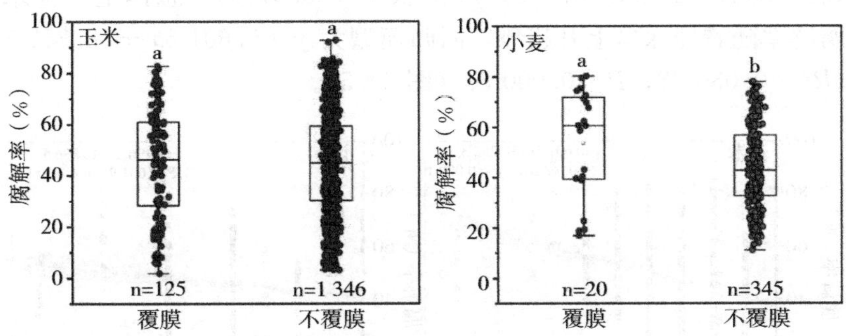

图 3-3　覆膜与不覆膜处理下小麦玉米秸秆腐解率特征

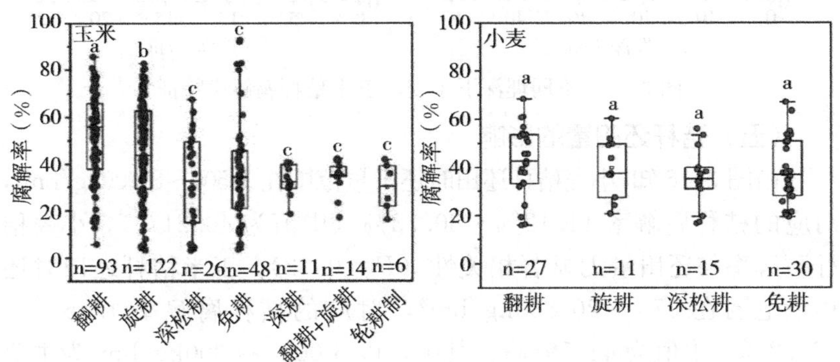

图 3-4　不同耕作方式下小麦玉米秸秆腐解率特征

（四）秸秆埋深的影响

小麦秸秆还田时埋深范围在 0～25cm，各埋深处理下秸秆腐解率大小依次为 20cm（68.53%)、10cm（49.18%)、7cm（48.14%)、15cm（46.30%)、25cm（39.37%)、0cm（37.75%）和 5cm(34.64%)。总体上，小麦腐解率随着埋深呈上升趋势，但当埋深为

25cm 时，小麦秸秆腐解率显著下降。回归模型为 $y=0.4903x+40.8365$（$R^2=0.0319$，$P=0.0005$）。

玉米秸秆还田时埋深范围在 0～50cm，各埋深处理下秸秆腐解率大小依次为 35cm（85.94%）、50cm（64.42%）、25cm（56.54%）、10cm（56.39%）、30cm（54.30%）、20cm（52.47%）、5cm（38.08%）、15cm（37.76%）和 0cm（36.67%）。总体上，玉米腐解率随着埋深呈上升趋势，回归模型为 $y=0.6015x+38.2523$（$R^2=0.08078$，$P=0.0005$）（图 3-5）。

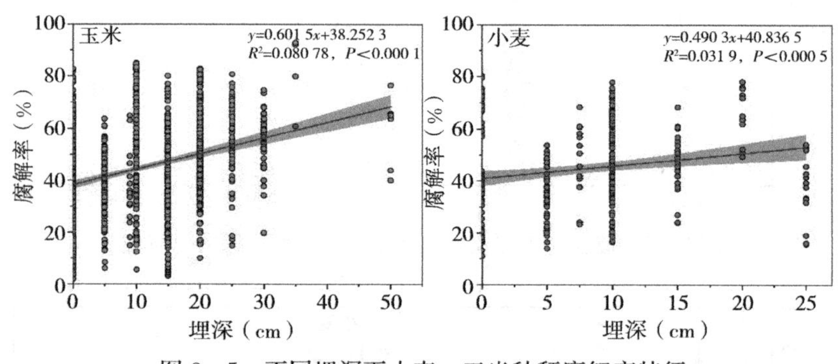

图 3-5 不同埋深下小麦、玉米秸秆腐解率特征

（五）秸秆还田量的影响

由图 3-6 知，小麦秸秆还田时还田量范围在 1 500～8 000kg/hm²，对应的秸秆腐解率 11.12%～80.33%（中值为 40.21%）。小麦秸秆腐解率与还田量无显著相关性（$P=0.32$）。玉米秸秆还田时还田量范围在 675～20 833kg/hm²，对应的秸秆腐解率 1.86%～92.72%（中值为 44.79%）。其中，以 6 000～9 000kg/hm² 为主要秸秆还田量，其秸秆腐解率 3.06%～92.72%（中值 46.32%）。玉米秸秆腐解率与还田量呈反比（$y=-0.0010x+52.5516$，$R^2=0.0508$，$P<0.0001$）。玉米秸秆还田量与腐解时间耦合影响分析得知，腐解前期，秸秆投入量少则秸秆腐解率高；反之，秸秆投入量高则腐解率较低。随着腐解时间增加，高投入量秸秆的腐解率也随之增加（图 3-7）。

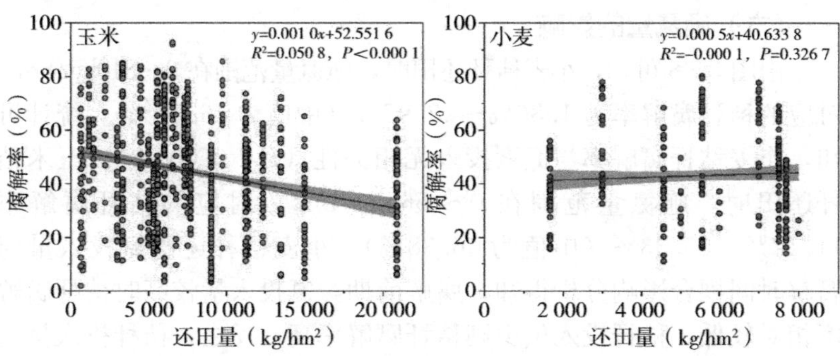

图 3-6　不同秸秆还田量下小麦玉米秸秆腐解率特征

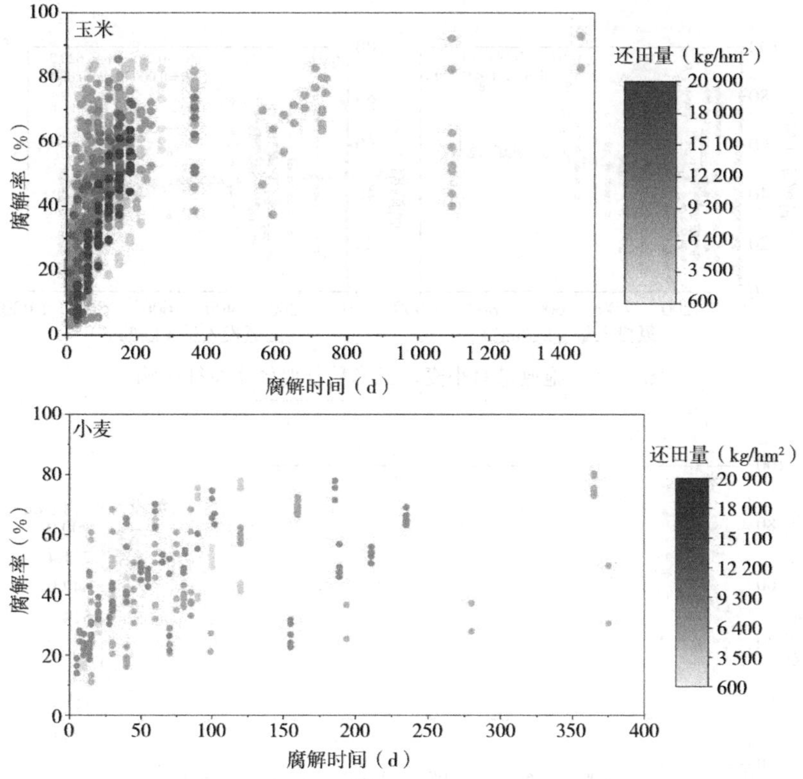

图 3-7　不同秸秆还田量和腐解时间对小麦玉米秸秆腐解率特征影响

（六）施氮量的影响

由图3-8可知，小麦秸秆还田时，施氮量范围在0～810kg/hm^2，对应的秸秆腐解率为1.86%～92.97%（中值为46.32%）。统计可知，小麦秸秆腐解率与氮素投入无相关性（P=0.000 3）。玉米秸秆还田时，施氮量范围在0～560kg/hm^2，对应的秸秆腐解率11.12%～80.33%（中值为46.38%）。小麦秸秆还田氮投入量与腐解时间耦合影响分析得知，腐解前期，氮投入量较高时秸秆腐解率相对较低，秸秆投入量少则秸秆腐解率高；反之，秸秆投入量高则腐解率较低（图3-9）。

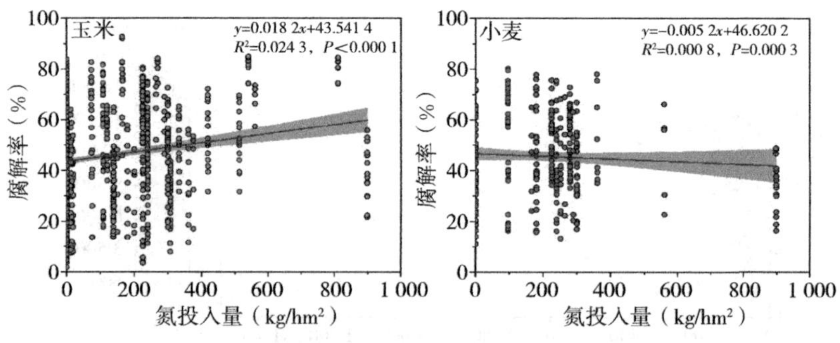

图3-8　施氮量对小麦、玉米秸秆腐解率特征影响

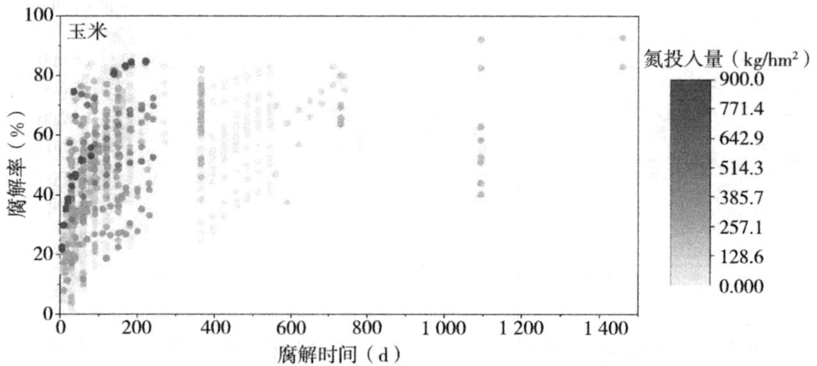

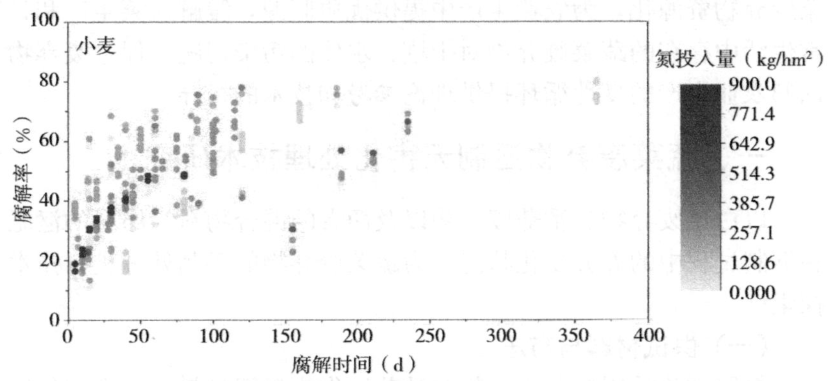

图 3－9　施氮量和腐解时间处理下小麦玉米秸秆腐解率特征影响

三、结论

粉碎、埋土和翻耕等农艺措施可以显著提高玉米秸秆腐解率。小麦秸经粉碎、埋土和翻耕后，其腐解率变化不显著。施氮可以显著改善玉米秸秆的腐解。随着埋深的增加，氮肥对腐解速率的影响为正。随着腐解时间的延长，施氮对腐解速率的影响逐渐减小。同样，施氮也对埋在土壤中的小麦秸秆的腐解速率有影响，但受埋深的影响不显著。总之，相对于小麦秸秆，采取农艺措施更容易提高玉米秸秆的腐解率。

第二节　蔬菜废弃物无害资源化处理关键技术研究

本研究通过对沤肥技术的探索，进行以蔬菜废弃物为原料的有机肥生产技术的研究。研究以白菜废弃物、番茄废弃物以及两者的混合物料为原料的沤肥在沤制过程中的养分变化状况，并利用盆栽试验，研究蔬菜废弃物沤肥对蔬菜生长、产量，以及土壤相关性状的影响。通过研究，探索沤肥沤制过程中养分变化规律，研究沤肥产物对蔬菜生长的影响。研究结果为采取沤肥的相应措施，实现蔬菜废弃物资源化，为农业生产中提供优质肥源，缓解蔬菜生产和日常生活中存在的蔬菜废弃物对土壤、水体的污染问题，促进废弃物回归农业生产的良性循环提供理论参考和技术的指导。

一、蔬菜废弃物沤制无害化处理技术研究

以白菜废弃物、番茄废弃物以及两者的混合物料为原料的沤肥在沤制过程中的养分变化状况，为蔬菜废弃物的沤制处理进行技术探索。

（一）供试材料与方法

沤肥试验采用白菜废弃物和番茄秧作为沤肥材料，基本理化性质见表 3 - 2。所用水来源于基地内的普通灌溉用水，其全钾（K_2O）含量为 18.500g/kg，pH 为 7.65，其余养分指标均未检出。

表 3 - 2　两种沤肥原料基本性状

沤肥原料	全氮（%）	全磷（P_2O_5，%）	全钾（K_2O，%）	水分（鲜基，%）
白菜废弃物	3.052	0.373	1.700	94.590
番茄秧废弃物	1.955	0.559	2.801	83.790

试验设 12 个处理，不同处理原料的干物质量相同。每个处理设 3 个重复，各处理原料配比具体如下（均为鲜重）：（1）CK：清水 100kg；（2）CW：白菜废弃物 20kg，加水 80kg；（3）CQ：白菜废弃物 20kg，切碎，加水 80kg；（4）CQJ：白菜废弃物 20kg，切碎接种沼液，加水 80kg；（5）YW：番茄秧废弃物 10kg，加水 90kg；（6）YQ：番茄秧废弃物 10kg，切碎，加水 90kg；（7）YQJ：番茄秧废弃物 10kg，切碎接种沼液，加水 90kg；（8）YQX：番茄秧废弃物 10kg，切碎接种纤维素菌，加水 90kg；（9）HQ：白菜废弃物 10kg，番茄秧 5kg，切碎，加水 85kg；（10）HQJ：白菜废弃物 10kg，番茄秧 5kg，切碎接种沼液，加水 85kg；（11）HQB：白菜废弃物 10kg，番茄秧 5kg，切碎，加水 85kg，曝气（间隔 1h 曝气

30min，曝气速率为 40L/min）。

（二）结果与分析

1. 沤肥过程中 pH 的变化 从图 3－10 中可以看出，除对照和混合原料曝气处理外，其余处理 pH 随着沤肥进程呈现先降低再升高趋势，在第 38d 时 pH 达到最低。沤肥过程中，pH 的高低依次为：白菜废弃物沤肥＞混合物料沤肥＞番茄秧沤肥。厌氧条件下白菜、番茄秧等蔬菜废弃物沤肥前期出现了明显的产酸阶段，有利于沤肥的无害化。随着发酵持续进行，有机酸被进一步分解，各处理 pH 呈上升趋势。曝气处理没有明显的产酸阶段。

沤肥第一周，白菜不切碎处理的 pH 显著低于切碎处理，但随着沤肥时间的增加，两者趋于接近，说明不切碎能促进白菜废弃物的产酸进程。切碎处理对番茄秧处理的 pH 影响不大。此外，接种沼液或纤维素菌对沤肥的 pH 影响不大，说明蔬菜废弃物自身已携带足够厌氧消化需要的微生物，无需再添加。

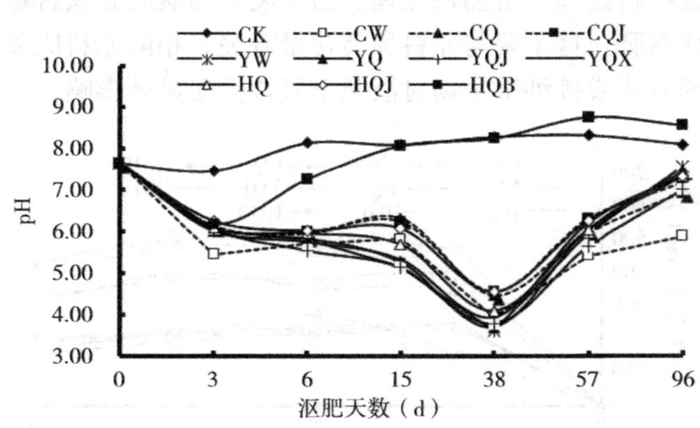

图 3－10 沤肥各处理 pH 的动态变化

2. 沤肥过程中 EC 值的变化 从图 3－11 中可以看出，各处理 EC 值随着沤肥进行，前期呈现升高趋势，后期增幅减小并出现平台。曝气处理的 EC 值变化更接近于番茄秧处理的水平，说明曝气能明显影响白菜废弃物的消化过程，而对番茄秧消化过程的影响较小。曝气处理的 EC 值在沤肥过程中均低于不曝气的混合处理。原因可能是曝气过程使沤肥中的养分氧化，降低了沤肥中的可溶性成分。

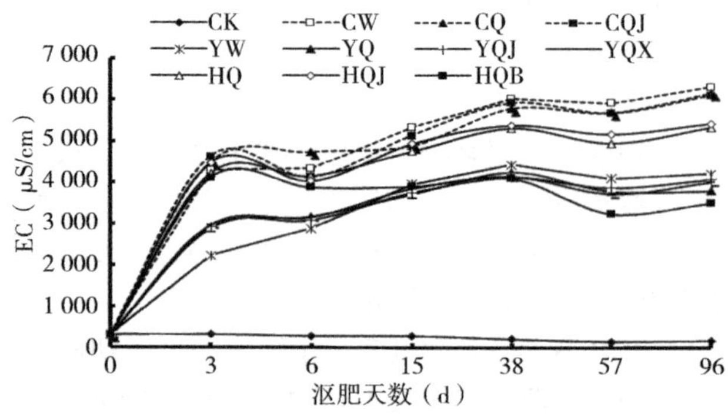

图 3-11　沤肥各处理 EC 值的动态变化

3. 沤肥过程中养分的变化

（1）氮素含量的变化　不同处理的总氮含量为：白菜废弃物处理＞混合物料处理＞番茄秧处理。白菜废弃物沤肥总氮含量显著高于番茄秧沤肥，这主要与原料种类含量有关。相同原料厌氧条件下不同处理方式或接种微生物对沤肥总氮含量无显著影响。

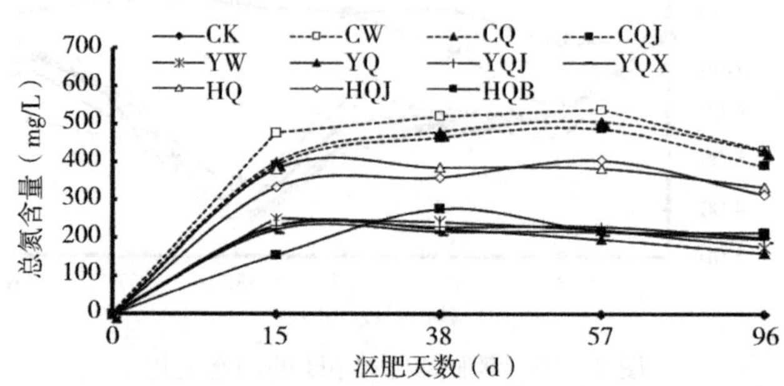

图 3-12　沤肥各处理总氮的动态变化

（2）水溶性磷含量的变化　各处理沤肥水溶性含量变化如图 3-13所示，从图中可以看出，各处理沤肥水溶性磷在沤制两周后（15d）也上升到较高水平，达到 100mg/L，并渐趋稳定，后期表现为平缓下降趋势，且水溶磷含量为：白菜废弃物处理＞混合物料处理>番茄秧处理。

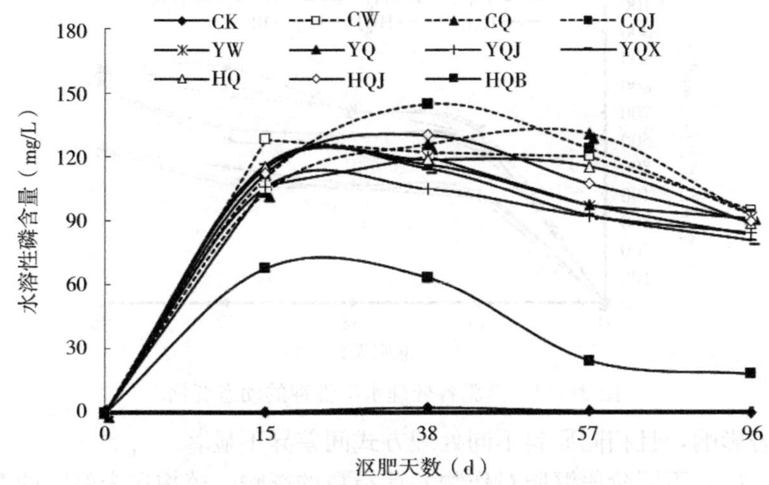

图 3-13 沤肥各处理水溶性磷的动态变化

除对照和曝气处理外，沤肥前期各处理差异不显著，但沤肥后期番茄秧液肥水溶性磷含量略有降低，低于白菜废弃物水溶性磷含量，且差异显著。不同处理方式或接种微生物对沤肥水溶性含量没有显著影响。从图 3-13 还可看出，曝气处理对沤肥液样水溶性含量有较大影响，其浓度显著低于其他处理，且后期出现明显降低趋势，这可能是因为间歇性曝气措施形成的厌氧—缺氧—好氧交替环境，有利于聚磷菌吸附液体中磷素并转移到固相中。

（3）水溶性钾含量的变化 图 3-14 是各处理沤肥水溶性钾含量变化情况。从图中可以看出，三类不同原料沤肥的水溶性钾浓度在各时间段都分为差异显著的 3 个梯度。与原料全钾含量规律（番茄秧>白菜）不同的是，沤肥水溶性钾含量从高到低依次是白菜废弃物>混合原料>番茄秧，由此说明白菜废弃物中的钾更易进入肥液中。

除对照外，各处理水溶性钾浓度在开始到沤制两周增加的速率最快，然后表现为平稳上升趋势。曝气处理对沤肥液样的钾含量无

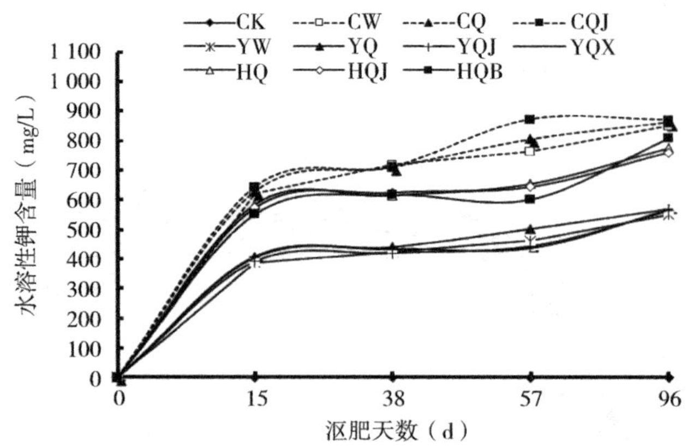

图 3-14　沤肥各处理水溶性钾的动态变化

显著影响，且相同原料不同处理方式间差异不显著。

（4）不同阶段沤肥对作物发芽指数的影响　植物在未腐熟的有机肥中生长受到抑制，在腐熟的有机肥中生长受到促进。将沤肥滤液稀释 5 倍后测得第 48h 的发芽率和发芽指数如表 3-3 所示。从表中可以看出，除白菜未切碎处理发芽率较低外，其他各处理沤肥第 36d 种子发芽率即达到 95%以上。但从各处理 GI 值可以看出，与清水对照相比，第 36d 和第 57d 除曝气处理外，各处理 GI 值均显著低于对照，说明沤肥稀释液使种子发芽活力明显降低，GI 值比发芽率更灵敏地反映出种子的劣变。从各处理的 GI 值变化还可看出，随着沤肥时间的延长，沤肥对油菜种子的毒性呈降低趋势。

本试验的分析结果表明，在酸性条件下（pH<7），沤肥 GI 值与 pH 呈极显著的线性正相关关系（$R^2=0.743$ **，r＝0.86，$r_{0.01}=0.448\ 7$，n＝31），白菜未切碎处理 pH 偏低是造成其 GI 值低的主要原因。

表 3-3　不同沤肥处理不同沤制阶段对油菜发芽率和发芽指数的影响

处理	发芽率（%）			GI（%）		
	36d	57d	96d	36d	57d	96d
CK	100.0	100.0	100.0	99.9b	100.0b	105.6bc

（续）

处理	发芽率（%）			GI（%）		
	36d	57d	96d	36d	57d	96d
CW	31.7	30.0	100.0	3.3e	3.5d	46.5d
CQ	96.7	98.3	96.7	25.3de	34.0cd	79.8bc
CQJ	100.0	100.0	100.0	30.8de	55.5c	71.3cd
YW	96.7	98.3	100.0	24.7de	46.4c	78.9bc
YQ	98.3	98.3	100.0	29.6de	45.4c	91.5bc
YQJ	98.3	95.0	100.0	25.6de	27.0cd	98.0bc
YQX	96.7	100.0	100.0	33.1d	45.7c	91.0bc
HQ	95.0	100.0	100.0	20.4de	44.4c	92.3bc
HQJ	100.0	100.0	100.0	48.6cd	46.5c	83.9bc
HQB	100.0	98.3	98.3	71.9c	111.7b	111.4b

注：同一列不同小写字母表示差异达显著水平（$P=0.05$）。

二、尾菜沤肥液的农学效应

为研究沤制的沤肥液的肥料效应，试验施用的沤肥为蔬菜废弃物沤肥试验所得到的液体肥料（以下简称沤肥），采用白菜废弃物和番茄秧废弃物沤制而成，其养分含量见表 3-4。

表 3-4　供试沤肥养分含量

肥料	全氮（mg/L）	全磷（mg/L）	全钾（mg/L）	铵态氮（mg/L）	硝态氮（mg/L）	pH	EC（μS/cm）
蔬菜废弃物沤肥	469.83	56.98	627.23	418.10	12.30	8.06	4 533.00

（一）不同施肥处理对盆栽油菜产量的影响

从图 3-15 中可以看出，沤肥处理中，随着施氮量的增加，油菜产量呈现先增加、后降低的趋势；其中，施氮为 0.883g/盆（N100）时，产量达到最高。N40、N70、N100 分别比对照处理提高了 72.78%、78.71%、168.23%；N130、N160 分别比对照处理提高了 131.82%、104.24%；N190 与对照处理相比，产量降低 62.44%，说明过量沤肥会抑制油菜生长，可能是由于沤肥中含有大量小分子的有机酸，过量使用会抑制作物生长。化肥处理中，随着施氮量的增加，油菜产量也逐渐增加，但未出现峰值，H70、H100、H130、H160、H190 分别比对照处理的油菜产量提高了 12.74%、39.74%、110.56%、135.40%、150.33%。

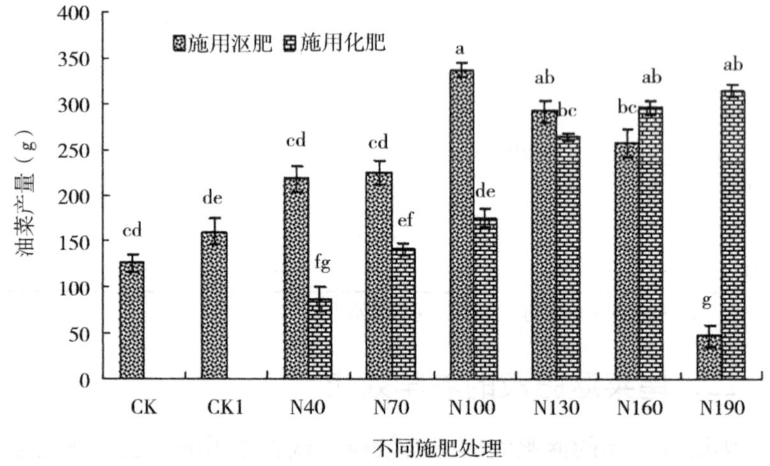

图 3-15　不同施肥处理对油菜产量的影响

图 3-16　不同施肥处理对油菜产量的影响

图 3-16 中所见在施氮量较低的情况下，施用沤肥的效果好于化肥，可能是由于沤肥中除含有氮磷钾等营养元素外，还含有微量元素供作物利用。

（二）不同施肥处理对土壤氮素含量的影响

从图 3-17 中可以看出，施用沤肥处理中，除了 N100、N130 外，其余处理土壤全氮含量均差异不显著，为 1.1g/kg 左右，N100、N130 的土壤全氮含量高于对照和其他处理，说明沤肥中可能存在一种有机氮，能不断分解增加土壤全氮含量，油菜生长可能对土壤中氮素的增加起到促进作用。

施用化肥处理的土壤全氮含量与对照相比差异不显著，说明化肥不具备增加土壤中全氮含量的作用。

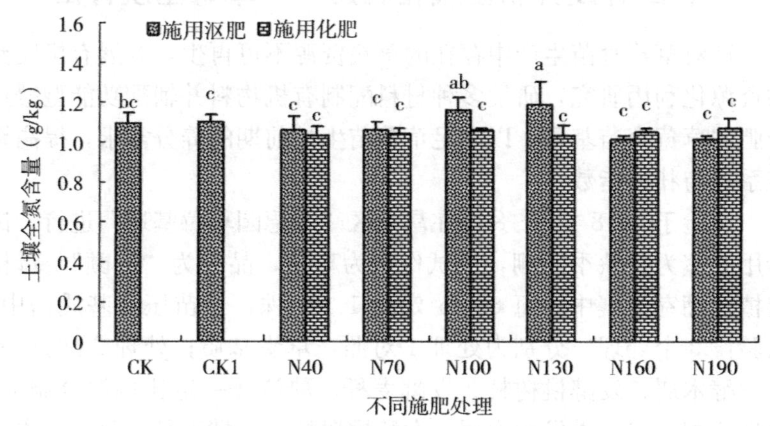

图 3-17 不同施肥处理土壤全氮含量

三、结论

通过科学试验研究了大白菜叶和番茄秧两种不同类型废弃物的沤制过程与沤制液的农学效应。得出结论如下：

①显示各沤制处理 pH 随着沤肥进程呈现先降低再升高趋势，厌氧条件下白菜、番茄秧等蔬菜废弃物沤肥前期出现了明显的产酸阶段，有利于沤肥的无害化。

②沤制 56d 以上沤肥液中养分达到平台，pH 明显升高，种子发芽实验证实无害化程度较高。

③蔬菜废弃物沤肥能够显著提高油菜产量。与化肥相比，可以

在较低的施氮水平下达到施用高量化肥时的产量，具有增产迅速、营养全面的特点。

④施用蔬菜废弃物沤肥可以维持土壤中各类养分，不会造成养分的失衡，与化肥相比没有显著变化。

第三节　果树废弃物无害—资源化处理关键技术

一、园林废弃物基质化利用——草莓基质育苗

针对草莓育苗生产中存在的草炭资源不可再生，开展有机废弃物资源化利用研究，研发多种材料配制有机物料并辅配功能型缓控释肥的草莓育苗基质，以满足草莓苗生长前期的养分需求，提高繁殖系数与壮苗指数。

试验于 2018 年 5～8 月在昌平区“万德园草莓基地”进行。试验用温室为春秋季大棚，供试作物为草莓，品种为“红颜”，母株定植在棚室土壤中，每 667m^2 定植 1 400 株，子苗压在基质槽中。试验设 3 个处理，分别为处理 1 对照：草炭基质；处理 2 配方一：由发酵木屑、发酵桃树枝、发酵麦秆、醋渣按一定比例混合制成；处理 3 配方二：由发酵木屑、发酵桃树枝、发酵麦秆、醋渣，添加生物炭缓释肥料，按一定比例混合制成。

每个处理取 6 株种苗的所有子苗，根据子苗在匍匐茎上所处位置，分 3 个子级，一级子苗长出最早，随着匍匐茎向前生长，逐渐产生二级、三级子苗。记录各级子苗数量，用直尺测定自然株高，用游标卡尺测定植株茎粗，用天平称重测定地上部地下部干鲜重。根系构型参数测定：将处理洗净后的草莓子苗取出，在水中将根系展开，用 WinRHIZO 根系分析系统软件获取根系扫描图像，并测定根系总长度、表面积、根体积、根直径、根系构型等参数。根活力测定：氯化三苯基四氯唑（TTC）还原法测定。

（一）不同基质的理化性状分析

草炭基质和复合基质配方的两个处理的容重在0.2～0.3g/cm³之间（表3-5），基质的容重可以反映基质的疏松、紧实程度，一般基质的容重在0.1～0.8g/cm³范围内，作物生长效果较好，配方1和配方2都在此范围内，可以使作物正常生长；总孔隙度是指基质中包括通气孔隙和持水孔隙在内的所有孔隙的总和，总孔隙度大的基质较轻，基质疏松，较有利于作物根系生长，但固定和支撑能力较差，容易使作物倒伏，如岩棉、蛭石的总孔隙度在90%～95%以上，河沙总孔隙度约为30%，而配方1和配方2总孔隙度在55%～58%之间，与草炭基质总孔隙度56%相一致，既能起到支撑作用，又可以防止作物倒伏。

表3-5　不同基质的理化性状

编号	干容重（g/cm³）	湿容重（g/cm³）	总孔隙度（%）	通气孔隙（%）	持水孔隙（%）	水气比	pH	EC值（mS/cm）
对照	0.229	0.734	56.32	3.76	52.61	11.75	5.8	0.17
配方1	0.364	0.822	58.38	5.57	48.57	8.08	8.0	1.34
配方2	0.362	0.848	55.01	5.97	48.69	8.21	8.2	1.40

（二）不同基质对草莓子苗植株干鲜重、壮苗指数和繁育系数的影响

不同配方的基质对草莓子苗植株的干鲜重有一定的影响（表3-6）。草莓种苗地上部鲜重配方1和添加生物炭缓释肥料的配方2较对照草炭基质分别增加7.3%和18.8%；地上部干重配方1和添加生物炭缓释肥料的配方2较对照草炭基质分别增加4.3%和12.2%；草莓子苗地下部鲜重配方1较对照草炭基质增加4.7%，添加生物炭缓释肥料的配方2较对照草炭基质略有下降；地下部干重配方1和添加生物炭缓释肥料的配方2较对照草炭基质分别增加31.5%和36.8%。草莓种苗的叶片数各基质处理没有差异，均达到北京市地方标准《草莓种苗》（DB11/T 905—2012）对

叶片数的要求。草莓子苗的壮苗指数配方 1 和添加生物炭缓释肥料的配方 2 较对照草炭基质分别提高 32.4%和 19.9%；繁育系数添加生物炭缓释肥料的配方 2 最高为 1：27，其次为配方 1：25，草炭基质为 1：22，繁育系数配方 1 和添加生物炭缓释肥料的配方 2 较对照草炭基质分别提高 12.2%和 18.5%。

表 3-6　不同基质对草莓子苗植株干鲜重、壮苗指数和繁育系数的影响

编号	地上部鲜重（g）	地上部干重（g）	地下部鲜重（g）	地下部干重（g）	叶片数（片）	壮苗指数	繁育系数
对照	11.68±3.87	2.53±1.33	2.09±1.19	0.19±0.06	5.25a	1.14	1：22
配方 1	12.54±6.00	2.64±1.36	2.19±0.91	0.25±0.15	5.43a	1.51	1：25
配方 2	13.88±4.85	2.84±1.12	2.11±1.23	0.26±0.10	5.16a	1.36	1：27

（三）不同基质对草莓种苗株高茎粗的影响

不同基质对草莓子苗株高的影响见图 3-18。一级苗的株高在 27.8～28.4cm 之间，3 个处理基本相近，二级苗和三级苗与对照草炭基质和配方 1 株高基本一致，添加生物炭缓释肥料的配方 2 较对照草炭基质二级苗和三级苗株高分别增加 11.3%和 7.2%。

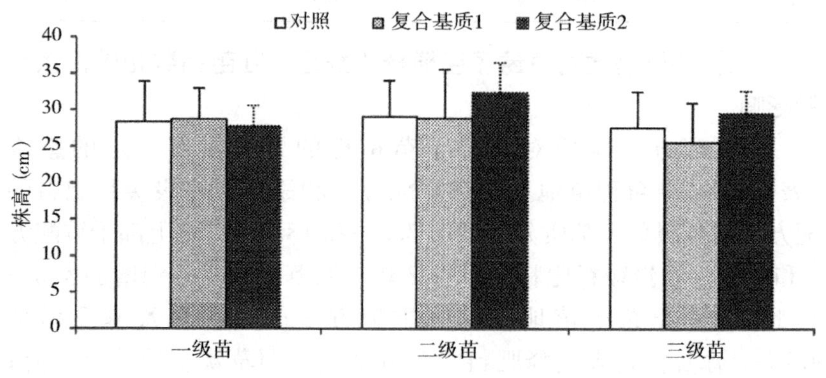

图 3-18　不同基质对草莓子苗株高的影响

不同基质对草莓子苗茎粗的影响见图 3-19。一级苗的茎粗对照和配方 1 基本相近，添加生物炭缓释肥料的配方 2 较对照草炭基质茎粗略小；二级苗的茎粗配方 1 和添加生物炭缓释肥料的配方 2 较对照草炭基质分别增加 17.2%和 13.3%；三级苗 3 个处理基本相近。

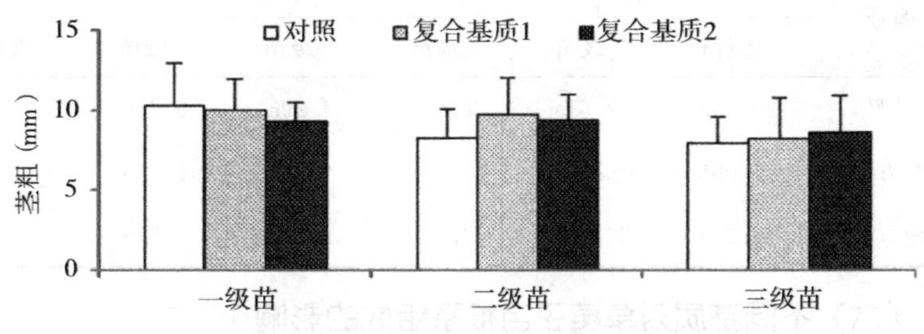

图 3-19　不同基质对草莓子苗茎粗的影响

（四）不同基质对草莓子苗总根长和根系表面积的影响

根总长度和根系表面积是描述根系情况的重要指标之一。从表 3-7可知，总根长不同基质处理表现不尽相同，草莓一级苗总根长配方 1 和添加生物炭缓释肥料的配方 2 较对照草炭基质达到显著性差异，分别增加 43.9%和 21.2%，二级苗和三级苗各处理之间没有显著性差异。根系表面积一级苗和三级苗配方 1 和添加生物炭缓释肥料的配方 2 较对照草炭基质达到显著性差异，二级苗各处理没有达到显著性差异。

表 3-7　不同基质对草莓子苗总根长和根系表面积的影响

编号	总根长（cm）			根系表面积（cm^2）		
	一级苗	二级苗	三级苗	一级苗	二级苗	三级苗
对照	4 957.58b	5 451.70a	4 828.86a	495.01b	702.21a	362.37b
配方 1	7 138.94a	6 854.31a	5 589.94a	773.18a	830.01a	666.06a
配方 2	6 009.98a	6 528.22a	4 679.30a	635.18a	776.52a	550.01a

（五）不同基质对草莓子苗总直径和根系总体积的影响

根直径和根系体积也是描述根系情况的重要指标之一。根系的总直径和根系总体积配方 1 和添加生物炭缓释肥料的配方 2 较对照草炭基质均没有达到显著性差异（表 3－8）。

表 3－8　不同基质对草莓子苗总直径和根系总体积的影响

编号	总直径（mm）			根系总体积（cm^3）		
	一级苗	二级苗	三级苗	一级苗	二级苗	三级苗
对照	20.35a	23.51a	29.05a	4.29a	5.61a	4.35a
配方 1	21.09a	19.96ab	27.99a	6.99a	8.23a	6.46a
配方 2	16.29a	36.76a	34.98a	5.65a	7.57a	5.40a

（六）不同基质对草莓子苗根系组成的影响

根据根系直径大小进行根系组成分析（表 3－9），可以看出对照草炭基质直径在 0～0.5mm 的一、二、三级子苗总根长度比例都在 90％左右，而配方 1 和添加生物炭缓释肥料的配方 2一、二、三级子苗总根长度比例在 81.29％～87.08％之间，较对照草炭基质根长度比例降低；直径在 0.5～1.0mm 总根长度，对照草炭基质的一、二、三级子苗根长比例在 7.82％～8.09％之间；配方 1 和添加生物炭缓释肥料的配方 2 在 10.38％～16.46％之间，较对照草炭基质根长度比例有明显的增加；直径在 1.0～1.5mm 总根长度，对照草炭基质的一、二、三级子苗根长比例在 0.86％～1.49％之间；配方 1 和添加生物炭缓释肥料的配方 2 在 1.38％～1.93％之间，较对照草炭基质有所增加；直径在 D＞1.5mm 以后根长比例各处理基本相近。表 3－9 可知基质的组成不同，直径在 0～0.5mm 细根总根长度对照草炭基质较配方 1 和添加生物炭缓释肥料的配方 2 所占比例较多，而直径在 0.5～1.5mm 的粗根总根长配方 1 和添加生物炭缓释肥料的配方 2 较对照草炭基质所占比例有所提高。从中可以看出对照草炭基质和配方 1 及添加生物炭缓释肥料的配方 2 根系组成有所不同，对照草炭基质细根长度所占比例多一些，而配方 1 和添加生物炭缓释肥料的配方 2 粗根长度所占比例多一些。

表 3-9　不同基质对草莓子苗根系组成的影响

根直径（mm）	处理	一级苗 总根长（cm）	一级苗 百分数（%）	二级苗 总根长（cm）	二级苗 百分数（%）	三级苗 总根长（cm）	三级苗 百分数（%）
0<D≤0.5	对照	4 434.69	89.48	6 458.46	90.76	6 163.2	90.29
	配方 1	6 161.79	86.34	5 710.46	83.33	4 666.01	83.49
	配方 2	5 231.54	87.08	5 518.91	84.59	4 044.76	81.29
0.5<D≤1.0	对照	399.75	8.07	556.48	7.82	552.28	8.09
	配方 1	806.00	11.29	951.17	13.88	817.96	14.64
	配方 2	623.42	10.38	833.21	12.77	519.24	16.46
1.0<D≤1.5	对照	73.80	1.49	60.85	0.86	74.43	1.09
	配方 1	115.48	1.62	132.17	1.93	77.14	1.38
	配方 2	98.50	1.64	121.03	1.85	69.69	1.40
1.5<D≤2.0	对照	30.22	0.61	20.82	0.29	21.74	0.32
	配方 1	28.35	0.4	29.43	0.43	16.11	0.29
	配方 2	32.46	0.54	26.68	0.41	20.73	0.42
2.0<D≤2.5	对照	10.61	0.21	10.66	0.15	7.47	0.11
	配方 1	12.98	0.18	16.65	0.24	6.42	0.11
	配方 2	16.06	0.54	14.45	0.41	10.14	0.42
2.5<D≤3.0	对照	3.16	0.06	4.82	0.07	3.58	0.05
	配方 1	5.97	0.18	7.90	0.24	2.20	0.11
	配方 2	3.67	0.27	6.00	0.22	4.52	0.20
3.0<D≤3.5	对照	2.64	0.05	2.88	0.04	2.16	0.03
	配方 1	4.68	0.08	3.79	0.12	1.49	0.04
	配方 2	1.50	0.06	2.57	0.09	3.41	0.09
3.5<D≤4.0	对照	0.75	0.02	0.57	0.01	0.78	0.01
	配方 1	0.80	0.07	0.74	0.06	0.71	0.03
	配方 2	0.40	0.02	1.39	0.04	2.10	0.07

（续）

根直径（mm）	处理	总根长（cm）	百分数（%）	总根长（cm）	百分数（%）	总根长（cm）	百分数（%）
		一级苗		二级苗		三级苗	
4.0<D≤4.5	对照	0.47	0.01	0.33	0.00	0.37	0.00
	配方 1	0.22	0.01	0.45	0.01	0.34	0.01
	配方 2	0.12	0.01	0.41	0.02	1.05	0.04
D>4.5	对照	0.00	0.00	0.08	0.00	0.32	0.00
	配方 1	0.00	0.00	0.14	0.00	0.28	0.01
	配方 2	0.00	0.00	0.26	0.01	0.30	0.01

（七）不同基质对草莓子苗根活力的影响

根活力是表示根系吸收能力的一个重要指标。由图 3 - 20 可知，一级苗添加生物炭缓释肥料的配方 2 较对照草炭基质达到显著性差异，根活力显著提高；配方 1 和对照草炭基质没有达到显著性差异；二级苗和三级苗各处理之间没有差异。

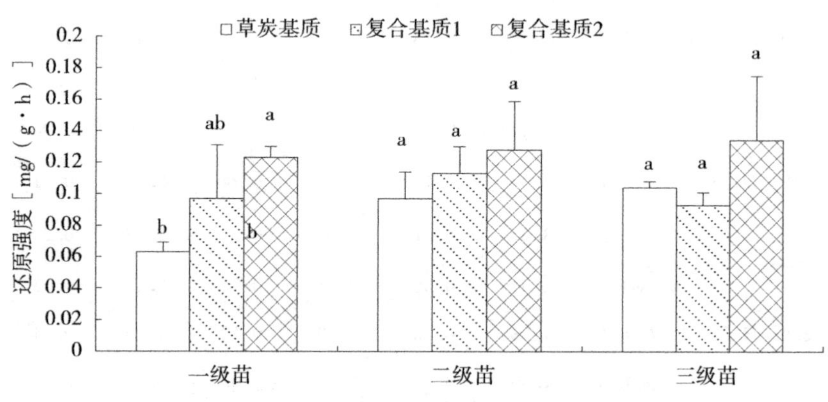

图 3 - 20　不同基质对草莓子苗根活力的影响

综上，2 种利用农林废弃物经过充分发酵腐熟，按不同比例混配而成的复合基质，其中配方 2 添加生物炭缓释肥料。2 种复合基质的理化性状和草炭基质一致，草莓子苗的壮苗指数复合基质配方

1 和添加生物炭缓释肥料的配方 2 较对照草炭基质分别提高 32.4% 和 19.9%；繁育系数配方 1 和添加生物炭缓释肥料的配方 2 较对照草炭基质分别提高 12.2% 和 18.5%。2 个配方均优于对照草炭基质。从各级子苗株高、茎粗、根体积、根直径等指标分析，2 个复合基质配比与对照草炭基质相近，没有什么显著性差异；总根长和根表面积，一级苗 2 个配方与对照草炭基质相比显著增加，达到显著性差异，二、三级苗各处理没有差异。不同基质根系组成有所不同，直径在 0～0.5mm 细根根长度对照草炭基质较配方 1 和添加生物炭缓释肥料的配方 2 所占比例较多，而直径在 0.5～1.5mm 粗根根长度配方 1 和添加生物炭缓释肥料的配方 2 较对照草炭基质所占比例有所提高。对照草炭基质细根根长度所占比例多，而配方 1 和添加生物炭缓释肥料的配方 2 粗根根长度所占比例多一些。综合各指标考虑 2 个复合基质配方均可以替代草炭基质进行草莓子苗生产。

二、复合基质在秋冬茬不同品种番茄上的应用效果

试验于 2018 年 9 月在北京市农林科学院大温室进行。试验用温室为连栋温室，供试作物为番茄，于 2018 年 8 月 1 日开始育苗。每个品种育 2 盘（72 孔），复合基质栽培。2018 年 9 月 12 日定植。2019 年 3 月 12 日原味 1 号拉秧，4 月 12 日京采 3 号、京采 6 号拉秧。基质栽培，原料为醋渣、木屑、稻壳、桃树枝添加有机肥充分腐熟发酵，按一定比例掺混而成，比例为：

醋渣：1 份桃树有机肥，2 份木屑有机肥，2.5 份稻壳有机肥。

挖槽宽 40cm，深 20cm，把土全部铲出，然后沟两边铺黑白膜，中间空隙约为 5cm，垫无纺布；株距为 25cm，单行栽培。共 7 畦用 180 袋，每畦约 26 袋。

底肥：复合肥（15－15－15）393kg/hm^2，过磷酸钙 393kg/hm^2。

追肥：水溶肥（30－10－10）65kg/hm^2，2018 年 10 月 24 日。

水溶肥（15－5－30）65kg/hm^2，2019 年 1 月 12 日，1 月

17日。

水溶肥（20—20—20）65kg/hm²，2019年1月26日，2月21日。

水溶肥（12—9—37）65kg/hm²，2019年3月5日。

试验设3个处理，分别为：处理1：原味1号；处理2：京采3号；处理3：京采6号。

（一）基质的理化性状分析

复合基质容重为0.8g/cm³，基质的容重可以反映基质的疏松、紧实程度，一般基质的容重在0.1～0.8g/cm³范围内作物生长效果较好，复合基质在此范围内，可以使作物正常生长；总孔隙度是指基质中包括通气孔隙和持水孔隙在内的所有孔隙的总和，总孔隙度大的基质较轻，基质疏松，较有利于作物根系生长，但固定和支撑能力较差，容易使作物倒伏。一般来说，基质的总孔隙度在54%～96%范围即可，复合基质总孔隙度为76.99%，在此范围内，既能起到支撑作用，又可以防止作物倒伏。基质的酸碱度各不相同，无土栽培基质的酸碱度应该保持相对稳定，一般基质的酸碱度在6.5（微酸性）～7.0（中性）为宜，复合基质pH7.7，基本符合植物所需的酸碱度。电导率是基质分析的一项指标，它反映基质中原来带有的可溶性盐分的多少，将直接影响到营养液的平衡。栽培蔬菜作物的溶液电导率应大于1mS/cm，复合基质的电导率为2.4mS/cm，生长前期可以不需要施肥。

表3-10　复合基质的理化性状

基质	干容重（g/cm³）	湿容重（g/cm³）	总孔隙度（%）	通气孔隙（%）	持水孔隙（%）	水气比	pH	EC（mS/cm）
复合基质	0.538	1.27	76.99	3.62	73.37	20.27	7.7	2.4

（二）复合基质栽培不同品种番茄单果重的变化

由图3-21可知，12月份原味1号、京采3号、京采6号单果重平均为92g、113g、108g，其中原味1号最低，京采3号和京采

6号接近；1月份原味1号、京采3号、京采6号单果重平均为56g、82g、92g，单果重原味1号≤京采3号≤京采6号；2月份原味1号、京采3号、京采6号单果重平均为49g、66g、83g，单果重原味1号≤京采3号≤京采6号，3个品种的单果重在整个生长季呈逐渐下降的趋势，原味1号番茄单果重最低，其次为京采3号，京采6号单果重最高。

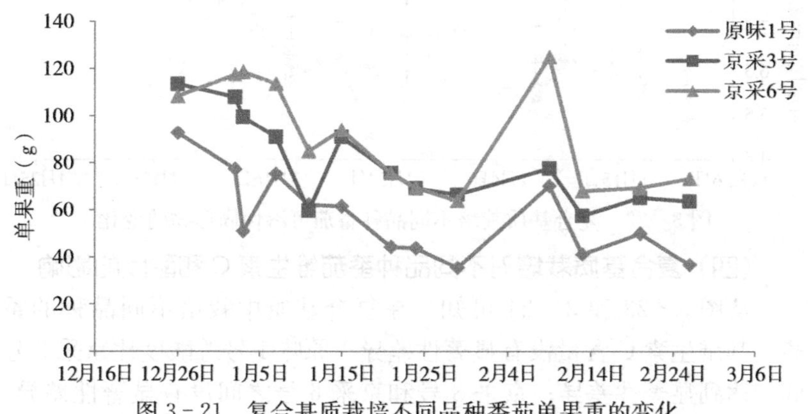

图3-21　复合基质栽培不同品种番茄单果重的变化

（三）复合基质栽培对不同品种番茄可溶性固形物的影响

由图3-22可知，从1月份开始摘取番茄果实测定可溶性固形物，1月份的可溶性固形物平均值，原味1号、京采3号、京采6号分别为5.5%、5.8%、5.5%，3个品种的可溶性固形物很接近；2月份的可溶性固形物平均值，原味1号、京采3号、京采6号分别为5.9%、6.2%、6.7%，比1月份有所增加，其中京采6号可溶性固形物平均值提高1度以上，原味1号和京采3号可溶性固形物平均值接近，较1月份略有提高；3月份的可溶性固形物平均值，原味1号、京采3号、京采6号分别为6.7%、7.6%、7.8%，比2月份有较大幅度增加，其中京采3号和京采6号可溶性固形物平均值较1月份提高2度以上，较2月份提高1度以上；原味1号可溶性固形物平均值较1、2月份提高1度左右；原味1号可溶性固形物最高值出现在3月4日，为6.9%；京采3号可溶性固形物最高值出现在3月25日，为8.2%；京采6号可溶性固形物最高值出现在3月28日，为9.4%。

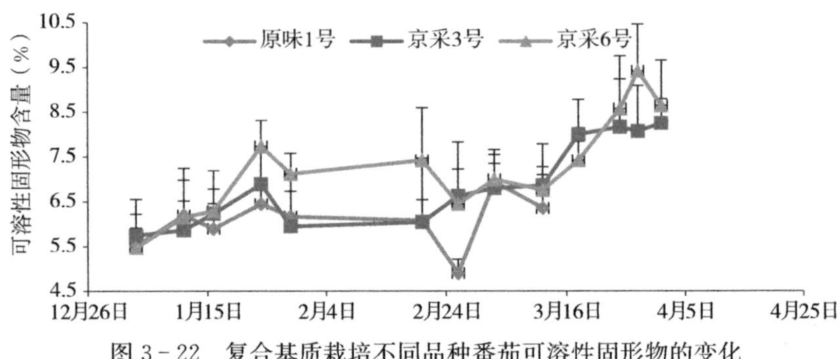

图3-22 复合基质栽培不同品种番茄可溶性固形物的变化

（四）复合基质栽培对不同品种番茄维生素C和酸度的影响

从图3-23和3-24可知，在复合基质中栽培不同品种的番茄，其维生素C含量没有显著性差异；原味1号总酸度比京采3号低，达到显著性差异；京采3号和京采6号之间没有显著性差异，原味1号与京采6号之间也没有显著性差异。

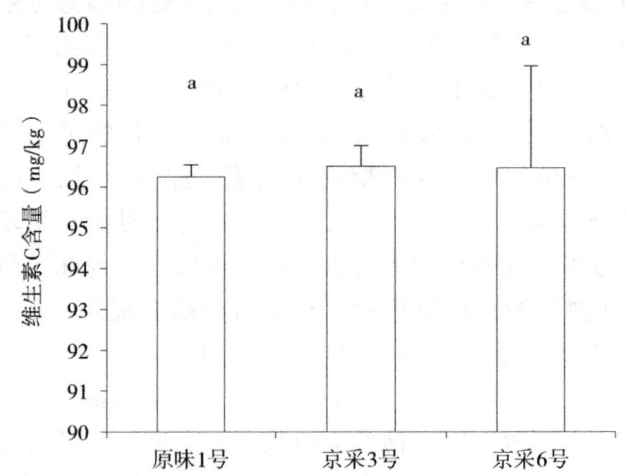

图3-23 复合基质栽培不同品种番茄维生素C含量的变化

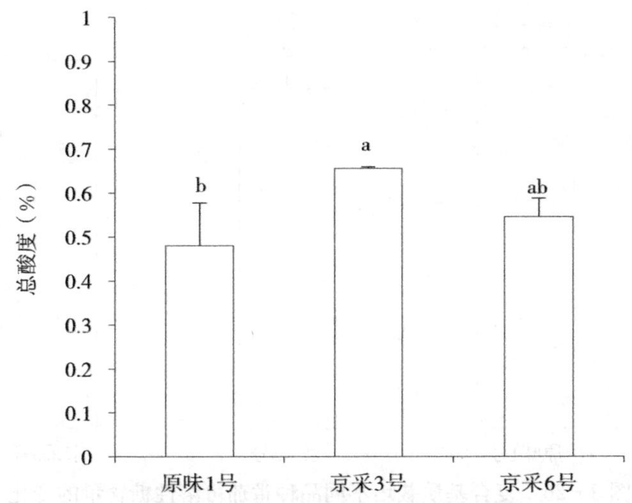

图 3-24　复合基质栽培不同品种番茄总酸度的变化

（五）复合基质栽培不同品种番茄可溶糖和硝酸盐含量的影响

从图 3-25、图 3-26 可以看出，在复合基质中栽培不同品种的番茄，其硝酸盐和可溶性糖含量没有显著性差异。

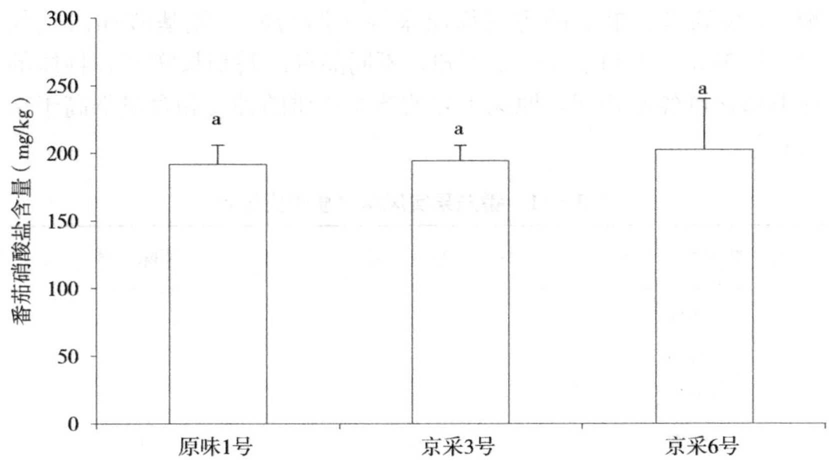

图 3-25　复合基质栽培不同品种番茄硝酸盐含量的变化

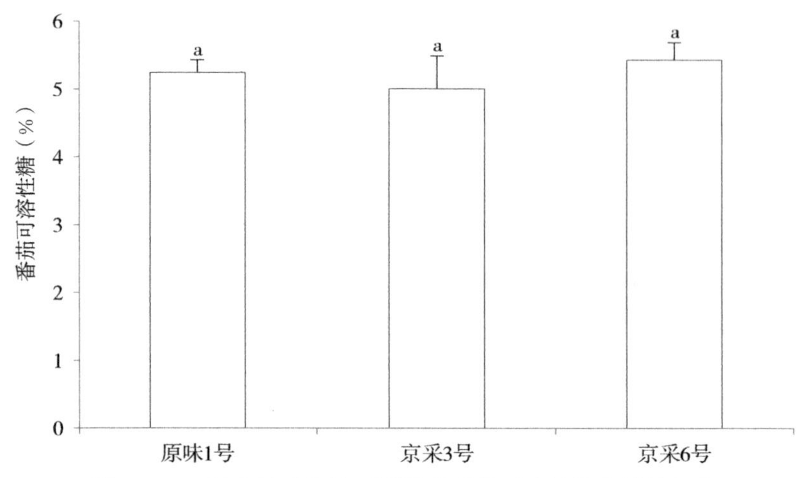

图 3－26　复合基质栽培不同品种番茄可溶性糖含量的变化

（六）复合基质栽培不同品种番茄对芳香物质的影响

果实的香气形成源于某些挥发性物质，目前番茄果实已经鉴定出 400 多种。番茄果实挥发性物质以醇类、酮类和醛类为主，主要有顺-3-己烯醛、己烯醛、己烯醇、1-庚烯-3-酮、3-甲基丁醛、丙酮、2-庚烯醛。果实的香气物质来源于脂肪酸、氨基酸和次生代谢。从表 3－11 和表 3－12 可知，不同品种的番茄果实芳香物质的种类和含量各不相同，原味 1 号的芳香物质的种类和含量都高于京采 6 号。

表 3－11　番茄果实风味物质种类统计

芳香物质种类	京采 6 号	原味 1 号
共计	31	37
非共有	12	18
所有处理共有	19	19
醛类	17	17
酮类	5	5
醇类	4	6

（续）

芳香物质种类	京采 6 号	原味 1 号
酯类	1	4
其他	4	5

表 3-12　番茄果实芳香物质含量

中文名称	英文名称	前提物质	风味	峰面积值	
				京采6号	原味1号
3-甲基丁醛	Butanal，3-methyl-	氨基酸	nutty，stale，malt	17 149	25 902
2-异丁基噻唑	2-Isobutylthiazole	氨基酸	earthy，musty，pungent，medicinal，tomato vine	94 499	123 822
3-甲基-1-丁醇	1-Butanol，3-methyl-	氨基酸	earthy，musty，malt	50 213	50 317
2-甲基-1-丁醇	1-Butanol，2-methyl-	氨基酸	malt	43 067	76 692
E-2-戊烯醛	2-Pentenal，（E）-	—	水果香	139 522	176 183
1-戊烯-3-酮	1-Penten-3-one	—	sweet，fruity，grassy，fresh	211 361	246 567
E-2-己烯醛	2-Hexenal，（E）-	脂肪酸	grassy，pungent	449 074	506 725
6-甲基-5-庚烯-2-酮	5-Hepten-2-one，6-methyl-	类胡萝卜素	sweet，fruit，floral	1 513 376	2 494 041
β-紫罗兰酮	β-Ionone	类胡萝卜素	fruity，floral	287 620	534 742
E-2-庚烯醛	2-Heptenal，（E）-		油脂	—	—

（续）

中文名称	英文名称	前提物质	风味	峰面积值	
				京采6号	原味1号
水杨酸甲酯	Methyl salicylate	苯基丙氨酸	winter green	421 472	453 927
苯乙醇	Phenylethyl Alcohol	苯丙素类	fruity	231 667	210 117
Z-3-己烯醛	3-Hexenal，（Z）-，cis-3-hexenal	脂肪酸	green，grassy	455 912	166 178

综上，以农业废弃物为原料经过充分发酵腐熟，按不同比例配制而成的复合基质，其理化性状复合栽培基质的基本要求，可以用于番茄生产中。复合基质栽培不同品种的番茄，3个品种的单果重在整个生长季呈逐渐下降的趋势，原味1号番茄单果重最低，其次为京采3号，京采6号单果重最高；3个品种的可溶性固形物随着采摘时间成逐步增加的趋势，京采6号表现较好；复合基质栽培不同品种的番茄，对3个不同品种的番茄维生素C、总算度、硝酸盐、可溶糖没有显著性差异。不同品种的番茄果实芳香物质的种类和含量各不相同，原味1号的芳香物质的种类和含量都高于京采6号。

三、复合基质在冬春茬不同品种番茄上的应用效果

试验于2019年3月在北京市农林科学院大温室进行。试验用温室为连栋温室，供试作物为番茄，品种为京采6号。于2019年1月20日开始育苗，72孔穴盘育苗。2019年3月12日定植。2019年7月8日拉秧。基质栽培，原料为醋渣、木屑、稻壳、桃树枝添加有机肥，充分腐熟发酵按一定比例掺混而成；比例为：醋渣：1，桃树有机肥：2，木屑有机肥：2.5，稻壳有机肥：0.5。每畦施1.5kg三元复合肥（15-15-15）和1.5kg过磷酸钙，均匀撒到基质中，然后与基质掺混均匀。试验设置2个处理，分别为：处理1，不控水；处理2，控水。

（一）番茄全生长期浇水情况

从表3-13可知，本试验番茄生长的中前期没有控水，从生长的中后期开始控水，5月20日采收第一穗果开始控水，控水处理之后不再浇水。不控水处理番茄全生长期浇水总量每亩为216.9m³，控水处理每亩为162m³，控水处理每亩减少用水54.9m³，减少25.3%。

表3-13　番茄全生长期浇水情况（每亩浇水量：m³）

编号	3/12	3/20	4/4	4/10	4/17	4/30	5/5	5/9	5/14	5/20	5/25	5/31	6/9	6/15
不控水	27	12.6	25.2	14.4	14.4	10.8	18	14.4	10.8	14.4	13.5	13.5	13.5	14.4
控水	27	12.6	25.2	14.4	14.4	10.8	18	14.4	10.8	14.4	—	—	—	—

（二）不同浇水处理的番茄单果重

从图3-27可知，从5月中旬到5月底，控水和不控水处理单果重没有什么差异，6月初至6月中旬，不控水处理的单果重比控水处理略有增加，总趋势单果重呈下降趋势，由于6月15日之后都没有浇水，2个处理单果重没有什么差异，都呈下降趋势。

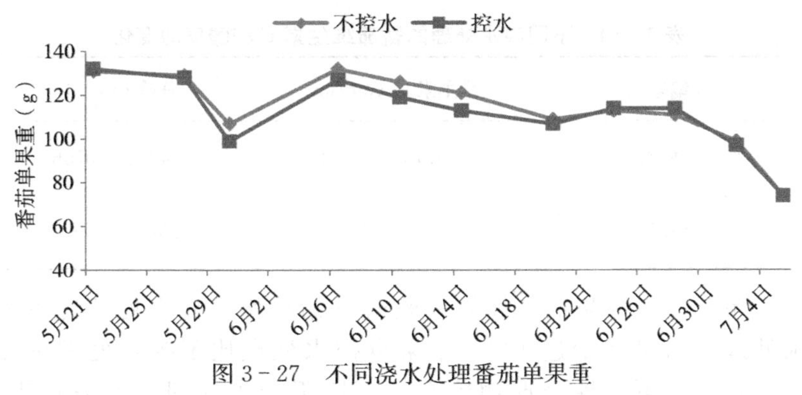

图3-27　不同浇水处理番茄单果重

（三）不同浇水处理番茄可溶性固形物的变化

由图 3-28 可知，控水前期 5 月中旬至 5 月底，控水与不控水处理可溶性固形物没有差异，随着控水时间的延长，控水处理可溶性固形物都高于不控水处理，控水处理的可溶性固形物随着控水时间的延长呈缓慢上升趋势，而不控水处理可溶性固形物基本维持不变状态。

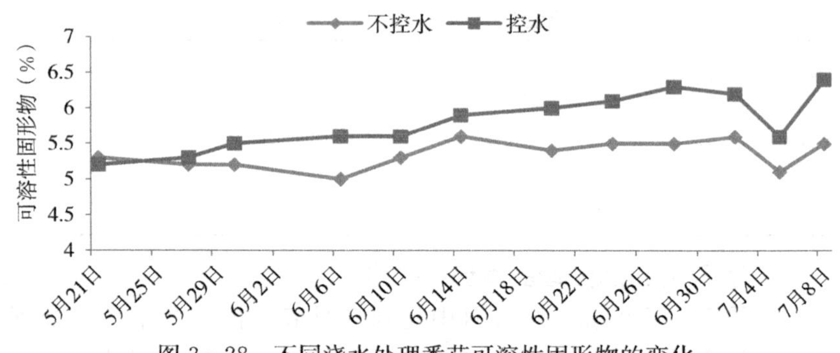

图 3-28　不同浇水处理番茄可溶性固形物的变化

（四）不同浇水处理的番茄维生素 C 和酸度的变化

从表 3-14 可知，控水处理较不控水处理维生素 C 有显著的提高，达到显著性差异；控水处理较不控水处理总酸度也有明显的增加，达到显著性差异。

表 3-14　不同浇水处理的番茄维生素 C 和酸度的变化

编号	维生素 C（mg/kg）	总酸度（%）
不控水	141.74±11.51b	0.439±0.075b
控水	160.97±11.68a	0.592±0.003a

综上，在番茄第一穗果采收时开始控水，控水处理比不控水处理用水量减少近 1/3，单果重控水处理比不控水处理呈减少的趋势，可溶性固形物控水处理比不控水处理呈增加趋势，控水处理较不控水处理维生素 C 有显著的提高，达到显著性差

异；控水处理较不控水处理总酸度也有明显的增加，达到显著性差异。

四、不同有机物料基质对生菜品质的影响

食品生产中的有机物料如芝麻麸、花生麸和玉米粉往往有大量剩余，芝麻麸一般有机质含量为75%～85%，氮为2%～7%，磷为2%～3%，钾为1%～2%，还含有微量元素；花生麸中活性成分有黄酮类、氨基酸、蛋白质鞣质、糖类、三萜、植酸或甾体类化合物，富含Mg，K、Ca、Na、Fe、和Zn，蛋白质含量可达48%以上，一般有机质含量为75%～86%，氮为6.39%，磷为1.17%，钾为1.34%；玉米粉除了高达60%以上的蛋白之外，还含有无机盐、玉米黄素等，经测试蛋白质含量为65%，淀粉15%，脂肪7%，水分10%，纤维2%，灰分1%，类胡萝卜素100～300mg/kg。这些有机物料时常作为肥料补充用于蔬菜生产中，利用方式有直接撒施栽培介质，或者发酵后使用，使用量不等，且没有明确关于试验效果的数据。本试验在盆栽基质中加入不同含量的芝麻麸、花生麸和玉米粉，探讨其对生菜品质的影响和在蔬菜生菜中的高效利用。

试验在北京农林科学院玻璃温室内进行，栽培介质配方为醋渣∶木屑牛粪堆腐物∶麦秆牛粪有机肥：桃树枝猪粪沼渣沼液有机肥＝1.5∶2∶1∶1.5，生产厂家为北京大化肥业有限公司和北京奥格尼克生物生物技术有限公司，基质理化性质见表3-15。栽培花盆外口直径29.6cm，内口直径25.4cm，高度为19.7cm，底部直径为17.8cm，容量约为7L。试验共设置6个处理和一个空白不施肥对照，处理为每盆15g或30g粉碎后的芝麻麸、花生麸和玉米粉。栽培作物为绿色散叶生菜，于2019年2月下旬定植，每个处理种植8盆，每盆种植1颗。4月中旬收获后测量品质：可溶性糖、含水量、维生素C和硝酸盐等指标。

表 3-15 复合基质理化性质

基质	干容重 (g/cm³)	饱和状态容量 (g/cm³)	总孔隙度（%）	通气孔隙（%）	持水孔隙（%）	水气比	pH	EC (mS/cm)
复合基质	0.364	0.822	58.38	5.57	48.57	8.08	8	1.34

由表 3-16 可知，在植株生长期间（3 月下旬）用便携式叶绿素荧光仪测量叶片叶绿素相对含量，在收获后测叶片全氮含量，发现不同处理间两种指标无显著差异，但玉米粉和芝麻麸处理后叶片的 SPAD 值稍高于 CK 和花生麸处理，花生麸、芝麻麸和玉米粉处理的叶片全氮稍高于 CK。

表 3-16 不同处理对叶片 SPAD 和全氮含量的影响

处理（g/盆）	叶片 SPAD 值	叶片全氮（%）
CK	16.07	2.82
花生 15	16.53	2.97
花生 30	15.02	3.15
玉米 15	17.93	2.92
玉米 30	17.18	3.16
芝麻 15	17.27	3.08
芝麻 30	17.48	3.13

图 3-29 显示不同处理可以显著影响植株根冠比，玉米粉和芝麻麸的处理有助于植株根冠比的提高，尤其是芝麻麸 30g/盆的处理，显著提高了生菜根冠比，说明该处理可以促进植株根系生长，进而利于植株地上部分生物量的积累，最终增大植株根冠比。

不同处理在收获后通过测植株干鲜重计算生菜含水量，发现花生麸 30g/盆和玉米粉 15、30g/盆处理可以显著提高生菜含水量，

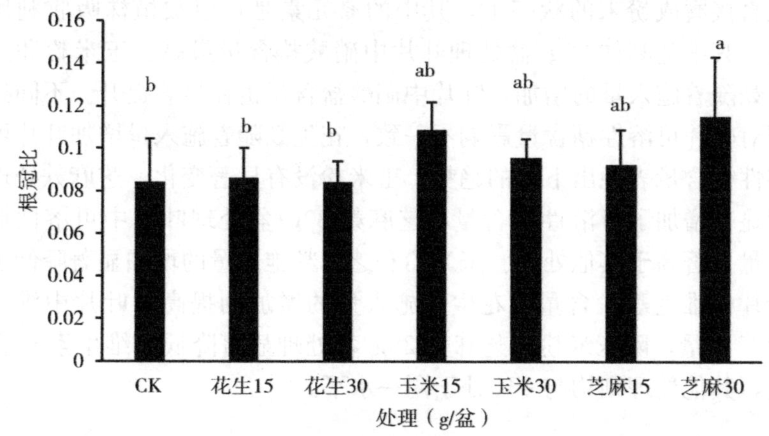

图 3-29　不同处理植株根冠比

有利于增加叶片脆嫩的质地和口感（图 3-30）。芝麻麸处理一定程度上减少了叶片含水量，花生麸在每盆加入 15g 的时候对叶片含水量没有影响。

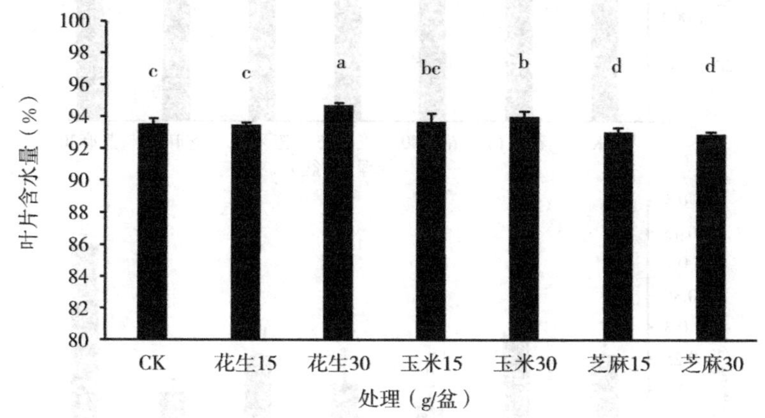

图 3-30　不同处理对植株叶片含水量的影响

不同处理植株在收获后测叶片维生素 C、硝酸盐和可溶性糖含量（图 3-31），发现不同处理间存在显著差异。在施入花生麸、芝麻麸和玉米粉后叶片硝酸盐含量显著提高，这表明这些有机物料在直接磨成粉末的状态下，其中的氮元素是可以被植株吸收利用的，其中芝麻麸 30g/盆处理叶片中硝酸盐含量最高。玉米粉和芝麻麸随着施入量的增加，叶片中硝酸盐含量也在显著提升。不同处理对叶片可溶性糖含量影响不一致，花生麸随着施入量增加叶片可溶性糖含量表现出下降的趋势，玉米粉没有显著变化，芝麻麸处理则显著增加了可溶性糖含量，芝麻麸 30g/盆处理叶片中可溶性糖含量显著高于其他处理。玉米粉和芝麻麸施入量的增加显著降低了叶片中维生素 C 含量，花生麸施入量的增加则提高了叶片中维生素 C 含量，除玉米粉和芝麻麸 30g/盆处理显著降低了维生素 C 含量，其他处理则均与 CK 处于同一水平。

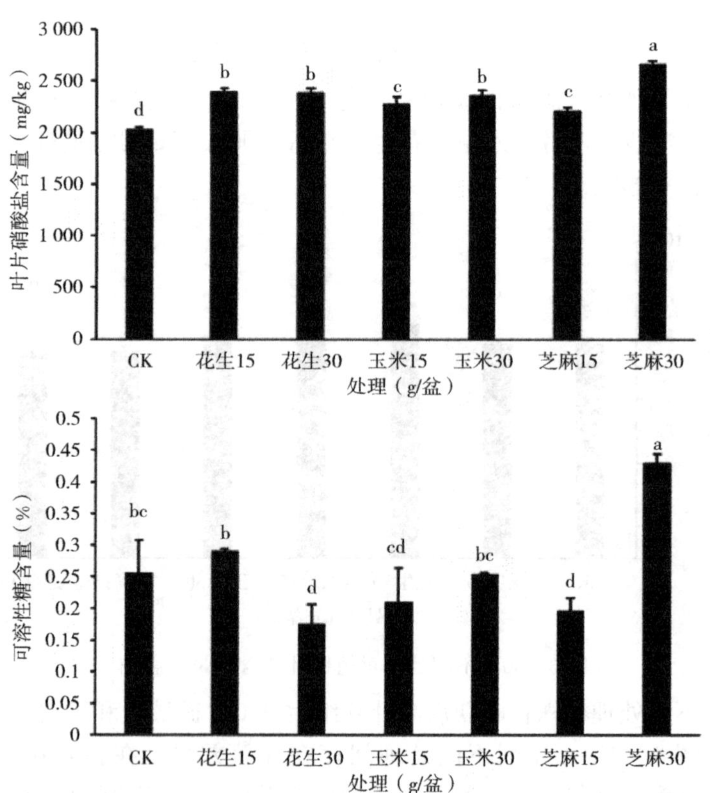

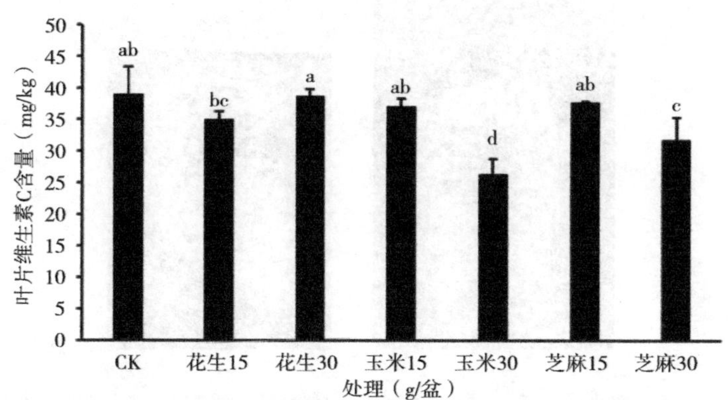

图 3-31　不同处理对植株叶片维生素 C、硝酸盐和可溶性糖含量的影响

综上，芝麻麸、花生麸和玉米粉在粉碎后直接撒入基质中可以被植株吸收，影响植株根冠比、可溶性糖和维生素 C 含量，显著增加叶片含水量和硝酸盐含量，从而影响生菜的质地和口感。在所有处理中，综合所有指标，芝麻 30g/盆的处理影响最为显著，可以增加叶片含水量和糖含量，有效提高生菜爽脆质地和甜嫩口感。

第四节　种植业废弃物资源化利用技术集成示范

一、秸秆还田关键技术示范

通过前面秸秆还田关键节点技术的研究，课题组在河北廊坊永清基地，自 2019 年开始试验示范，截至 2020 年累计开展“小麦—玉米”轮作秸秆还田试验示范面积 33.33hm^2（图 3-32），包括腐解剂的施用、沼液追肥促秸秆还田等。示范效果在持续监测过程中。

二、蔬菜废弃物无害—资源化处理关键技术示范

根据上述研究结果，设计开发了蔬菜废弃物田间沤制装置，并且

图 3－32　秸秆还田关键技术示范

在河北省廊坊市永清县某农业园区进行了田间的应用，设计每亩地放置沤肥桶一个，可以将管理打秧和废弃果实等放入桶内进行沤制，沤制 2 月后，将沤制液进行农田的灌溉施肥（图 3－33、图 3－34）。

图 3－33　田间放置的沤肥桶

图 3-34　废果的沤制过程

三、果树废弃物无害—资源化处理关键技术示范

课题对园林废弃物资源化利用过程中堆腐发酵，基质生产等主要存在的关键节点问题进行了研究，并针对园林废弃物高木质素含量的特点进行了调配，与生物炭、缓释肥等进行混配，形成不同类型的基质，并在此基础上开展试验研究及示范工作。利用园林废弃物（特别是果树）与蔬菜废弃物，进行无害化堆置，制成栽培基质（图 3-35）。在昌平万德，为草莓废弃物基质育苗提供了 3 个棚材料，可生产 10 万株草莓苗（图 3-36）。在平谷刘家店镇，林间开展 0.33hm^2半基质化的甘薯栽培（图 3-37）。为河北廊坊永清园区提供了 0.66hm^2的废弃物资源化利用材料(图 3-38)。

图 3-35　园林废弃物与蔬菜废弃物无害化堆置制成的栽培基质

图 3-36　昌平万德草莓苗

图 3-37　平谷刘家店镇甘薯栽培

图 3-38　废弃物资源化利用材料

参考文献

付胜涛，于水利．2005. 厌氧消化工艺处理水果蔬菜废弃物的研究进展［J］．中国沼气，23（4）：18-21.

黄鼎曦，陆文静，王洪涛．2002. 农业蔬菜废物处理方法研究进展和探讨［J］. 环境污染治理技术与设备，3（11）：38-42.

李科江，张素芳，贾文竹，等．1999. 半干旱区长期施肥对作物产量和土壤肥力的影响［J］．植物营养与肥料学报，5（1）：21-25.

刘德，吴凤芝．1998. 哈尔滨市郊蔬菜大棚土壤盐分状况及影响［J］．北方园艺（2）：1-2.

刘宏斌，李志宏，张维理，等．2004. 露地栽培条件下白菜氮肥利用率与硝态氮淋溶损失研究［J］．植物营养与肥料学报，10（3）：286-291.

刘志扬．2003. 美国农业新经济［M］．青岛：青岛出版社．

陆安泽．1982. 美国有机农业的调查与探讨［J］．世界农业（5）：1-3.

马利平，高芬，乔雄梧，等．1999. 家畜沤肥浸渍液对黄瓜枯萎病的防治及作用机理探析［J］．植物病理学报，29（3）：270-274.

马利平，高芬，武英鹏，等．1996. 沤肥浸渍液对黄瓜霜霉病的抑制作用及其机理［J］．植物保护学报，23（1）：56-59.

邱凌，卢旭珍，王兰英，等．2005. 日光温室生产废弃物厌氧发酵特性初探［J］．中国沼气，23（2）：30-32.

唐继伟，林治安，许建新，等．2006. 有机肥与无机肥在提高土壤肥力中的作用［J］．中国土壤与肥料（3）：44-47.

王红霞，周建斌，雷张玲，等．2008. 有机肥中不同形态氮及可溶性有机碳在土壤中淋溶特性研究［J］．农业环境科学学报，27（4）：1364-1370.

王宏燕．2003. 全球有机农业发展现状和我国有机农业发展对策［J］．农业系统科学与综合研究（19）：223-229.

王立刚，李维炯，邱建军，等．2004. 生物有机肥对作物生长、土壤肥力及产量的效应研究［J］．土壤肥料（5）：14-16.

袁新民，同延安，杨学云，等．2000. 有机肥对土壤 NO_3^- －N 累积的影响［J］. 土壤与环境，9（3）：197-200.

张杰，孙钦平，魏宗强，等．2009. 沼渣和沼液对油菜生长及氮素利用率的影响［J］．北方园艺（11）：26-29.

张相锋，王洪涛，聂永丰 . 2003. 高水分蔬菜废物和花卉废物批式进料联合堆肥的中试［J］. 环境科学，24（5）：146-150.

张云贵，刘宏斌，李志宏，等 . 2005. 长期施肥条件下华北平原农田硝态氮淋失风险的研究［J］. 植物营养与肥料学报，11（6）：711-716.

A. G. Lane. 1984. Laboratory scale anaerobic digestion of fruit and vegetable solid waste［J］. Biomass，5（4）：245-259.

Andreas Fließbach，Lucie Gunst，Paul Mäder. 2007. Soil organic matter and biological soil quality indicators after 21 years of organic and conventional farming［J］. Agriculture，Ecosystems & Environment，118（1-4）：273-284.

Bahman Eghball. 2000. Nitrogen mineralization from land applied beef cattel feedlot manure or compost［J］. Soil Science Society of America Journal，64（6）：2024-2030.

Bshman Eghball，James F. Power. 1999. Composted and noncomposted manure application to conventional and no-tillage systems［J］. Agronomy Journal，91（5）：819-825.

Conyers M K，Mullen C L，Scott B J，et al. 2003. Long-term benefits of limestone applications to soil properties and to cereal crop yields in southern and central New South Wales［J］. Australian Journal of Experimental Agriculture，43（1）：71-78.

Ewa Rembialkowsk. 2000. The nutritive and sensory quality of carrots and white cabbage from organic and conventional farms［J］.（In）：Thomas Alfoldi，William Lockeretz and Urs Niggli. Swis：Proceedings "International IF0AM Scientific Conference"，297.

Franzluebbers A. J.，Stuedemann J. A.，et al. 2002. Bermuda grass management in the southern piedmont USA. II. Soil phosphorus［J］. Soil Science. Society of America Journal，66（1）：291-298.

Greene C R. 2001. U. S. Organic farming emerges in the 90s：Adoption of certified systems［J］. Agriculture Information Bulletin，770.

Heckrat H G.，Brookes P C，Poulton P R. et al. 1995. Phosphorus leaching from soils containing different phosphorus concentrations in the Broadbalk experiment［J］. J. Environ. Qual，24：904-910.

Herrmann G，Plakolm G. 1991. Oekologischer Landbau，Grundwissen fuer die

Praxis [J]. Wien, Verlagsunion Agrar., 27-32.

M. Hamdi, R. Ben Cheikh, Y. Touhami, et al. 2005. Bioreactor performance in anaerobic digestion of fruit and vegetable wastes [J]. Process Biochemistry, 40 (3-4): 989-995.

第四章

养殖废弃物绿色处理循环利用关键技术与示范

京津冀地区人口密度逐年增加，农副产品需求也愈加强烈，由于牛奶、鸡蛋等动物性产品难以长途运输，因此在京津地区及河北大城市周边形成了高密度的集约化养殖模式，养殖业废弃物的产量也不断增加。在满足了人们对肉、蛋、奶需求的同时，也带来了一系列包括环境污染风险的问题。这些问题主要包括：①由于饲料添加剂中含有多种重金属元素，致使养殖废弃物重金属含量超标；同时，养殖过程中添加了难分解的抗生素，导致废弃物处理后的有机肥中抗生素残留超标，影响了农产品安全和民众健康。②传统圈舍养殖存在动物居舍环境差、空气污浊和活动空间肮脏等问题，致使动物生活的幸福指数和养殖效率低下，粪便排放气体污染周边环境，有必要通过圈舍垫料技术加以解决。③京津冀规模化养殖年产废弃物超过 1.18t，传统养殖和垫料养殖废弃物高温堆肥伴随着大量氨气、硫化氢和臭气释放，造成了大量无机氮、无机硫和其他有机养分的损失以及污染周边居住环境，需要采用综合处理技术降低环境气体排放。④针对养殖废弃物资源化变成肥料后如何与种植业科学配置，缺乏量化循环模式。

本研究就是针对上述问题拟采用系统、科学方法加以解决。主要包括：①针对动物养殖废弃物重金属超标问题，采用有机微量元素替代无机微量元素技术；抗生素的残留采用微生态制剂、酶制剂、多糖、中草药等技术使废弃物中抗生素显著减少或完全消失，从源头上替代或减少饲料重金属添加剂和抗生素用量。②针对传统圈舍养殖存在气味污染环境、动物居舍环境差、空气污浊和活动空间肮脏等问题拟采用筛选区域含量丰富、高含碳物料作为垫料，复合枯草杆菌等微生物及多孔复合硅酸盐粉体为生态材料，对原料配比、填放时间、填放厚度、复合菌剂进行优化组合研究，实现臭气（氨气、硫化氢等）低排放的生态健康畜牧养殖。③针对养殖排放废弃物采用的资源化处理方式，高温堆肥工艺中最棘手的氨氮和臭气排放问题拟采用综合处理方式，包括通风和翻堆优化组合工艺、物理添加剂方式和覆盖阻控等综合技术组合；拟采用“静态常温发酵新工艺”，就是消除传统高温工艺缺点，解决发酵气体排放、养分损失、生物防治和节能等问题。除为绿色养殖模式、养殖废弃物绿色资源处理提供样板外，还为区域养殖资源合理搭配、数字模型构建，以及区域社会、经济可持续发展和生态健康起到巨大的推动作用。

第一节　畜禽粪污微量元素和抗生素源头控制关键技术

一、畜禽粪污微量元素减排研究

有报道显示，畜禽摄入的微量元素大部分会随着粪便排出体外，可以存留在机体内被吸收利用的少之又少，这不仅造成资源的浪费同时也污染了环境。人们长期为农田施用微量元素含量高的畜禽粪便，农田长期蓄积的结果会使土壤中微量元素含量随之升高，对农作物产生有毒有害的影响，影响其长势和产量（Giordano，1975；Kingery，1994；Dozier，2003）。含大量金属离子的畜禽粪便同时也会对水的质量产生不利影响，它不仅破坏水中生态平衡，还能导致水中各种生物的大面积死亡（Gian-Gupta，1999）。由此可知，超高量添加各种微量元素对环境具有非常严重的危害作用。一项评估表明，当按照欧洲的施肥标准施肥时，畜禽粪便所能提供的锌含量高达土壤需要量的数倍之多（6 倍）。有报道显示，常规基础日粮中的金属离子能被畜禽吸收利用的量在 10%以内，造成这种现象的原因有二，一是人们为获得更高的经济收入，日粮中微量元素的添加量往往达到畜禽需要量的数倍甚至数十倍之多；二是由于微量元素的制造工艺、添加形式等原因，致使机体对其吸收利用率本就不高，所以，规范基础日粮中微量元素的添加量或改善微量元素在畜禽体内的利用情况是减排的有效措施（Mohanna and Nys，1999）。随着畜牧业的发展和人们环保意识的增加，以牺牲环境为代价换取畜禽生产性能改善和经济效益提高的时代已经远去，21 世纪畜牧业必将朝着对环境无污染、可持续发展的绿色环保方向前进。因此，通过营养学途径在不影响家畜生产性能的前提下，降低畜牧业对环境的不利影响会是畜禽营养研究的重要领域。就基础日粮中微量元素添加量而言，根据动物的种类、生长周期等确定畜禽微量元素最适添加量是降低畜牧业环境危害的最佳途径。这样所确定的需要量就会更符合动物生产实际的需要和“节约发展、安全发展、可持续发展”的需要。

大量研究表明，有机微量元素由于具有化学性质稳定、生物效价高等特点，可显著提高蛋鸡的产蛋率、平均日增重和饲料利用率，改善平均日产蛋重和料蛋比。吴胜华（2007）等在日粮中添加无机微量元素锌、铜和锰，其他条件保持一致的情况下发现，无机盐的添加对鸡采食量、料蛋比和平均蛋质量无显著影响；但添加同等剂量有机锌、有机铜和有机锰，显著提高了蛋鸡的存活率和入舍母鸡的产蛋率，入舍母鸡日均产蛋量增加（$P<0.05$）。任培桃（1996）等报道，在添加等量金属离子的情况下，与饲喂无机盐预混剂相比，饲喂氨基酸螯合盐预混剂后蛋鸡产蛋率提高了 7%以上。何正芳（1993）报道，饲粮中添加蛋氨酸锌可显著提高蛋鸡产蛋量，维持蛋壳质量。亢守亭（2008）等在饲粮中添加锌能提高蛋雏鸡的平均日增重和平均日采食量，改善料重比，甘氨酸锌的效果好于硫酸锌。孙德成（1995）等以迪卡蛋鸡为试验对象，添加等计量无机微量元素组为对照组，试验结果发现，螯合微量元素组总产蛋重和产蛋率分别比对照组提高 21.02%和 12.8%，料蛋比和软破蛋率分别降低 20.74%和 31.79%。

有机微量元素的添加对鸡蛋的品质改善也有较大的影响。大量文献表明，有机微量元素可以影响蛋壳的质量，包括蛋壳强度、厚度、结构和其紧密程度，改善蛋白高度和哈氏单位，提高组织的抗氧化能力，增强机体的免疫反应。Baker（1987）等和 Wedekin（1990）等研究结果表明，饲粮中有机形式锌和锰的含量分别从 65mg/kg 和 75mg/kg 降低到 40mg/kg 时，会降低生产性能并使破蛋率显著增高。Paik（2001）以 96～103 周龄蛋鸡为研究对象，饲喂添加螯合氨基酸微量元素的日粮，结果很大程度地提高了蛋壳强度。Ashmead（1982）在鸡的日粮中添加螯合型微量元素，在分析鸡蛋成分时发现，蛋壳中各微量元素的组分比例发生了较大变化，氨基酸和糖的含量有了明显的提高，蛋壳结构也更加紧密，破壳率下降，蛋黄中微量元素的含量增加。杨人奇（2003）等用氨基酸锌补饲 51～59 周龄产蛋鸡发现，比硫酸锌能更有效地增大蛋壳强度，降低破蛋率，显著提高锌在蛋黄内的沉积量。孙德成（1995）等以迪卡蛋鸡为研究对象，以添加等计量无机微量元素组为对照组，结果显示有机微量元素组蛋壳厚度、蛋壳强度和哈氏单位显著提高。Gheisari（2011）等和薛颖（2015）添加 NRC 推荐需要量的 50% 有机螯合微量元素，能极显著提高蛋黄颜色、蛋白高度和哈氏单位。成廷水（2004）等在日粮中添加氨基酸锌，与添加无机硫酸锌相比，可改善鸡蛋品质，提高组织的抗氧化能力，增强机体的免疫能力。

上述表明，微量元素对家禽的机体健康有着至关重要的作用，微量元素的欠缺会使产品品质受到严重影响，家禽机体发生病变，甚至死亡；用较低含量有机微量元素替代较高含量无极微量元素，不仅可以使畜禽机体生产性能保持不变，而且还能降低粪中微量元素排泄量，减少环境污染；在适当的范围内随着提高有机微量元素的含量，畜禽的生产性能也随之提高；有机微量元素的添加也可以提高机体免疫能力。

有机微量元素对种鸡的蛋品质、受精率、孵化率和见雏率也有显著的提高。麻常胜（2013）等研究报道，给种鸡饲喂添加有机螯合微量元素的日粮，不但能使种鸡的产蛋高峰期维持较长的时间，而且还能对种鸡的受精率、孵化率和健雏率有显著的提高作用。胡登峰（2013）以肉种鸡为试验动物，试验结果发现，与对照组相比添加有机螯合微量元素的处理组种蛋合格率和受精卵显著提高，破软蛋率降低 0.4%。梁远东（2002）等以三黄鸡为试验动物，在基础日粮中添加羟基蛋氨酸锰，其添加水平在 50～150mg/kg 范围内，试验结果显示，可显著提高种蛋孵化率，并认为受精蛋孵化率与锰添加量呈正相关。黄玉德（1996）等分别以氨基酸锰和硫酸锰为锰源作为试验组，未添加微量元素的一组为对照组，试验结果发现，在种鸡日粮中添加锰元素后种蛋的破壳率显著降低，种鸡产蛋率、孵化率和健雏率以氨基酸锰组为最佳，硫酸锰组次之，对照组较差。李玉清（2008）在海兰父母代种鸡的基础日粮中使用低剂量的有机微量元素，种鸡的受精率和产蛋率等生产指标能够达到甚至超过无机微量元素。

有机微量元素的添加能提高种鸡的生产性能、蛋品质含量和孵化率。分析认为这是由于饲粮中有机微量元素铜可促进母体雌激素、孕酮等的分泌，从而提高了产蛋率；适量的锌可以振兴食欲，提高日采食量，也是母鸡输卵管中蛋壳形成所必需的元素。所以有机微量元素的联合添加，可改善种鸡的生产性能，对种蛋合格率和受精率的影响也非常显著。

饲料中重金属超标，主要是由于饲料生产企业使用重金属含量超标的添加剂，镉与锌是伴生元素，用于生产锌的矿物原料中，伴生有较大量的镉，因此如果使用了镉超标的氧化锌或硫酸锌作为添加剂，必然引起镉超标。而铬、汞超标主要是由着色剂和微量元素添加剂中的铬、汞带入饲料引起的。这些重金属含量检测要用比较昂贵的原子吸收光谱仪才能测定，生产企业和经销企业由于缺少设备、检测资源和手段，很少对其进行检测，处于盲目生产状态。

在饲料工业生产中添加金属螯合剂如 EDTA，可以降低镉、铜、锌、铅和铝的毒性。另外，还可以利用不同元素间的拮抗作用降低其毒性。例如，镉的毒性与锌镉的比值有密切关系，因镉是锌的代谢拮抗物，锌镉的比值大时，镉显示的毒性小；反之就大。硒和汞可形成络合物，可减轻汞的毒性作用；硒对镉也有一定的拮抗作用，加硒可减轻镉中毒。

在饲料商品流通领域，随着大规模地开展对各种维生素等主要成分和重金属等有害有毒微量成分检查分析手段的不断提高，重金属污染问题的严重性得到充分地暴露，引起了有关部门和民众的关注。目前较多采用的是利用有机微量元素减量替代法，重金属的减排基本上也都是采用有机微量元素替代的方式，一种是等量部分替代，微量元素在饲料中的含量保持不变，还有一种是减量部分替代，有机微量元素按照替代无机部分的50%添加，微量元素在饲料中的浓度降低。再一种是采用减量全替代，完全采用有机微量元素替代无机微量元素，饲料中的总量减少。绝大部分的试验结果均显示，有机微量元素的利用率更高，对动物的生产性能、产品品质和减排均有显著的优势。本研究采用减量全替代的方式，通过动物试验，研究各种微量元素的最佳替代量。主要针对北京油鸡开展试验研究，以期获得油鸡养殖的重金属减排。

本研究在顺义绿多乐农业有限公司养殖基地进行，试验期60d。试验采用单因子多重复试验设计，选取18周龄北京油鸡青年鸡420只，随机分为7组，每组60只，分别设6个重复，每个重复10只。

有机微量元素由济宁和实生物科技有限公司根据课题的要求配制。主要原料组成：蛋氨酸铜络（螯）合物、甘氨酸铁络（螯）合物、甘氨酸铜络（螯）合物、蛋氨酸锰络（螯）合物、蛋氨酸锌络（螯）合物、酵母硒、滑石粉等。

根据试验设计要求，将有机微量元素按照不同比例与其他饲料添加剂配合制成3%预混料，各试验组有机微量元素的添加水平分别为NRC需要量的0%、25%、50%、75%、100%、125%。对照组饲喂养殖场原来无机微量元素饲料。试验各组微量元素设计含量见表4-1。

表 4-1 各组微量元素实测值

编号	1号	2号	3号	4号	5号	6号	7号
铁（mg/kg）	179	113	128	153	165	178	190
铜（mg/kg）	12.3	5.5	6.7	6.7	7.3	12.3	13.4
锌（mg/kg）	71.7	40.6	49.7	56.6	61.3	72.5	77.7
锰（mg/kg）	63.7	32.2	43.7	52.6	55.5	63.5	67.9

注：1组：100%NRC无机矿微组；2～7组：NRC推荐需要量的0%、25%、50%、75%、100%、125%有机微量元素。

本次试验的饲料原料有玉米、豆粕、虫沙、黄粉虫和石粉等，配制试验所需的基础日粮，其组成及营养水平见表4-2。

表 4-2 试验饲粮组成及营养水平（风干基础）

项目	含量
饲料原料	
玉米	66.00%
虫沙	4.00%
豆粕	20.00%
黄粉虫	2.00%
石粉	5.00%
预混料	3.00%
合计	100%
营养水平	
代谢能	11.25MJ/kg
粗蛋白	16.47%
粗脂肪	3.03%
粗纤维	2.60%

（续）

项目	含量
钙	2.72%
总磷	0.52%

注：①3%预混料组成：麦麸 1.10μg/kg、50%氯化胆碱 1.33μg/kg、食盐 4.89μg/kg、磷酸氢钙 10.67μg/kg、石粉 18.67μg/kg、赖氨酸 0.67g/kg、蛋氨酸 1.82μg/kg、昕大洋植酸酶 0.20μg/kg、蛋鸡产蛋期自用维生素 0.44μg/kg、0.2%酵母硒 0.2μg/kg。②干物质、粗纤维、粗蛋白质、粗脂肪和粗灰分为实测值，其余为计算值。

本试验是在笼养的条件下进行，试验过程中动物自由采食和饮水，按照北京油鸡的饲养管理要求进行养殖管理。试验期间，每个小组单独计料，每天记录产蛋数、蛋重；每月末进行结料，并记录数据。观察鸡群的健康状况，准确记录死淘数量。

考察青年鸡阶段不同处理北京油鸡的日采食量、平均日增重、平均日耗料量；考察产蛋阶段北京油鸡平均日采食量、平均日耗料和平均产蛋率。生产性能指标如下：

平均日耗料＝整组日耗料量/整组鸡的只数　　(4－1)

平均日增重＝总增重/天数/只数　　(4－2)

平均蛋重＝蛋的总重/蛋的个数　　(4－3)

平均料重比＝平均日耗料/平均日增重×100%　　(4－4)

平均产蛋率＝每日蛋的总个数/鸡的只数×100%　　(4－5)

平均料蛋比＝平均日耗料/平均蛋重×100%(4－6)

每 4 周以重复为单位，每个重复随机采集 5 枚鸡蛋，12h 内开展蛋品质测定试验。测定指标包括：蛋重、蛋壳强度、蛋壳厚度、蛋壳颜色、蛋白高度、哈氏单位、蛋黄色泽、蛋形指数、蛋黄重和蛋壳重。

于 12 周末，在每重复内抽取重量中等的 1 只鸡，称取活重后，颈静脉放血，湿法拔毛，进行屠宰测定。记录指标有活重、屠体重、腿重、胸肌重、腿肌重、径爪重、半净膛和全净膛重、内脏重。活体重：禁食，只供饮水，12h 后的活体重。屠体重：放血，去羽毛、脚角质层、趾壳和喙壳后的重量为屠体重。半净膛重：屠体去除气管、食道、嗉囊、肠、脾、胰、胆和生殖器官、肌胃内容物及角质膜后的重量。腹脂重：剥离腹部脂肪和肌胃周围的脂肪，称重。内脏重：心、肝、肌胃的重量。屠宰指标包括屠宰率、半净膛率、全净膛率、腹脂率等。计算指标如下：

屠宰率＝屠体重/活重×100%　　(4-7)

全净膛率＝全净膛重/活重×100%　　(4-8)

半净膛率＝半净膛重/活重×100%　　(4-9)

胸肌率＝一侧胸肌重×2/全净膛重×100%　　(4-10)

腿肌率＝一侧腿肌重×2/全净膛重×100%　　(4-11)

径爪率＝一侧径爪重×2/全净膛重×100%　　(4-12)

试验结束当日，每组选取 6 只鸡，以重复为单位采集鸡的右侧胸肌与腿肌约为 3g 左右装袋编号，冷冻干燥后粉碎，采用 X 射线荧光法测定肉中铜、铁、锌、锰含量。在试验结束时，以组为单位，每组取 4 枚鸡蛋，去壳混匀冻干后粉碎，通过 X 射线荧光法测定蛋中铜、铁、锌、锰含量。以重复为单位采集蛋鸡粪便，混合均匀后取 500g 左右制备风干样品，用粉碎机粉碎过 40 目筛，置于封口袋中阴凉干燥处密封保存，采用 X 射线荧光法测定其中铜、铁、锌、锰含量。

屠宰试验结束后，采集鸡的右侧胸肌与腿肌修整为体积约为 1cm×1cm×5cm 的长条状，分别称重（w_1）后装入样品袋，悬挂于 4℃存放 24h（注意应避免挤压）后取出肉样，用滤纸轻轻吸干水分后记录（w_2），计算胸肉和腿肉的滴水损失。

滴水损失＝（w_1-w_2）/w_2×100%　　(4-13)

滴水损失试验后（24h）将肉样放置在 85℃恒温水浴锅中 15min

后，将肌肉取出，冷却至室温后称重（w_3），计算烹饪损失。

$$烹调损失=（w_2-w_3）/w_3 \times 100\% \qquad (4-14)$$

将冷却至室温的每块肌肉沿肌纤维方向修成块 1cm×1cm×5cm 的长条，用 C—LM 型嫩度仪测定剪切力。

试验结束当日，从每重复中选取 1 只鸡进行翅下静脉采血，3 000r/min离心后分离血清，分离出的血清－80℃保存。测定指标有：白蛋白、总蛋白、球蛋白、谷丙、谷草转氨酶及铜、铁、锰、锌离子及尿素氮含量。血清白蛋白、总蛋白、球蛋白、谷丙、谷草转氨酶及铜离子测定采用南京建成生物工程研究的商业试剂盒进行，其他指标（铁、锰、锌离子、尿素氮）采用西门子研究的商业试剂盒进行。

采用 SPSS 19.0 软件 ANOVA 程序进行方差分析，试验结果以“平均值（Means）±标准差（SD）”来表示。

（一）有机微量元素替代无机微量元素对北京油鸡生产性能的影响

由表 4－3 可知，结果显示未添加微量元素的空白组（0%组）有较低的日增重、蛋重（$P<0.05$）。以有机形式补充微量元素，对北京油鸡的产蛋率和日采食量方面有显著影响（$P<0.05$）。添加 50%、75%、125%有机组显著提高日采食量，其中 75%添加组显著提高了产蛋率。

（二）有机微量元素补充对北京油鸡蛋品质的影响

由表 4－3 和表 4－4 可知，不同有机微量元素添加水平对北京油鸡鸡蛋的蛋白高度、哈氏单位、蛋黄色泽和蛋黄重产生了显著影响（$P<0.05$），在蛋重、蛋壳强度、蛋壳颜色、蛋壳厚度和蛋形指数方面差异不显著（$P>0.05$）。无添加空白组哈氏单位和蛋白高度的值达到最低；25%、50%、75%、100%有机组显著提高了蛋白高度和哈氏单位。25%有机微量元素组有最高的哈氏单位和蛋白高度，50%、75%有机组蛋黄重显著提高，75%有机微量元素组有较好的蛋黄色泽和黄蛋重，且蛋黄重显著高于无机微量元素组和无添加组。

表 4-3 不同水平有机螯合微量元素对北京油鸡生产性能的影响

项目	组别							
	1	2	3	4	5	6	7	P 值
日增重（g）	7.46±1.36	7.06±1.07	7.10±0.57	7.49±0.64	7.42±1.33	7.00±0.66	6.37±0.56	$P>0.05$
日采食量（g）	78.51 ± 0.55^{bc}	76.53 ± 1.10^{c}	76.81 ± 4.07^{bc}	79.59 ± 3.87^{ab}	80.56 ± 1.07^{a}	77.27 ± 0.66^{b}	78.13 ± 0.08^{ab}	$P<0.05$
蛋重（g）	38.14±4.04	34.96±5.99	39.03±3.82	41.06±10.51	36.33±4.75	35.57±4.66	40.29±4.36	$P>0.05$
料蛋比（%）	8.34±0.99	10.36±1.66	8.64±0.82	8.93±1.79	9.17±0.96	9.08±0.64	8.43±1.43	$P>0.05$
产蛋率（%）	30.83 ± 2.04^{ab}	29.00 ± 0.63^{c}	29.17 ± 3.81^{b}	29.67 ± 1.63^{ab}	31.83 ± 1.17^{a}	30.50 ± 1.05^{ab}	30.17 ± 1.32^{ab}	$P<0.05$
死淘率（%）	3.33±0.03	6.67±0.03	5.00±0.03	3.33±0.03	3.33±0.03	1.67±0.05	3.33±0.03	$P>0.05$

注：①不标注的就是处理间差异不显著。②同一行数据后所标字母相异表示差异显著（$P<0.05$），所标字母相同表示差异不显著（$P>0.05$）。③1 组：100%NRC 无机矿微组；2～7 组：NRC 推荐需要量的 0%、25%、50%、75%、100%、125%有机微量元素。

表 4-4 不同水平有机螯合微量元素对北京油鸡蛋品质的影响

项目	组别							
	1	2	3	4	5	6	7	P 值
蛋重（g）	37.36±1.59	38.97±0.55	34.40±1.35	38.99±0.11	41.28±0.96	39.35±0.26	38.75±1.12	$P>0.05$
蛋壳强度（N/cm^2）	3.06±0.11	2.83±0.09	2.62±0.25	3.17±0.25	2.71±0.22	3.26±0.87	2.76±0.11	$P>0.05$
蛋壳厚度（mm）	0.29±0.00	0.29±0.01	0.28±0.00	0.28±0.00	0.29±0.01	0.29±0.01	0.28±0.01	$P>0.05$

（续）

项目	组别							P 值
	1	2	3	4	5	6	7	
蛋壳颜色（△L*）	48.42±2.10	47.7±0.44	48.14±0.04	47.16±0.95	48.08±2.38	47.93±0.31	50.55±2.18	$P>0.05$
蛋白高度（mm）	5.61±0.19^{b}	4.8±0.01^{bc}	6.48±0.04^{a}	6.18±0.18^{ab}	5.88±0.39^{ab}	6.44±0.76^{ab}	5.60±0.14^{bc}	$P<0.05$
哈氏单位	80.76±1.25^{c}	76.06±0.91^{d}	87.40±0.14^{a}	85.05±0.78^{ab}	81.48±3.22^{bc}	83.05±0.49^{b}	80.50±1.27^{cd}	$P<0.05$
蛋黄色泽	6.00±0.08^{ab}	5.09±0.16^{c}	6.06±0.25^{ab}	5.53±0.31^{bc}	6.69±0.20^{a}	5.14±0.44^{ba}	5.55±0.07^{b}	$P<0.05$
蛋形指数	1.32±0.01	1.30±0.00	1.32±.0.1	1.30±0.01	1.34±0.01	1.32±0.00	1.23±0.11	$P>0.05$
蛋黄重（g）	10.57±0.11^{b}	10.54±0.37^{bc}	10.53±0.08^{bc}	10.89±0.25^{ab}	11.99±0.51^{a}	10.48±0.24^{bc}	10.41±0.02^{bc}	$P<0.05$
蛋壳重（g）	5.04±0.04	5.04±0.08	4.66±0.22	4.53±0.01	5.02±0.04	4.76±0.01^{b}	4.51±0.11	$P>0.05$

注：①不标注的就是处理间差异不显著；②同一行数据后所标字母相异表示差异显著（$P<0.05$），所标字母相同表示差异不显著（$P>0.05$）。

（三）不同水平有机微量元素对北京油鸡屠宰性能的影响

由表4-5可知，所有试验各组屠宰率、全净膛、半净膛和腿肌率等屠宰指标差异不显著（$P>0.05$）。无机微量元素组有较低的胸肌率（$P<0.05$），与之相比，25%、50%有机组有显著高的胸肌率（$P<0.05$）。

（四）有机微量元素对北京油鸡肌肉品质的影响

由表4-6可知，所有试验各组胸、腿肌的剪切力和烹饪损失等指标差异不显著（$P>0.05$）。不添加微量元素的空白组有显著高的滴水损失（$P<0.05$），与无机微量元素和空白组相比，有机微量元素组的胸肌和腿肌均有显著低的滴水损失（$P<0.05$）。

（五）有机微量元素对北京油鸡鸡蛋中微量元素含量的影响

由表4-7可知，试验各组鸡蛋的铁、锌含量无显著差异（$P>0.05$）。未添加空白组蛋中铜、锌含量显著低于各添加组（$P<0.05$）。与无机微量元素组相比，100%和125%替代的有机微量元素组鸡蛋中铜含量明显提高（$P<0.05$），75%有机组蛋中锰含量显著提高。

（六）不同水平有机螯合微量元素对北京油鸡肌肉中微量元素含量的影响

由表4-8可知，试验各组胸肌和腿肌微量元素含量均无显著差异（$P>0.05$）。

（七）有机微量元素对北京油鸡粪便中微量元素含量的影响

由表4-9可知，试验各组鸡粪中微量元素铜、铁、锰和锌含量存在显著差异（$P<0.05$）。100%无机微量元素组鸡粪中各种微量元素含量均最高（$P<0.05$），而空白无添加组鸡粪中各种微量元素含量显著较低（$P<0.05$）。除铁以外，添加有机微量元素各组鸡粪中铁、锰和锌含量基本上随着添加量的提高而升高，125%添加组有最高的含量值。有机微量元素以100%比例替代无机微量元素，粪便中各种元素的含量与空白组均不存在显著差异（$P<0.05$）。与对照组相比，鸡粪中铜、铁、锌和锰的含量分别降低了35.9%、19.7%、37.3%和35.6%。

表 4-5　不同水平有机螯合微量元素对北京油鸡屠宰性能的影响（%）

项目	组别							
	1	2	3	4	5	6	7	P 值
屠宰率	89.65±1.16	90.60±0.99	87.79±2.82	89.14±1.16	90.35±1.09	88.05±3.40	89.77±2.99	$P>0.05$
半净膛率	76.00±4.16	78.71±4.05	76.20±3.55	75.46±2.67	75.09±4.36	75.24±2.74	76.41±4.59	$P>0.05$
全净膛率	64.48±4.84	69.36±5.01	66.69±4.08	64.92±2.37	63.70±5.36	64.64±3.01	66.67±4.97	$P>0.05$
腿肌率	20.20±2.00	19.77±1.59	20.13±0.60	20.47±0.68	21.20±1.38	20.06±1.61	20.15±1.16	$P>0.05$
胸肌率	14.22±1.17^{c}	15.12±1.59^{bc}	16.56±1.80^{a}	16.27±1.73^{ab}	15.94±1.96^{b}	15.47±1.73^{bc}	15.64±1.12^{bc}	$P<0.05$
胫爪率	5.21±0.86	4.71±0.58	4.84±0.80	5.09±0.35	5.34±0.63	5.49±0.71	4.79±0.33	$P>0.05$

注：①不标注的就是处理间差异不显著；②同一行数据后所标字母相异表示差异显著（$P<0.05$），所标字母相同表示差异不显著（$P>0.05$）。

表 4-6　不同水平有机微量元素对北京油鸡肉品质的影响

项目	组别							
	1	2	3	4	5	6	7	P 值
胸肌滴水损失（%）	0.08±0.02^{ab}	0.11±0.05^{a}	0.05±0.01^{bc}	0.05±0.02^{bc}	0.06±0.02^{b}	0.08±0.05^{ab}	0.05±0.02^{bc}	$P<0.05$
腿肌滴水损失（%）	0.06±0.02^{ab}	0.07±0.03^{a}	0.03±0.01^{cd}	0.04±0.02^{b}	0.03±0.00^{bc}	0.03±0.02^{cd}	0.03±0.01^{cd}	$P<0.05$
胸肌剪切力（kg）	36.42±9.16	39.28±5.52	35.33±8.14	35.71±6.85	36.90±6.58	39.37±8.82	37.01±6.00	$P>0.05$
腿肌剪切力（kg）	38.17±12.35	38.12±10.37	34.35±6.09	34.80±9.52	31.40±7.40	33.08±7.34	44.50±8.72	$P>0.05$
胸肌烹饪损失（%）	0.22±0.05	0.25±0.03	0.23±0.03	0.21±0.04	0.25±0.05	0.23±0.04	0.22±0.05	$P<0.05$

（续）

项目	组别							
	1	2	3	4	5	6	7	P 值
腿肌烹饪损失（%）	0.20±0.04	0.21±0.06	0.20±0.04	0.22±0.06	0.21±0.07	0.20±0.08	0.18±0.07	$P>0.05$

注：①不标注的就是处理间差异不显著；②同一行数据后所标字母相异表示差异显著（$P<0.05$），所标字母相同表示差异不显著（$P>0.05$）。

表 4-7　不同水平有机微量元素对北京油鸡蛋中微量元素含量的影响（mg/kg）

项目	组别							
	1	2	3	4	5	6	7	P 值
Cu	2.89±0.78[b]	2.03±0.06[c]	2.61±0.56[bc]	2.42±0.26[bc]	2.73±0.30[bc]	3.02±0.65[ab]	3.00±0.44[a]	$P<0.05$
Fe	94.83±1.82	95.18±0.62	94.19±1.27	94.75±2.80	94.45±0.83	94.91±1.75	94.18±2.83	$P>0.05$
Mn	0.45±0.03[ab]	0.36±0.07[b]	0.47±0.04[ab]	0.45±0.03[ab]	0.50±0.03[a]	0.46±0.06[ab]	0.45±0.08[ab]	$P<0.05$
Zn	54.22±1.98	57.18±4.27	57.56±5.80	56.28±5.49	54.44±4.33	53.06±9.99	49.01±2.65	$P>0.05$

注：①不标注的就是处理间差异不显著；②同一行数据后所标字母相异表示差异显著（$P<0.05$），所标字母相同表示差异不显著（$P>0.05$）。

表 4-8　不同水平有机螯合微量元素对北京油鸡肌肉中微量元素含量的影响（mg/kg）

项目	腿肌微量元素含量							
	1	2	3	4	5	6	7	P 值
Cu	1.74±0.39	2.02±0.18	1.78±0.23	1.90±0.13	1.96±0.08	2.17±0.44	1.80±0.09	$P>0.05$

（续）

项目	腿肌微量元素含量							
	1	2	3	4	5	6	7	P 值
Fe	46.82±3.38	47.17±1.88	47.41±3.53	47.71±2.82	45.19±3.37	50.12±5.68	45.90±2.17	$P>0.05$
Mn	0.47±0.28	0.43±0.09	0.61±0.18	0.34±0.24	0.46±0.10	0.39±0.21	0.35±0.07	$P>0.05$
Zn	77.11±9.80	65.48±10.15	72.91±2.04	72.41±4.87	70.05±15.76	79.70±6.87	72.86±8.73	$P>0.05$
	胸肌微量元素含量							
Cu	0.84±0.06	0.93±0.10	0.79±0.21	0.66±0.09	0.71±0.09	0.72±0.12	0.77±0.31	$P>0.05$
Fe	17.20±1.10	17.81±1.56	16.22±1.66	15.70±0.77	16.49±0.23	15.92±1.22	16.47±2.09	$P>0.05$
Mn	0.18±0.06	0.10±0.07	0.15±0.09	0.08±0.02	0.10±0.11	0.14±0.05	0.17±0.09	$P>0.05$
Zn	19.66±0.41	18.95±1.38	18.78±0.91	18.37±0.18	19.88±1.59	18.99±1.01	18.63±0.34	$P>0.05$

注：①不标注的就是处理间差异不显著；②同一行数据后所标字母相异表示差异显著（$P<0.05$），所标字母相同表示差异不显著（$P>0.05$）。

表 4－9　不同水平的有机螯合微量元素对鸡粪中微量元素含量的影响（mg/kg）

项目	组别							
	1	2	3	4	5	6	7	P 值
Cu	38.03±2.16^{a}	24.20±2.16^{bc}	25.90±0.78^{bc}	22.90±2.69^{c}	24.37±2.98^{bc}	26.30±1.14^{bc}	29.87±2.80^{b}	$P<0.05$
Fe	1 326.80±107.11^{a}	888.07±45.37^{c}	1 222.63±68.14^{ab}	1 057.50±24.93^{bc}	1 065.12±53.00^{b}	1 018.13±58.30^{bc}	1 028.20±67.07^{bc}	$P<0.05$

（续）

项目	组别							
	1	2	3	4	5	6	7	P 值
Mn	266.50±26.50^{a}	162.13±11.77^{cd}	168.00±3.20^{c}	165.87±11.83^{cd}	167.17±10.86^{cd}	189.07±4.49^{bc}	205.97±34.76^{b}	$P<0.05$
Zn	252.47±25.38^{a}	155.23±13.40^{c}	163.56±17.97^{bc}	164.43±22.67^{bc}	162.70±8.91^{bc}	188.27±3.66^{bc}	205.43±19.72^{b}	$P<0.05$

注：①不标注的就是处理间差异不显著；②同一行数据后所标字母相异表示差异显著（$P<0.05$），所标字母相同表示差异不显著（$P>0.05$）。

（八）有机微量元素对北京油鸡血液生化指标和微量元素含量的影响

由表 4-10 可知，除了谷丙转氨酶以外，试验各组血清的各种生化指标均无显著差异。25%、125%有机组和未添加空白组血清中有较低的谷丙转氨酶含量（$P<0.05$）。与无机组和空白组相比 25%、50%、100%、125%有机组血清中铁含量显著较高（$P<0.05$），25%、100%、125%有机组血清锰含量显著较高（$P<0.05$）。无机组血清中有最高的血清锌含量。

综上，以不同水平有机微量元素完全替代饲料中的无机微量元素，对散养北京油鸡的生产性能、屠宰性能、肉蛋品质、血液生化指标等均无不良影响，但可以使粪便中微量元素的含量显著降低。尤其是以 75%比例替代的试验组，只在生产性能、肉蛋品质等方面表现出明显的正向效应。由此看见，相同水平有机微量元素比无机形式的效价更高，较低水平的有机微量元素替代无机微量元素，可以保证机体生理机能的正常运转，增进机体健康。

本研究认为，有机微量元素以 75%的比例完全替代饲料中无机微量元素，可以有效降低粪便中各种重金属元素的排放，不仅对散养优质鸡各项生产、生理、生化指标以及肉蛋品质无不良影响，而且正向效应显著，在生态环保日粮研制中可以作为微量元素的减排依据。

二、北京油鸡生态环保日粮配方的研制

根据如上的饲养试验结果，设计北京油鸡各生产阶段生态环保饲料。由于环保饲料的主要目标在于降低氮磷和各种重金属的排放，因此环保饲料配方以预混料配方建议的形式提供。北京油鸡各生产阶段生态环保预混料（4%）配方和每千克有效成分含量见表 4-11 和表 4-12。

表 4-10　有机微量元素对北京油鸡血液生化指标和微量元素含量的影响（mg/kg）

项目	1	2	3	4	5	6	7	*P* 值
TP（g/L）	28.96±2.55	25.84±2.42	28.87±4.87	28.41±2.70	29.76±3.00	28.46±1.90	28.03±4.78	$P>0.05$
Alb（g/L）	15.25±0.42	15.41±0.35	15.78±1.54	16.03±0.66	15.82±0.57	15.90±0.46	15.40±1.24	$P>0.05$
GLB（g/L）	13.71±2.79	10.43±2.50	13.09±3.42	12.39±2.44	13.94±3.16	12.56±1.68	12.63±3.65	$P>0.05$
AST（U/L）	369.45±27.51	327.32±29.05	315.12±57.67	357.16±23.36	371.45±41.07	360.06±26.64	332.56±85.34	$P>0.05$
ALT（U/L）	18.6±4.61^{ab}	13.75±3.37^{cd}	12.33±4.69^{c}	19.15±2.48^{a}	17.49±2.45^{ab}	14.40±3.96^{ab}	13.95±4.68^{b}	$P<0.05$
UREA（mmol/L）	0.59±0.33	0.66±0.15	0.73±0.23	0.94±0.17	0.95±0.40	0.82±0.22	0.49±0.32	$P>0.05$
Fe（μmol/L）	18.28±3.91^{cd}	18.03±4.88^{cd}	22.90±0.92^{bc}	18.75±6.18^{c}	18.69±3.95^{cd}	31.01±3.03^{a}	24.95±4.60^{b}	$P<0.05$
Cu（μmol/L）	6.74±1.88	6.11±0.44	5.02±2.40	4.81±2.40	4.96±0.85	6.20±0.66	6.70±1.76	$P>0.05$
Mn（μmol/L）	5.96±1.05^{bc}	5.70±0.71^{bc}	6.31±0.73^{b}	4.92±0.88^{bc}	5.69±0.75^{bc}	6.30±0.33^{ab}	6.96±1.74^{a}	$P<0.05$
Zn（μmol/L）	145.17±36.29^{a}	94.79±10.59^{b}	95.40±10.29^{bc}	115.05±28.03^{ab}	103.69±11.29^{ab}	110.41±13.62^{ab}	114.51±13.10^{ab}	$P<0.05$

注：①不标注的就是处理间差异不显著；②同一行数据后所标字母相异表示差异显著（$P<0.05$），所标字母相同表示差异不显著（$P>0.05$）。

表 4-11　北京油鸡各生产阶段生态环保预混料（4%）配方

项目	氨基酸螯合铁（g）	氨基酸螯合铜（g）	氨基酸螯合锌（g）	氨基酸螯合锰（g）	酵母硒（g）	碘化钾（mg）	赖氨酸盐酸盐（g）	蛋氨酸（g）	色氨酸（g）	复合维生素（g）	微生态制剂（g）	复合酶制剂（g）	植酸酶1000型（g）	磷酸氢钙（g）	碳酸钙（g）	食盐（g）	麦饭石（g）	合计
9～18周	18.75	28.13	21.43	25.00	30.50	5	40.49	30.83	00.56	00.50	20.50	20.50	10.25	19.21	39.93	80.80	793.75	1 000

（续）

项目	氨基酸螯合铁（g）	氨基酸螯合铜（g）	氨基酸螯合锌（g）	氨基酸螯合锰（g）	酵母硒（g）	碘化钾（mg）	赖氨酸盐酸盐（g）	蛋氨酸（g）	色氨酸（g）	复合维生素（g）	微生态制剂（g）	复合酶制剂（g）	植酸酶1000型（g）	磷酸氢钙（g）	碳酸钙（g）	食盐（g）	麦饭石（g）	合计
18周至开产	18.75	37.50	42.86	37.50	30.50	5	40.49	30.83	00.56	00.50	20.50	20.50	1.25	17.57	55.25	80.80	736.77	1 000
开产—高峰	18.75	37.50	32.14	50.00	30.50	5	40.49	30.83	00.56	00.50	20.50	20.50	10.25	17.57	55.25	80.80	734.99	1 000

表 4－12　北京油鸡各生产阶段生态环保预混料（4%）每千克有效成分含量

项目	铁（g）	铜（g）	锌（g）	锰（g）	硒（mg）	碘（mg）	赖氨酸（g）	蛋氨酸（g）	色氨酸（g）	复合维生素（g）	植酸酶（U）	木聚糖酶（万U）	甘露糖酶（U）	纤维素酶（U）	蛋白酶（U）	淀粉酶（U）	芽孢菌数≥	钙（g）	磷（g）	食盐（g）
9～18周	1.5	0.15	1.0	1.0	7.5	8.75	3.5	3.75	0.5	0.50	500	4	125	1 500	2 500	1 675	10^{15}	20	8.75	8.80
18周至开产	1.5	1.2	2.0	1.5	7.5	8.75	3.5	3.75	0.5	0.50	500	4	125	1 500	2 500	1 675	10^{15}	25	8.00	8.80
开产—高峰	1.5	0.2	1.5	2.0	7.5	8.75	3.5	3.75	0.5	0.50	500	4	125	1 500	2 500	1 675	10^{15}	2.5	8.00	8.80

注：根据北京油鸡体重制订，平均日采食量为110g/只，轻型鸡可酌减10%，为100g/只。开产日龄按5%产蛋率计算。

配方说明：①此配方为本研究根据试验结果及综合目前相关文献而设计，为建议配方。考虑的仅是生态环保和生产效果，实际应用中还需根据成本、全价料原料等情况增减调整。②配方中有机微量元素采用的是氨基酸螯合微量元素，实际应用中可根据情况选用其他种类有机微量元素。其中氨基酸螯合铁、铜、锌、锰的元素含量均为10%，酵母硒的元素含量为2 000mg/kg。根据本研究及相关文献，有机微量元素的生物利用率为无机微量元素的180%～200%，配方中微量元素的含量设定为动物需要量的75%。③氨基酸的平衡，建议根据优质鸡各阶段氨基酸需要量，以玉米豆粕型日粮为基础提出，应用时需根据大料配方原料中相应氨基酸含量不同适当调整。④本研究的植酸酶试验，选择的是挑战集团的植酸酶产品，因此建议配方中的添加量根据挑战集团的产品使用说明提出；替代原料中50%的磷酸氢钙，由此减少的钙含量以碳酸钙补齐，因此配方中磷的营养含量降低50%。⑤配方中添加了多种酶制剂，主要是提高动物对各种原料养分的吸收利用率，以减排为目的，实际生产中根据成本及生产需求添加。⑥配方中添加的微生态制剂，采用本研究中开发的产品，有效成分指标采用芽孢杆菌总数，但产品中的活菌种类不限于芽孢杆菌，其中还包括乳酸菌、酵母菌等。微生态制剂的使用可以按全价料的0.1%添加，也可以通过发酵饲料的形式添加，目的是增进动物肠道菌群平衡和健康水平，以提高养分的吸收利用，达到减排的目的。⑦采用本生态环保预混料配制全价日粮时，建议蛋白含量降低1.5%。⑧配方中所采用的复合多维为市售常规产品，用量为全价料的0.02%。

三、无抗养殖对北京油鸡生产性能和产品品质的影响

目前，我国每年约有一半的抗生素是以饲料添加剂的形式用于畜禽养殖业，抗生素可以防治疾病、促进生长、节约饲料。现阶段，以四环素为主的多种抗生素广泛用于畜禽养殖业。抗生素的过量使用一直以来都是我国养殖业的安全隐患。董勤（1988）等人认为一些抗生素会随血液循环沉积到淋巴结、骨骼等组织，直接抑制

吞噬细胞的吞噬功能，影响动物自身免疫。赵庆奎（2016）认为抗生素在体内迅速代谢，最终会聚集在肝肾等部位，影响动物健康，而且容易导致残留，减少动物体内有益微生物菌群，导致肠道内原有耐药性病菌占优势，有益菌的减少会使许多微生物附着位点空位，为外界耐药病原菌侵入提供了条件，引起动物疾病。所以，抗生素大量使用导致体内的病菌耐药性越来越强。

抗生素对人体也有一定的危害。李培仓（2009）认为当抗生素代谢过程中的高亲脂性络合物和共价结合代谢物进入动物体内后不易排出，人体长期食入含有抗生素残留的产品，会导致残留物在体内聚集，对体内器官有致病和致癌的作用。而且抗生素一旦在人体内达到一定的量就会在体内转化反应形成耐药菌，耐药菌与病菌结合导致机体免疫力下降，导致机体患病。

抗生素在人类、畜禽体内的代谢率极低，当抗生素进入体内后，大部分以原形式排出体外。排出体外的抗生素会对土壤环境和水环境造成危害。漆辉（2011）和金彩霞（2009）等人研究表明，抗生素不仅能抑制土壤中的细菌和放线菌繁殖，而且也能抑制植物幼苗的生长，诱发土壤耐药细菌的出现并使抗生素在植物体内富集。当抗生素存在于水体中时，会影响水体中微生物组成及活性，改变微生物生态结构，降低泥中有机物降解的速度。刘桂英（2017）等人认为抗生素能改变海洋生态系统的微生物群落结构，改变海洋生态物质循环，降低物种多样性，破坏海洋生态稳定，这些都会对生态环境造成严重威胁。

随着药物残留导致的动物及人类致病菌耐药性的研究发展，在动物养殖过程中，抗生素的使用受到严格限制。欧洲各国是最先禁止抗生素在动物饲料中添加的地区，瑞典在 1986 年全面禁止抗生素（以促生长的目的）在畜禽饲料中使用，此后，在 2006 年 1 月 1 日，欧盟全面禁止最后 4 种抗生素在畜禽饲料中的日常添加。我国 2018 年 6 月，农业农村部公布 2018 年全国兽用抗菌药使用减量化行动试点工作方案（2018—2021），即到 2021 年饲料中禁止添加抗生素。

无抗饲料具有安全、优质和环保等特点，且不含任何抗生素，符合国家畜禽安全生产的要求，能得到国家和社会的认可。

饲料中可以添加的代替抗生素的添加剂有许多种类。

益生菌无毒、含有大量代谢活性细胞。常见的益生菌主要有乳酸菌、芽孢杆菌和酵母菌等几大类。益生菌在宿主体内通过代谢，产生大量有机酸、过氧化氢和少量抗菌物质，有效抑制肠内病原菌活性，刺激宿主的免疫系统，增强机体免疫机能，能在饲料加工储存中依然保持活性。益生菌添加剂的主要要作用是抑制肠内病菌，维持肠道中微生物的平衡，改善动物生产。

功能性寡糖是一种低度聚合糖类，经单糖脱水缩合而成，含有直链或支链的一种糖类。杨曙明（1999）研究表明，功能性寡糖中能被内源性碳水化合物类酶分解的 a-（1，4）糖苷键的含量很少，因此不被单胃动物所消化，当它进入肠道后段会被厌氧微生物产生的糖苷键酶分解，作为营养物质被消化利用。Gibson（1995）和 Roberfroid（2000）等人认为功能性寡糖具有与病原菌在肠壁上受体相似的结构，可以竞争性地结合病原菌的外源凝集素，阻止病原菌在肠壁上的附植，防止其在肠道内繁殖。功能性寡糖改善动物肠道微生态，提高了动物的抗病能力。Sharon（1993）研究表明，有些功能性寡糖不仅可以增强巨噬细胞的巨噬作用，还可以充当免疫刺激的辅助因子，提高抗体的生成水平，提高动物免疫力。功能性寡糖不仅可以提高蛋白质的消化率，还可以在后肠道分解产生短链脂肪酸促进消化道发育。因此功能性寡糖可以全部或部分代替抗生素类饲料添加剂。

植物提取物的活性成分有大蒜素、茶多酚、阿魏酸和牛至油等。植物提取物通过提高抗氧化酶的活力，增加抗氧化物质的含量，减少过氧化物的产生来提高动物机体的抗氧化能力。黄酮类等可通过与细胞膜结合，降低脂质氧化对细胞的损伤，维持细胞完整性，阻止氧化自由基的扩散和氧化反应的传播，所以它具有抗氧化、抗菌和免疫刺激等作用。大蒜素作用于单核细胞使其分泌溶菌酶水解细菌细胞壁，最终导致病原菌裂解死亡。李贞明（2019）等人认为植物精油具有易吸收和抗菌性的特点，它可以减少仔猪和肉鸡肠道的病原微生物，并改善其生产性能。植物提取物作为替代抗生素饲料添加剂的优势，在于其天然性、无毒害、无残留和无抗药性等。

酶制剂是一种新型高效饲料添加剂。由于畜禽饲料中含有植酸、非淀粉多糖（NSPs）和蛋白酶抑制剂等抗营养因子，限制动物对营养物质的利用。幼龄动物由于消化系统发育不完善，消化酶含量少且活力低，免疫系统发育不完全，不能有效利用日粮中的植物蛋白和复杂多糖，酶制剂可降解植物细胞壁，促进动物的生长和营养物质的利用率。

用于畜禽饲料的酸化剂主要有甲酸、丙酸、丁酸、乳酸、柠檬酸、苯甲酸、苹果酸或延胡索酸等。饲料中加入有机酸，降低肠道pH，利于乳酸菌等有益菌快速繁殖，控制消化道微生物区系平衡。酸化剂能使饲料和胃肠道内的pH都降低，从而减少饲料霉变并在肠道形成对病原菌生长不利的环境。胃内pH下降增强了胃蛋白酶的功能，提高蛋白质的消化率。

卵黄抗体是用抗原免疫蛋鸡后产生的抗体，由血液转入卵黄中所形成的，具有灵敏度高、特异性强、安全和无残留的特点，是较为理想的抗生素替代产品。卵黄抗体可以预防细菌和病毒引起的疾病，提高动生产性能。可以通过直接黏附于细菌的菌毛上，使细菌无法附着在肠道黏膜上皮细胞上，也可以黏附于病原菌的细胞壁上，破坏细菌结构的完整性，从而产生抑菌效果。曹思婷（2018）等人认为一部分在肠道消化酶作用下变为小肽，被肠道吸收入血，经血液循环与特定的病原菌黏附因子结合，导致病原菌不能黏附宿主细胞而丧失致病性。

抗菌肽是由生物体产生的一种小分子阳离子型活性肽，是生物界中广泛存在的一类生物活性多肽，抗菌肽的分子质量较小，具有广谱抗菌作用。单安山（2018）等人认为抗菌肽中α-螺旋肽通过分子的两亲性与脂质膜发生合并，形成孔洞，这类抗菌肽有蜂毒肽、铃蟾肽等，而多黏菌素与羊毛硫抗生素分别是β-折叠结构的环状肽和β发夹结构抗菌肽的典型代表。李云香（2019）等人认为抗菌肽分子进入细胞后，影响细胞内转录和翻译的过程，同时作用于蛋白质分子，引起蛋白质结构发生改变，使许多胞内酶失活。刘宏伟（2019）等研究发现，猪小肠中性粒细胞的一种富含脯氨酸、精氨酸的抗菌肽能够作用于细胞内的酶，抑制还原型烟酰胺腺嘌呤二核苷酸磷酸氧化酶复合物的组装，导致活性氧无法产生，细胞内的代谢无法进行，影响细胞的发育和分化。禽类β-防御素在多种组织中均有表达，是禽类抵御病原微生物入侵的主要武器。与传统抗生素相比，抗菌肽的抗菌活性有广谱性、作用时间短、作用专一和无残留等优点。

益生菌指含有活菌或菌体组分及代谢产物的生物制品。它进入机体后附着于黏膜表面，改变黏膜系统的微生物区系，使黏膜屏障功能稳定，微生物制剂还可以通过刺激特异性或非分特异性免疫增强机体的防御功能。益生菌首先在1965年使用，由于益生菌具有促进有益微生物的增殖、抑制病原微生物的生长、增强机体的物质代谢活动和增强机体的免疫功能，因此，益生菌很快得到了广泛使用。

在20世纪六七十年代，益生菌在动物养殖中被重视起来，益生菌首先用于治疗腹泻和肠炎，后来发现益生菌不仅可以预防疾病，还可以促进动物生长，提高饲料利用率，且益生菌无毒、无残留、不产生抗药性，便很快得到推广。我国益生菌研究始于20世纪70年代。

我国农业部公布了12种可以直接在饲料中添加的益生菌，它们分别是干酪乳杆菌、植物乳杆菌、嗜酸乳杆菌、沼泽红假单胞菌、产软假丝酵母、啤酒酵母、乳酸片球菌、乳链球菌、粪链球菌、尿链球菌、枯草芽孢杆菌、纳豆芽孢杆菌。根据在饲料中使用的菌种不同，可分为乳酸菌类、芽孢杆菌类、双歧杆菌类、光和细菌类和真菌类。

乳酸菌是一类能发酵碳水化合物的细菌，是大多数动物体内的共生菌，是动物肠道内的正常菌群。肠道内病原微生物适宜生长的环境接近于中性，而乳酸菌多为厌氧或兼性厌氧菌，能在厌氧条件下产生乳酸，增强肠道酸度，阻止病原微生物的定植，乳酸菌还能产生细菌素作用于枯草杆菌、葡萄球菌等，抑制其生长，从而维持消化道微生态系统的平衡。乳酸菌能产生利于饲料消化吸收的酶，促进动物生长。常用于饲料中的乳酸菌有乳酸杆菌、双歧乳杆菌、链球菌、肠球菌、片球菌等。但乳酸菌抗性差，在饲料中容易失活，不易保存。

芽孢杆菌可以在不利的环境中形成芽孢，存活率高。饲料中常使用的有地衣芽孢杆菌、枯草芽孢杆菌和蜡样芽孢杆菌。动物肠道中大约有99%的有益微生物都是厌氧菌，而好氧菌和兼性厌氧菌较少。芽孢杆菌属于需氧菌，进入肠道后迅速复苏，消耗肠道内的氧气，促进肠道有益菌的生长和繁殖，抑制肠道需氧病原菌的定植，稳定肠道微生物，维持肠道生态平衡，减少动物腹泻和肠炎等疾病的发生。芽孢杆菌产生的次级代谢产物抗菌化合物，能抑制肠道中产气荚膜菌、大肠杆菌的生长，其代谢过程中产生的短链脂肪酸，降低肠道pH，促进有益菌的生长和肠道微生态稳定。芽孢杆菌具有很高的蛋白酶、脂肪酶和淀粉酶活性，对植物型碳水化合物具有较强的降解能力，成为具有新陈代谢作用的营养型细胞，参与代谢活动。

双歧杆菌缺少醛酶、葡萄糖，因此其分解代谢途径不同于乳酸菌。双歧杆菌最主要产物包括乳酸、乙酸等，可改善机体pH，促进铁和维生素D的吸收，并提高磷、铁、钙的利用率。双歧杆菌通过对肠道黏膜的刺激，激活肠道黏膜的免疫系统，使其产生抗体、细胞因子，提高肠道黏膜的免疫、抗感染能力。由于双歧杆菌严格厌氧，在低pH环境下不易存活，因此限制了其在饲料中的应用。

光和细菌是一类能进行光合作用的原核微生物，广泛分布于水域和土壤中，是一大类水生微生物。光合细菌不属于肠道正常菌群，因其含有丰富的蛋白质、维生素和微量元素，以及促生长因子和抗病因子而有较高的营养价值，被广泛用于水产动物的养殖中。

目前，饲料中常用的真菌类主要有曲霉和酵母培养物。曲霉有黑曲霉和米曲霉，它们能产生高活性的纤维素酶和木聚糖酶，降解植物细胞壁，常用于反刍动物饲料的酶促剂。酵母菌个体大、蛋白质含量高、代谢产物多，能为动物提供多种营养成分，产生多种酶，提高动物消化道酶活性，促进胃肠道微生态稳定，提高动物生长。活酵母能提供大量的营养物质，活的酵母菌能够稳定瘤胃的稳态，同时有效抑制肠道病原细菌的繁殖。

产朊假丝酵母细胞呈圆形、椭圆形或腊肠形，以多边出芽方式进行无性繁殖，形成假菌丝。枯草芽孢杆菌隶属于芽孢杆菌属的单细胞原核生物，无荚膜，周生鞭毛，可以运动，一般存在于菌体中央或近似中央位置，芽孢生长成型后对菌体体积不产生影响，不会造成菌体膨大。其分布广泛、繁殖迅速，并能自生抗逆性孢子。枯草芽孢杆菌在动物消化道代谢过程中可合成多种营养素，如氨基酸、多肽、促生长因子和多种维生素等，这些养分可直接被机体利用，在肠道中能够产生乙酸、丙酸和丁酸等挥发性脂肪酸，降低肠道 pH，抑制病原菌生长，为有益菌的增殖创造有利条件，间接抑制其他致病菌生长。嗜酸乳杆菌属于乳杆菌属，革兰阳性杆菌。研究证明嗜酸乳杆菌在鸡体内大量存在，能利用各种碳源生长，耐胆汁、耐酸，在 pH3 的环境下，能存活 5h，代谢乳糖、产生抗菌物质和生物合成乳酸。嗜酸乳杆菌对致病菌的作用机制包括与致病菌竞争黏附位点和产生抗菌物质等。嗜酸乳杆菌单独或联合使用均能改善健康鸡和感染艾滋病病毒鸡胸肌的理化性质。

乳酸杆菌具有抗氧化的能力，有助于增加人体及动物体内细胞的抗氧化功能。胡晓丽（2009）等研究表明，在饲料中饲添加乳酸菌能显著提高肉鸡血液中抗氧化酶谷胱甘肽过氧化物酶（GPx）、T-SOD 活力，催化超氧化物分解成过氧化氢和水，从而清除体内自由基。陈家祥（2010）等人发现将地衣芽孢杆菌加入肉鸡饲料中，肉鸡使用后血清中的谷胱甘肽过氧化物酶和超氧化物歧化酶活性明显增加，相反丙二醛降低，使肉鸡抗氧化作用增强。此外益生菌的代谢产物细胞非酶抗氧化剂谷胱甘肽（GSH），主要通过与硒依赖性谷胱甘肽过氧化物酶的合作消除自由基，如过氧化氢、羟基和过氧亚硝酸盐，提高机体的抗氧化作用。

益生菌在调节免疫应答方面主要有3种作用：①增强肠壁黏膜中巨噬细胞活性。巨噬细胞是人体或动物肠道内分泌IL-1、IL-6、IL-8等细胞因子的细胞，而它们具有调解免疫应答的作用。益生菌有助于增强T淋巴细胞、B淋巴细胞的活性，来增强细胞的免疫功能。②促进免疫抗体的产生。分泌型IgA（sIgA）、分泌型IgM（sIgM）是动物体内免疫系统中的重要免疫抗体，它们的增多有助于提高动物的免疫能力。③刺激肠上皮内淋巴细胞的生成。乳酸菌定植在动物肠道内，抑制病原微生物生长，并刺激淋巴细胞IgM的产生，从而预防肠道疾病的发生。李玲茜（2020）等研究发现，海洋红酵母和复合益生菌能提高蛋雏鸡空肠IL-4mRNA相对表达量，枯草芽孢杆菌和复合益生菌能提高蛋雏空肠IL-6mRNA相对表达量，复合益生菌共同作用于小肠，刺激机体内巨噬细胞的活化和数量的增多，有利于增强机体的免疫功能。刘欢欢（2020）等人发现在饮水中添加复合益生菌能提高柳州麻鸡血清中的IgA和IgM含量。李龙（2019）等研究发现微胶囊化益生菌显著提高了第21、42d肉鸡血清中免疫球蛋白IgA、IgG和IgM含量。

益生菌进入肠道后，优先结合宿主肠上皮细胞，与宿主相互间形成复杂的微生物菌群，借助自身黏附作用与病原菌竞争黏附位点和营养物质，阻止病原菌的生长繁殖。另外，益生菌和有害菌竞争营养物质（主要是碳源）和养分吸收部位，抑制病原菌的生长。魏清甜（2014）等研究发现，粪肠球菌能显著降低肠道中大肠杆菌的数量。某些益生菌能发酵碳水化合物产生有机酸，如乳酸和乙酸，降低肠道pH直到抑菌水平。一些菌种也产生过氧化氢，抑制革兰氏阴性细菌的生长。除了有机酸外，益生菌还能产生多种其他物质，如抗氧化剂、抗菌肽、抑菌素、细菌素和小菌素。这些物质不仅可以减少病原微生物的数量，而且可能影响细菌的代谢和毒素的产生。

健康家禽肠道内栖息多种微生物，它们相互依存，相互制约，共同维护家禽肠道微生态稳定，促进动物健康生长。当家禽出现应激、饲料改变、消化紊乱、使用抗生素时，肠道微生物结构和种类就会改变，发生菌群失调，从而引起家禽生产性能下降甚至引发疾病或死亡。在饲料中添加益生菌，促进有益微生物生长，抑制病原微生物增殖，维持肠道微生态稳定，不仅能维持家禽身体健康，而且还能促进动物生长，增强机体免疫力，改善环境污染等。

益生菌在肠道中通过促进有益微生物的生长达到肠道的稳定，从而促进家禽的生长，提高其生产性能。产朊假丝酵母作为一种高产蛋白的肠道有益菌，在为动物提供营养物质，提高动物日增重方面有很好的应用价值。产朊假丝酵母能显著提高蛋鸡活重和采食量。嗜酸乳杆菌通过在动物胃肠道生物的竞争排斥作用，帮助动物建立有益的宿主胃肠道微生物区系，促进动物生长提高饲料的利用率。双歧杆菌具有营养作用，主要是由于其自身可合成多种消化酶、乳糖酶、多种氨基酸及维生素等营养物质。Leblance（2013）等研究发现，双歧杆菌可以通过磷蛋白磷酸酶分解 α-酪蛋白，促进蛋白吸收。还可以控制维生素分解菌对宿主体内维生素分解，改善机体代谢功能，增加氮气的蓄积量，从根本上改善机体代谢紊乱现状。在家禽饲料中添加益生菌，不仅可以提高日增重和降低料重比，还可以提高家禽的屠宰率、胸肌率和腿肌率，提高动物的生产性能。

常见防治禽类消化道疾病的益生菌有乳酸杆菌、芽孢杆菌、肠球菌等。李朝辉（2019）等研究表明，枯草芽孢杆菌对雏鸡免疫器官的生长发育具有良好的促进作用，且显著提高雏鸡外周血中免疫球蛋白（IgG）和黏膜免疫分泌 SIgA 抗体水平，增强雏鸡的体液免疫能力，其代谢产物可以抑制鸡大肠杆菌和沙门氏菌的生长。郭欣怡（2017）研究表明，添加复合益生菌（乳酸菌、酵母菌和枯草芽孢杆菌）可以增强鸡肠道免疫功能，降低球虫卵囊排出量，阻止球虫在肠道的黏附作用，有效降低鸡球虫病的发病率。肠道微生物源核酸和肠道菌群代谢产物如短链脂肪酸，都会刺激肠壁产生相关的免疫分子增强机体免疫，一些益生菌还能自身分泌一些抗菌肽对机体进行免疫。

动物消化道内的大肠杆菌、沙门氏菌等有害微生物的大量增殖，使有害菌参与到动物的消化和代谢过程中，分解蛋白质产生氨和胺等有害物质。家禽鲜粪中70%的氮以尿素和尿酸的形式存在，一旦这些氮转化为氨气，会降低鸡粪作为肥料的价值，而且环境中的氨气还会通过黏膜对动物产生消极的影响。枯草芽孢杆菌进入动物消化道后通过生物夺氧、生物屏障作用促进有益菌的定植，抑制有害微生物的生长，维护肠道正常微生物结构，减少肠道内氨的含量和氨气的排放，达到改善环境污染的效果。益生菌有效降低肠道pH，分泌并诱导产生对致病菌生长具有抑制作用的抑菌蛋白，以减少其他致病菌的入侵和黏附，对肠道上皮细胞具有保护作用。此外，益生菌通过刺激宿主肠道分泌免疫抗菌物质，激活淋巴细胞和巨噬细胞，使侵入机体的有害微生物不断被吞噬和消灭，益生菌还能通过多种途径调节机体的免疫球蛋白水平，增强机体的特异性免疫功能。

本研究的主要目标是通过研究无抗养殖对北京油鸡生产性能、肠道微生态和屠体品质的影响，探讨北京油鸡肠道微生态和免疫功能与其生长性能的相关性，以及无抗养殖北京油鸡在生产中的可行性。

试验用北京油鸡均由北京市农林科学院榆垡种鸡场提供。选择1日龄同质性较好的北京油鸡600只作为试验动物，分为3组，分别为A、B、C组，每组200只（其中公鸡和母鸡各100只），公母分开饲养。A组饲喂含有抗生素的全价饲粮，B组饲喂添加益生菌的全价饲粮，C组饲喂普通全价饲粮。从出雏到饲养结束，饲养期为120d。其中1～6周为育雏期，进行笼养，7～17周为育成期进行平养。

预混料由北京中农优嘉生物科技有限公司提供。其中抗生素主要为杆菌肽锌。益生菌选自北京好友巡天生物技术有限责任公司促长肥复合菌，由枯草芽孢菌、粪肠球菌、酵母菌和双歧杆菌复合而成。益生菌添加量：育雏期 0.5kg/t 全价饲料，育成期 0.7kg/t 全价料。北京油鸡商品鸡生长前期、中期和后期饲料全价混合饲料配方见表 4－13。

表 4－13　北京油鸡商品鸡饲料配方

料别	小鸡料	中鸡料	大鸡料
适用阶段	1～7 周	8～13 周	14～17 周
玉米（%）	64.5	66.0	77.0
麸皮（%）	—	5.0	2.0
豆粕（%）	31.5	25.0	17.0
石粉（%）	—	—	—
肉鸡前期预混料（%）	4.0	—	—
肉鸡中期预混料（%）	—	4.0	—
肉鸡后期预混料（%）	—	—	4.0
合计	100.0	100.0	100.0
代谢能（MJ/kg）	11.78	11.70	12.21
粗蛋白（%）	19.0	17.0	14.0

试验鸡在 1 日龄时戴翅号。鸡群 1～6 周采用 3 层阶梯式笼养，7～17 周采用地面平养。鸡只自由饮水采食，并按常规程序免疫。日常饲养管理按照常规饲养管理要求进行，每日记录鸡群存栏及死淘数量。

试验鸡 1、21、42、77、105 和 120 日龄时单只称量（早晨空腹称重）并记录初生重。同时准确记录饲料消耗量、死亡情况等。试验结束时计算各试验组平均日增重、平均日采食量及料重比。

平均日增重＝（鸡只末体重－初体重）/入舍鸡只数　　（4－15）

平均日采食量＝每日总耗料量/入舍鸡只数　　（4－16）

料重比＝平均日采食量/平均日增重　　（4－17）

称重时间安排（在称重的前一天进行断料）　(4-18)

试验结束时，试验鸡禁食 12h 后称重，每个试验组中公鸡和母鸡各随机抽取 10 只，翅静脉采血 2mL，静置 30min 待血清析出后 3 000r/min 离心 10min，收集血清置于 EP 管中，于－20℃保存，用于血清指标测定。

采血后的试验鸡，放血、脱毛后称屠体重（屠体重为肉鸡放血去除羽毛后的重量）；在肉鸡屠体重基础上去气管、食道、嗉囊、肠、脾、胰、胆和生殖器官。保留心、肝、肾、腺胃、肌胃（去角质膜和内容物）、腹部板油、肌胃周围的脂肪和肺、肾称重即为半净膛重；全净膛重为肉鸡半净膛重去除心、肝、腺胃、肌胃、脂肪及头、脚的重量。测定其免疫器官（法氏囊、胸腺和脾脏）的重量，计算免疫器官指数。

$$屠宰率=（屠体重/宰前活重）\times 100\% \quad (4-19)$$

$$半净膛率=（半净膛重/宰前活重）\times 100\% \quad (4-20)$$

$$全净膛率=（全净膛重/宰前活重）\times 100\% \quad (4-21)$$

$$胸肌率=（两侧胸肌重/全净膛重）\times 100\% \quad (4-22)$$

$$腿肌率=（两侧腿肌重/全净膛重）\times 100\% \quad (4-23)$$

$$腹脂率=[腹脂重/（全净膛重+腹脂重）]\times 100\% \quad (4-24)$$

$$腹脂率=[（腹部脂肪重+肌胃周围的脂肪重）/活重]\times 100\% \quad (4-25)$$

肉品质的测定包括肌肉 pH、肉色、滴水损失、剪切力、粗脂肪和粗蛋白、肉滋味等。屠宰后，用无菌解剖刀，在无菌状态下取出整个肠道，切取盲肠段内容物，用无菌手术刀挖取内容物置于无菌的螺旋口离心管中，做好标记，单个样本取样量 200～1 000mg/管。样本先液氮速冻，再转移到－80℃保存，干冰寄送。在屠宰完每只鸡时，换手套，并清洗桌面，用酒精消毒。

（一）复合益生菌对北京油鸡生长性能的影响

1～3 周龄，复合益生菌和杆菌肽锌对北京油鸡平均日增重和平均日采食量无显著影响（$P>0.05$）（表 4－14、表 4－15），但复合益生菌显著降低北京油鸡料重比（$P<0.05$）（表 4－16）；在 4～6 周龄，复合益生菌组北京油鸡的平均日增重和平均日采食量显著低于抗生素和对照组北京油鸡（$P<0.01$），但对料重比无显著影响（$P>0.05$）；在 7～9 周龄，复合益生菌和杆菌肽锌显著降低北京油鸡的平均日增重（$P<0.05$），复合益生菌显著降低北京油鸡的平均日采食量（$P<0.05$），各处理组北京油鸡料重比无显著差异（$P>0.05$）；在 10～12 周龄和 13～15 周龄，各处理组北京油鸡平均日增重、平均日采食量和料重比无显著差异（$P>0.05$），但杆菌肽锌显著降低 13～15 周龄北京油鸡的日采食量（$P<0.05$）。

1～3 周龄、4～6 周龄、7～9 周龄、10～12 周龄和 13～15 周龄公鸡的平均日增重和平均日采食量显著高于母鸡（$P<0.01$），而 1～3 周龄、10～12 周龄和 13～15 周龄公鸡的料重比显著低于母鸡（$P<0.01$）。此外，处理和性别在饲养全期对北京油鸡的生长性能没有产生显著的交互作用（$P>0.05$）。

表 4－14　复合益生菌对北京油鸡平均日增重的影响

项目		平均日增重（g）				
		1～3 周龄	4～6 周龄	7～9 周龄	10～12 周龄	13～15 周龄
对照组	公鸡	6.37	14.33	18.29	22.21	19.33
	母鸡	5.53	12.47	14.71	15.48	12.26
抗生素组	公鸡	6.20	14.60	17.75	21.01	18.29
	母鸡	5.38	12.05	13.37	15.90	11.92

（续）

项目		平均日增重（g）				
		1～3周龄	4～6周龄	7～9周龄	10～12周龄	13～15周龄
益生菌组	公鸡	6.56	12.83	17.52	22.23	19.08
	母鸡	11.65	10.44	14.04	16.60	12.77
处理	对照组	5.95[ab]	13.40[a]	16.50[a]	18.85	15.79
	抗生素组	5.79[b]	13.33[a]	15.56[b]	18.45	15.10
	益生菌组	9.10[a]	11.64[b]	15.78[b]	19.41	15.93
性别	公鸡	6.38	13.92	17.85	21.82	18.90
	母鸡	7.52	11.65	14.04	15.99	12.32
SEM		0.772	0.269	0.296	0.451	0.490
P 值	处理	0.080	0.001	0.013	0.173	0.175
	性别	<0.001	<0.001	<0.001	<0.001	<0.001
	处理×性别	0.154	0.759	0.312	0.272	0.659

注：①不标注的就是处理间差异不显著；②同一行数据后所标字母相异表示差异显著（$P<0.05$），所标字母相同表示差异不显著（$P>0.05$）。

表 4-15　复合益生菌对北京油鸡平均日采食量的影响

项目		平均日采食量（g）				
		1～3周龄	4～6周龄	7～9周龄	10～12周龄	13～15周龄
对照组	公鸡	12.79	36.35	53.67	89.85	111.04
	母鸡	11.52	33.05	42.67	72.56	83.67
抗生素组	公鸡	12.43	36.19	52.69	86.76	107.10
	母鸡	11.41	30.15	41.53	72.30	81.27
益生菌组	公鸡	12.36	32.94	51.24	88.19	108.50
	母鸡	12.20	27.91	40.94	72.69	84.18
处理	对照组	12.15	34.70[a]	48.17[a]	81.20	97.36[a]
	抗生素组	11.92	33.18[a]	47.11[ab]	79.53	94.18[b]
	益生菌组	12.23	30.41[b]	46.09[b]	80.44	96.34[ab]

（续）

项目		平均日采食量（g）				
		1～3周龄	4～6周龄	7～9周龄	10～12周龄	13～15周龄
性别	公鸡	12.52	35.16	52.53	88.27	108.88
	母鸡	11.67	30.37	41.72	72.52	83.04
SEM		0.130	0.597	0.841	1.215	1.867
P 值	处理	0.393	0.001	0.109	0.486	0.080
	性别	<0.001	<0.001	<0.001	<0.001	<0.001
	处理×性别	0.176	0.459	0.892	0.589	0.556

注：①不标注的就是处理间差异不显著；②同一行数据后所标字母相异表示差异显著（$P<0.05$），所标字母相同表示差异不显著（$P>0.05$）。

表 4-16　复合益生菌对北京油鸡料重比的影响

项目		料重比				
		1～3周龄	4～6周龄	7～9周龄	10～12周龄	13～15周龄
对照组	公鸡	2.02	2.54	2.94	4.05	5.75
	母鸡	2.08	2.66	2.91	4.71	6.88
抗生素组	公鸡	2.01	2.48	2.97	4.16	5.92
	母鸡	2.12	2.51	3.13	4.56	6.84
益生菌组	公鸡	1.89	2.60	2.93	3.98	5.72
	母鸡	2.03	2.69	2.92	4.40	6.60
处理	对照组	2.05^{a}	2.60^{ab}	2.92	4.38	6.32
	抗生素组	2.07^{a}	2.49^{b}	3.05	4.36	6.38
	益生菌组	1.96^{b}	2.64^{a}	2.93	4.19	6.16
性别	公鸡	1.97	2.54	2.95	4.07	5.80
	母鸡	2.08	2.62	2.99	4.56	6.77
SEM		0.020	0.027	0.030	0.058	0.090

（续）

项目		料重比				
		1～3周龄	4～6周龄	7～9周龄	10～12周龄	13～15周龄
P 值	处理	0.044	0.061	0.142	0.208	0.333
	性别	0.004	0.012	0.496	<0.001	<0.001
	处理×性别	0.652	0.749	0.378	0.460	0.683

注：①不标注的就是处理间差异不显著；②同一行数据后所标字母相异表示差异显著（$P<0.05$），所标字母相同表示差异不显著（$P>0.05$）。

（二）复合益生菌对北京油鸡免疫器官指数的影响

复合益生菌和杆菌肽锌对北京油鸡脾脏指数和法式囊指数均未产生显著性影响（$P>0.05$）见表4-17。性别对北京油鸡的脾脏指数无显著性影响（$P>0.05$），公鸡的法式囊指数显著低于母鸡（$P<0.05$）。此外，处理和性别对北京油鸡的脾脏指数和法式囊指数没有产生显著的交互作用（$P>0.05$）。

表4-17　复合益生菌对北京油鸡免疫器官指数的影响

项目		脾脏指数（g/kg）	法式囊指数（g/kg）
对照组	公鸡	1.26	1.81
	母鸡	1.22	2.32
抗生素组	公鸡	1.25	2.22
	母鸡	1.39	2.67
益生菌组	公鸡	1.26	1.86
	母鸡	1.53	3.03
处理	对照组	1.24	2.07
	抗生素组	1.32	2.45
	益生菌组	1.39	2.44
性别	公鸡	1.26	1.97
	母鸡	1.38	2.67
SEM		0.033	0.126

（续）

项目		脾脏指数（g/kg）	法式囊指数（g/kg）
P 值	处理	0.123	0.325
	性别	0.054	0.004
	处理×性别	0.136	0.388

注：①不标注的就是处理间差异不显著；②同一行数据后所标字母相异表示差异显著（$P<0.05$），所标字母相同表示差异不显著（$P>0.05$）。

（三）复合益生菌对北京油鸡屠宰性能的影响

由表 4－18 可知，复合益生菌和杆菌肽锌对北京油鸡的屠宰率、半净膛率、全净膛率、胸肌率、腿肌率和腹脂率无显著影响（$P>0.05$）。公鸡的屠宰率和腹脂率显著低于母鸡（$P<0.01$），公鸡的腿肌率显著高于母鸡（$P<0.01$），公鸡的全净膛率、半净膛率和胸肌率与母鸡无显著性差异（$P>0.05$）。处理和性别对北京油鸡所有的屠宰性能没有产生显著的交互作用（$P>0.05$）。

表 4－18　复合益生菌对北京油鸡屠宰性能的影响（%）

项目		屠宰率	半净膛率	全净膛率	胸肌率	腿肌率	腹脂率
对照组	公鸡	82.98	76.24	64.21	14.87	22.83	1.55
	母鸡	85.51	75.86	65.44	15.95	20.64	4.21
抗生素组	公鸡	82.51	75.94	64.41	15.17	22.50	1.27
	母鸡	84.51	75.60	65.04	16.23	21.27	3.34
益生菌组	公鸡	82.14	75.34	63.72	15.43	22.52	2.03
	母鸡	84.62	75.26	64.08	15.23	21.39	3.67
处理	对照组	84.24	76.05	64.83	15.41	21.73	2.88
	抗生素组	83.51	75.77	63.90	15.70	21.89	2.31
	益生菌组	83.38	75.57	64.85	15.33	21.96	2.85
性别	公鸡	82.54	75.84	64.12	15.16	22.62	1.62
	母鸡	84.88	75.57	64.85	15.80	21.10	3.74
SEM		0.298	0.217	0.213	0.300	0.255	0.223

（续）

项目		屠宰率	半净膛率	全净膛率	胸肌率	腿肌率	腹脂率
P 值	处理	0.344	0.390	0.140	0.730	0.930	0.302
	性别	<0.001	0.548	0.081	0.113	0.003	<0.001
	处理×性别	0.896	0.958	0.061	0.323	0.620	0.457

注：①不标注的就是处理间差异不显著；②同一行数据后所标字母相异表示差异显著（$P<0.05$），所标字母相同表示差异不显著（$P>0.05$）。

（四）复合益生菌对北京油鸡肉品质的影响

由表 4-19 和表 4-20 可知，复合益生菌和抗生素对北京油鸡胸肌和腿肌的 pH_{45min}、亮度 L*、红度 a*、黄度 b*、滴水损失率、蒸煮损失率和剪切力无显著性影响（$P>0.05$）。

公鸡胸肌的 pH_{45min}、亮度 L*、黄度 b*、滴水损失率、蒸煮损失率和剪切力与母鸡无显著性差异（$P>0.05$），但公鸡胸肌的红度 a* 显著高于母鸡（$P<0.05$）；公鸡腿肌的 pH_{45min}、亮度 L*、红度 a*、黄度 b*、滴水损失率、蒸煮损失率和剪切力与母鸡无显著性差异（$P>0.05$）。

此外，处理和性别对北京油鸡胸肌肉品质的各项指标没有产生显著的交互作用（$P>0.05$）；对腿肌的 pH_{45min}、亮度 L*、黄度 b*、滴水损失率、蒸煮损失率和剪切力没有产生显著的交互作用（$P>0.05$），但对腿肌红度 a* 产生了显著的交互作用（$P<0.05$）。

表 4-19　复合益生菌对北京油鸡胸肌肉品质的影响

项目		胸肌						
		pH_{45min}	亮度 L*	红度 a*	黄度 b*	滴水损失率（%）	蒸煮损失率（%）	剪切力（kgf）
对照组	公鸡	6.18	48.00	7.47	16.57	5.61	24.84	20.93
	母鸡	6.01	48.61	7.06	17.46	4.09	22.91	21.45

（续）

项目		胸肌						
		pH_{45min}	亮度 L*	红度 a*	黄度 b*	滴水损失率（%）	蒸煮损失率（%）	剪切力（kgf）
抗生素组	公鸡	6.38	45.00	7.73	17.69	5.72	24.19	21.39
	母鸡	6.03	48.80	6.62	16.88	5.97	21.94	22.42
益生菌组	公鸡	6.11	48.10	8.24	16.69	4.17	24.24	21.24
	母鸡	6.22	49.48	6.65	16.81	6.56	24.91	21.56
处理	对照组	6.09	48.31	7.27	17.02	4.85	23.88	21.19
	抗生素组	6.21	49.40	7.17	17.28	5.72	23.07	21.91
	益生菌组	6.16	49.79	7.45	16.75	5.37	24.58	21.40
性别	公鸡	6.22	48.70	7.81	16.99	5.09	24.42	21.81
	母鸡	6.08	48.96	6.78	17.05	5.54	23.26	21.19
SEM		0.057	0.541	0.241	0.325	0.422	0.462	0.193
P 值	处理	0.702	0.728	0.892	0.811	0.701	0.414	0.302
	性别	0.220	0.817	0.035	0.927	0.594	0.211	0.109
	处理×性别	0.254	0.632	0.602	0.591	0.367	0.371	0.740

注：①不标注的就是处理间差异不显著；②同一行数据后所标字母相异表示差异显著（$P<0.05$），所标字母相同表示差异不显著（$P>0.05$）。

表 4-20　复合益生菌对北京油鸡腿肌肉品质的影响

项目		腿肌 Leg muscle						
		pH_{45min}	亮度 L*	红度 a*	黄度 b*	滴水损失率（%）	蒸煮损失率（%）	剪切力（kgf）
对照组	公鸡	6.78	40.02	13.10	14.63	3.70	27.10	24.87
	母鸡	6.83	40.16	11.78	12.81	3.12	26.85	24.19
抗生素组	公鸡	6.70	42.26	12.90	14.71	2.70	27.22	25.08
	母鸡	6.86	42.01	11.71	13.01	2.37	29.53	24.68

（续）

项目		腿肌 Leg muscle						
		pH_{45min}	亮度 L＊	红度 a＊	黄度 b＊	滴水损失率（%）	蒸煮损失率（%）	剪切力（kgf）
益生菌组	公鸡	6.62	42.50	10.96	12.26	2.84	25.77	24.39
	母鸡	6.65	38.64	13.17	13.09	2.89	29.22	24.42
处理	对照组	6.81	40.09	12.44	13.72	3.41	26.98	24.536
	抗生素组	6.78	42.13	12.30	13.86	2.54	28.37	24.88
	益生菌组	6.63	40.57	12.06	12.68	2.87	27.50	24.41
性别	公鸡	6.70	41.59	12.32	13.87	3.08	26.70	24.78
	母鸡	6.78	40.27	12.22	12.97	2.79	28.54	24.43
SEM		0.053	0.608	0.290	0.305	0.249	0.749	0.024
P 值	处理	0.387	0.362	0.854	0.204	0.371	0.753	0.274
	性别	0.449	0.279	0.858	0.128	0.571	0.234	0.165
	处理×性别	0.878	0.339	0.020	0.122	0.881	0.601	0.500

注：①不标注的就是处理间差异不显著；②同一行数据后所标字母相异表示差异显著（$P<0.05$），所标字母相同表示差异不显著（$P>0.05$）。

（五）复合益生菌对北京油鸡胸肌营养成分的影响

由表 4-21 可知，复合益生菌和杆菌肽锌对北京油鸡胸肌的水分含量无显著性影响（$P>0.05$），复合益生菌和杆菌肽锌显著降低了北京油鸡胸肌的粗脂肪含量，提高了粗蛋白含量（$P<0.05$）。公鸡胸肌的水分含量、粗脂肪含量和粗蛋白含量与母鸡无显著性差异（$P>0.05$）。此外，处理和性别对北京油鸡胸肌的水分含量和粗脂肪含量产生了显著的交互作用（$P<0.05$），对北京油鸡胸肌粗蛋白含量没有产生显著的交互作用（$P>0.05$）。

表 4-21　复合益生菌对北京油鸡胸肌营养成分的影响

项目		胸肌		
		水分（%）	粗脂肪含量（%）	粗蛋白含量 CP（%）
对照组	公鸡	73.75	3.40	89.88
	母鸡	72.86[b]	4.99[a]	88.03

（续）

项目		胸肌		
		水分（%）	粗脂肪含量（%）	粗蛋白含量CP（%）
抗生素组	公鸡	73.49	3.01	91.02
	母鸡	73.82[a]	2.96[b]	90.44
益生菌组	公鸡	73.87	2.96	90.61
	母鸡	73.76[a]	2.37[b]	90.45
处理	对照组	73.31[b]	4.20[a]	88.95[b]
	抗生素组	73.65[ab]	2.99[b]	90.73[a]
	益生菌组	73.81[a]	2.66[b]	90.53[a]
性别	公鸡	73.70	3.12	90.50
	母鸡	73.48	3.44	89.64
SEM		0.099	0.206	0.303
P 值	处理	0.075	0.003	0.027
	性别	0.223	0.370	0.135
	处理×性别	0.027	0.042	0.451

注：①不标注的就是处理间差异不显著；②同一行数据后所标字母相异表示差异显著（$P<0.05$），所标字母相同表示差异不显著（$P>0.05$）。

（六）复合益生菌对北京油鸡盲肠微生物区系的影响

1. 北京油鸡肠道微生物 Alpha 多样性分析 绝大多数样品的coverage达到了97%，有极个别的样品coverage低于97%，这说明了绝大多数样品序列几乎全被检测出且达到饱和状态。有极个别样品的个别序列没被检测出或检测出没有达到饱和状态。OTU覆盖率数值越高，样本物种检测概率越高。coverage指数反映此次样品中肠道微生物菌群结构组成以及多样性的真实性，几乎所有样品的coverage值都接近百分百，证实了此次试验数据的可靠性。

比较此次的72个样品，发现A1166对照组16周龄公鸡的Chao1值最大，高达3 329.491，说明这个样品里的微生物菌群丰富度最大。Simpson 值最小，Shannon 值最大，说明此样品的肠道微生物群落多样性最丰富。

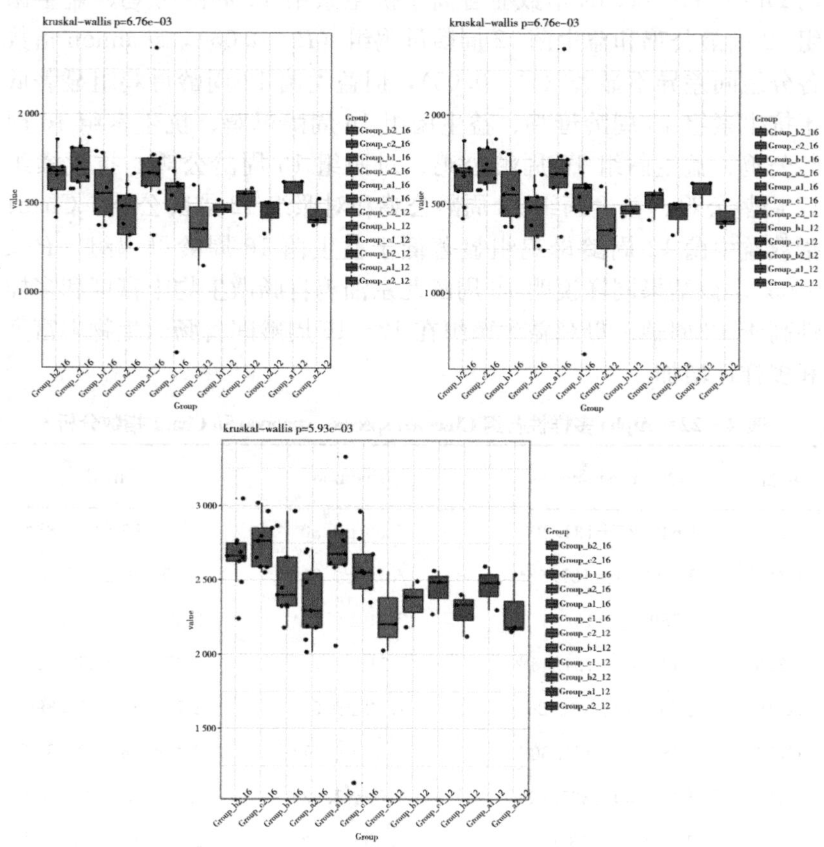

图 4-1　OTU 多样性 Observed species、shannon 和 Chao1 指数组间比较 boxplot

由图 4-1 可知，C216 组 Observed species、shannon 和 Chao1 指数最高，C212 组 Observed species、shannon 和 Chao1 指数最低。总体上 12 周龄的 Observed species、shannon 和 Chao1 指数低于 16 周龄的各指数。结果表明，16 周龄北京油鸡盲肠微生物丰富度和多样性高于 12 周龄。母鸡复合益生菌组在 12～16 周龄间盲肠微生物丰富度和多样性增加。

由表 4－22 可知，对照组 16 周龄母鸡和对照组 16 周龄公鸡组的 Observed species 指数显著高于抗生素组 12 周龄母鸡、益生菌组 12 周龄公鸡和益生菌 12 周龄母鸡组（$P<0.05$），shannon 指数各分组间差异不显著（$P>0.05$），但益生菌 12 周龄母鸡组显著低于抗生素组 16 周龄母鸡、益生菌组 16 周龄母鸡、抗生素组 16 周龄公鸡、益生菌组 16 周龄公鸡、对照组 16 周龄公鸡、抗生素组 12 周龄公鸡、益生菌组 12 周龄公鸡和对照组 12 周龄公鸡。Chao1 指数益生菌 12 周龄母鸡组显著低于益生菌 16 周龄母鸡组（$P<0.05$）。该结果同样说明 16 周龄北京油鸡盲肠微生物丰富度和多样性高于 12 周龄。母鸡益生菌组在 12～16 周龄间盲肠微生物丰富度和多样性增加。

表 4－22　Alpha 多样性各组 Observed species、shannon 和 Chao1 指数分析

项目	Observed species	shannon	Chao1
B216	$1\,640.25\pm131.40^{ab}$	7.59 ± 0.30^{a}	$2\,656.96\pm217.88^{ab}$
C216	$1\,702.51\pm107.98^{a}$	7.70 ± 0.31^{a}	$2\,751.91\pm171.35^{a}$
B116	$1\,559.82\pm162.37^{ab}$	7.49 ± 0.40^{a}	$2\,498.69\pm269.75^{ab}$
A216	$1\,450.24\pm151.45^{ab}$	7.21 ± 0.60^{ab}	$2\,355.05\pm257.92^{ab}$
A116	$1\,712.73\pm281.26^{a}$	7.72 ± 0.52^{a}	$2\,704.43\pm333.89^{ab}$
C116	$1\,485.42\pm322.60^{ab}$	7.37 ± 0.77^{a}	$2\,444.48\pm523.81^{ab}$
C212	$1\,370.50\pm225.41^{b}$	6.59 ± 1.08^{b}	$2\,262.37\pm270.61^{b}$
B112	$1\,473.33\pm43.03^{ab}$	7.40 ± 0.28^{a}	$2\,353.10\pm156.19^{ab}$
C112	$1\,517.73\pm90.89^{ab}$	7.48 ± 0.26^{a}	$2\,439.43\pm151.45^{ab}$
B212	$1\,446.83\pm100.66^{ab}$	7.21 ± 0.49^{ab}	$2\,286.65\pm146.64^{ab}$
A112	$1\,579.43\pm71.57^{ab}$	7.50 ± 0.35^{a}	$2\,458.01\pm148.54^{ab}$
A212	$1\,436.83\pm79.94^{ab}$	7.20 ± 0.23^{ab}	$2\,290.21\pm213.37^{ab}$
P 值	0.044	0.139	0.048

注：①不标注的就是处理间差异不显著；②同一行数据后所标字母相异表示差异显著（$P<0.05$），所标字母相同表示差异不显著（$P>0.05$）。

2. 北京油鸡肠道微生物群落组成分析

（1）门水平上的菌群结构　图4-2和图4-3分别为北京油鸡12和16周龄盲肠微生物在门水平上的组成。由图可知，12周龄和16周龄北京油鸡盲肠微生物组成结构相似，12和16周龄优势菌群为拟杆菌门（*Bacteroidia*）和厚壁菌门（*Firmicutes*）。12周龄时，对照组、抗生素组和益生菌组优势菌门按相对丰度依次为拟杆菌门57.10%、44.72%和41.50%，厚壁菌门24.33%、36.16%和30.59%，变形菌门（*Gammaproteobacteria*）8.68%、8.48%和12.22%，这几个菌门分别占据总微生物群落的90.11%、89.36%和84.31%。16周龄时，对照组、抗生素组和益生菌组优

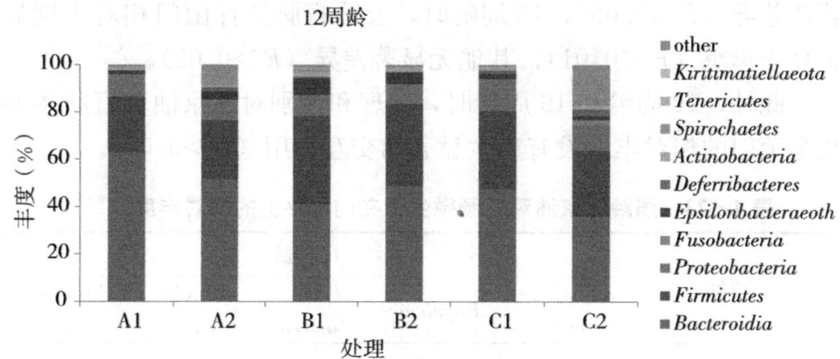

图4-2　12周龄北京油鸡盲肠微生物在门水平上的菌群结构

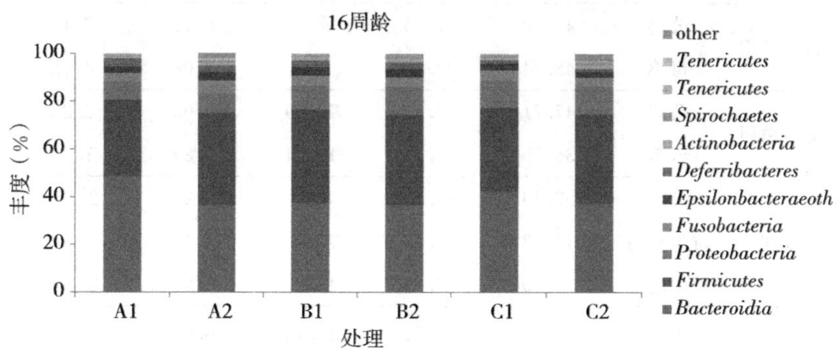

图4-3　16周龄北京油鸡盲肠微生物在门水平上的菌群结构

势菌门按相对丰度依次为拟杆菌门42.46%、36.56%和11.55%，厚壁菌门35.42%、38.45%和36.23%，变形菌门7.93%、11.05%和11.55%。这几个菌门分别占据总的微生物群落85.81%、86.06%和87.62%。从12～16周龄，北京油鸡盲肠拟杆菌门和变形菌门相对丰度降低，而厚壁菌门相对丰度升高。

如表4-23和表4-24所示，12周龄时，杆菌肽锌显著提高北京油鸡盲肠菌门 *Campylobacteria* 的相对丰度（$P<0.05$）；16周龄时，复合益生菌和杆菌肽锌显著提高北京油鸡盲肠变形菌门的相对丰度（$P<0.01$），其他无显著性影响（$P>0.05$）。

12周龄时，公鸡和母鸡盲肠各主要微生物菌门相对丰度无显著性差异（$P>0.05$）；16周龄时，公鸡盲肠拟杆菌门相对丰度显著高于母鸡（$P<0.01$）；其他无显著差异（$P>0.05$）。

此外，12周龄和16周龄时，处理和性别对北京油鸡盲肠主要几个菌门的相对丰度没有产生显著的交互作用（$P>0.05$）。

表4-23　周龄北京油鸡盲肠微生物在门水平上的相对丰度（%）

项目		12周龄				
		Bacteroidetes	*Firmicutes*	*Proteobacteria*	*Fusobacteria*	*Epsilonbacteraeoth*
对照组	公鸡	62.70	23.68	9.36	0.06	1.60
	母鸡	51.50	24.98	8.00	0.42	3.82
抗生素组	公鸡	40.70	37.65	8.60	0.12	7.19
	母鸡	48.74	34.68	8.30	0.08	4.93
益生菌组	公鸡	47.21	33.23	13.49	0.03	2.22
	母鸡	35.79	27.95	10.94	1.89	1.78
处理	对照组	57.10	24.33	8.68	0.24	2.71[b]
	抗生素组	44.72	36.16	8.48	0.10	6.06[a]
	益生菌组	41.50	30.59	12.22	0.96	2.00[b]
性别	公鸡	50.20	31.52	10.48	0.07	3.67
	母鸡	45.34	29.20	9.08	0.80	3.51

（续）

项目		12周龄				
		Bacteroidetes	*Firmicutes*	*Proteobacteria*	*Fusobacteria*	*Epsilonbacteraeoth*
SEM		3.23	2.482	1.072	0.221	0.650
P值	处理	0.118	0.208	0.365	0.157	0.016
	性别	0.428	0.658	0.553	0.066	0.881
	处理×性别	0.340	0.869	0.923	0.118	0.242

注：①不标注的就是处理间差异不显著；②同一行数据后所标字母相异表示差异显著（$P<0.05$），所标字母相同表示差异不显著（$P>0.05$）。

表4-24　周龄北京油鸡盲肠微生物在门水平上的相对丰度（%）

项目		16周龄				
		Bacteroidetes	*Firmicutes*	*Proteobacteria*	*Fusobacteria*	*Epsilonbacteraeoth*
对照组	公鸡	48.59	32.12	7.73	3.49	2.69
	母鸡	36.33	38.71	8.13	5.61	6.01
抗生素组	公鸡	37.49	39.10	10.36	14.98	3.69
	母鸡	36.63	37.80	11.74	3.93	3.55
益生菌组	公鸡	42.32	35.09	11.49	4.20	3.06
	母鸡	37.36	37.37	11.61	3.83	2.36
处理	对照组	42.46	35.42	7.93[b]	4.55	4.35
	抗生素组	36.56	38.45	11.05[a]	9.45	3.62
	益生菌组	39.84	36.23	11.55[a]	4.02	2.71
性别	公鸡	42.80	35.44	9.86	7.56	3.15
	母鸡	36.44	37.96	10.49	4.46	3.97
SEM		1.263	1.213	0.526	1.972	0.546
P值	处理	0.123	0.582	0.009	0.474	0.476
	性别	0.008	0.309	0.532	0.440	0.455
	处理×性别	0.179	0.427	0.863	0.364	0.277

注：①不标注的就是处理间差异不显著；②同一行数据后所标字母相异表示差异显著（$P<0.05$），所标字母相同表示差异不显著（$P>0.05$）。

(2) 属水平上的菌群结构分析

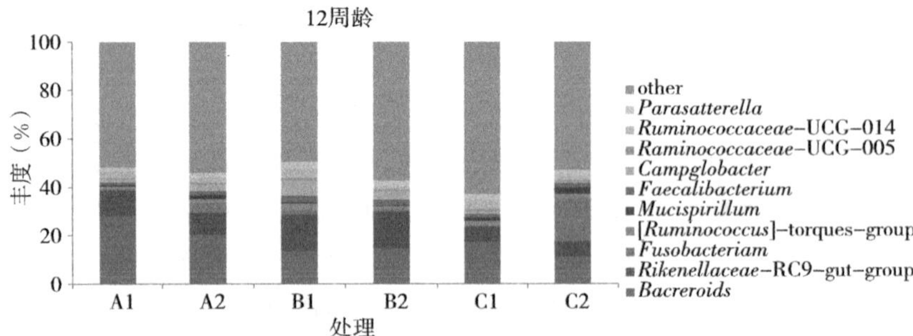

图 4-4　12 周龄北京油鸡盲肠微生物在属水平上的菌群结构

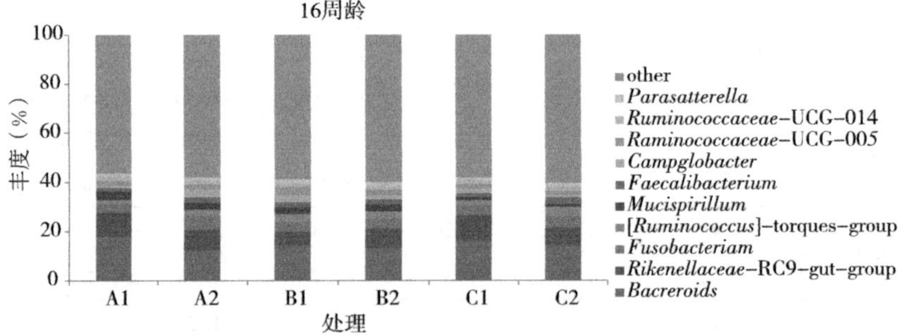

图 4-5　16 周龄北京油鸡盲肠微生物在属水平上的菌群结构

图 4-4 和图 4-5 分别为 12 周龄和 16 周龄北京油鸡盲肠微生物相对丰度在前十的属，其余物种归类到 others。12 周龄时，对照组和抗生素组主要优势菌属均为 *Bacreroids*（拟杆菌属，24.90%和 13.97%）和 *Rikenellaceae*-RC9-gut-group（理研菌科 RC9 群，9.83%和 15.26%），益生菌组的主要优势菌属为拟杆菌属 14.03%、*Fusobacterium*（梭杆菌属 9.05%），理研菌科 RC9 群 6.50%。16 周龄时，对照组、抗生素组和益生菌的优势菌属均为拟杆菌属（15.21%、13.13%和 15.13%）理研菌科 RC9 群（9.17%、7.11% 和 8.94%），梭杆菌属（4.55%、3.90%和 4.62%）。

表 4-25 和表 4-26 为 12 周龄和 16 周龄北京油鸡各主要盲肠

微生物属水平上的相对丰度统计。12 周龄时，复合益生菌对北京油鸡盲肠拟杆菌属、梭杆菌属、［*Ruminococcus*］-torques-*group*（瘤胃球菌属 torques 群）、*Mucispirillum*、*Faecalibacterium*（柔嫩梭菌属）、*Campglobacter*（弯曲菌属）、*Raminococcaceae*-UCG-005（瘤胃球菌属 UCG-005 群）和 *Ruminococcaceae*-UCG-014（瘤胃球菌属 UCG-014 群）的相对丰度无显著性影响（$P>0.05$），但理研菌科 RC9 群相对丰度显著低于抗生素组（$P<0.05$）。16 周龄时，杆菌肽锌显著提高了北京油鸡盲肠瘤胃球菌属 UCG-005 群的相对丰度（$P<0.05$），而复合益生菌对北京油鸡盲肠其他主要菌属的相对丰度无显著影响（$P>0.05$）。

12 周龄时，公鸡和母鸡主要盲肠微生物菌属的相对丰度无显著性差异（$P>0.05$）；16 周龄时，公鸡主要盲肠微生物菌属中的瘤胃球菌属 torques 群相对丰度显著低于母鸡（$P<0.05$），公鸡和母鸡其他主要盲肠微生物菌属相对丰度无显著性差异（$P>0.05$）。

此外，12 周龄和 16 周龄时，处理和性别对北京油鸡主要盲肠微生物菌属的相对丰度没有产生显著的交互作用（$P>0.05$）。

表 4-25　周龄北京油鸡盲肠微生物在属水平上的相对丰度（%）

项目		12 周龄								
		Bacrer-oids	*Rikenell-aceae*-RC9-gut-group	*Fusobac-terium*	*Rumino-coccus*-torques-group	*Mucisp-irillum*	*Faecalib-acterium*	*Campgl-obacter*	*Raminoc-occaceae*-UCG-005	*Ruminoc-occaceae*-UCG-014
对照组	公鸡	28.19	10.47	0.56	1.11	0.53	1.22	1.19	0.60	1.73
	母鸡	20.21	9.19	4.18	1.52	1.66	1.67	2.78	0.68	2.32
抗生素组	公鸡	13.39	15.24	1.73	2.86	0.69	2.54	6.12	1.20	3.14
	母鸡	14.55	15.27	0.81	1.30	0.32	2.55	3.49	0.70	2.41
益生菌组	公鸡	17.04	6.62	0.26	1.86	1.53	1.47	0.83	1.18	2.33
	母鸡	11.02	6.38	17.84	1.76	2.85	1.74	0.45	0.77	2.16

（续）

项目		12周龄								
		Bacrer-oids	*Rikenell-aceae*-RC9-gut-group	*Fusobac-terium*	*Rumino-coccus*-torques-group	*Mucisp-irillum*	*Faecalib-acterium*	*Campgl obacter*	*Raminoc-occaceae*-UCG-005	*Ruminoc-occaceae*-UCG-014
处理	对照组	24.20	9.83[ab]	2.37	1.31	1.09[ab]	1.44	1.99	0.64	2.02
	抗生素组	13.97	15.26[a]	1.27	2.08	0.51[b]	2.55	4.81	0.95	2.77
	益生菌组	14.03	6.50[b]	9.05	1.81	2.19[a]	1.61	0.64	0.97	2.45
性别	公鸡	19.54	10.78	0.85	1.94	0.92	1.74	2.71	0.99	2.40
	母鸡	15.26	10.28	7.61	1.53	1.61	1.99	2.24	0.71	2.29
SEM		0.795	2.176	1.335	2.207	0.254	0.304	0.236	0.751	0.122
*P*值	处理	0.098	0.034	0.24	0.482	0.061	0.169	0.08	0.509	0.411
	性别	0.310	0.840	0.103	0.433	0.211	0.619	0.737	0.296	0.822
	处理×性别	0.634	0.972	0.164	0.301	0.385	0.931	0.482	0.621	0.509

注：①不标注的就是处理间差异不显著；②同一行数据后所标字母相异表示差异显著（$P<0.05$），所标字母相同表示差异不显著（$P>0.05$）。

表4-26　周龄北京油鸡盲肠微生物在属水平上的相对丰度（%）

项目		16周龄								
		Bacrer-oids	*Rikenell-aceae*-RC9-gut-group	*Fusobac-terium*	*Rumino-coccus*-torques-group	*Mucisp-irillum*	*Faecalib-acterium*	*Campgl obacter*	*Raminoc-occaceae*-UCG-005	*Ruminoc-occaceae*-UCG-014
对照组	公鸡	18.07	9.82	3.49	1.60	3.38	1.47	0.87	1.96	1.19
	母鸡	12.34	8.52	5.62	2.51	2.64	2.35	3.36	1.90	1.32
抗生素组	公鸡	14.12	5.92	3.86	3.20	2.74	2.18	2.63	3.62	1.74
	母鸡	13.03	8.30	3.93	2.88	2.80	2.2	1.44	2.38	1.55
益生菌组	公鸡	16.08	10.43	4.20	1.97	1.22	1.58	1.92	1.78	1.33
	母鸡	14.08	7.44	4.62	3.78	1.25	2.58	0.96	1.73	1.65

（续）

项目		16周龄								
		Bacrer-oids	*Rikenell-aceae*-RC9-gut-group	*Fusobac-terium*	*Rumino-coccus*-torques-group	*Mucisp-irillum*	*Faecalib-acterium*	*Campgl obacter*	*Raminoc-occaceae*-UCG-005	*Ruminoc-occaceae*-UCG-014
处理	对照组	15.21	9.17	4.55	2.05[b]	3.01	1.91	2.09	1.93[b]	1.26
	抗生素组	13.58	7.11	3.90	3.04[a]	2.77	2.19	2.03	3.00[a]	1.64
	益生菌组	15.13	8.94	4.62	2.88[ab]	1.24	2.08	1.44	1.75[b]	1.49
性别	公鸡	16.09	8.73	3.85	2.26	2.45	1.75	1.81	2.45	1.42
	母鸡	13.18	8.09	4.87	3.06	2.23	2.38	1.90	2.00	1.51
SEM		0.795	0.549	0.421	0.204	0.531	0.163	0.513	0.177	0.094
P 值	处理	0.638	0.238	0.748	0.079	0.363	0.777	0.856	0.005	0.255
	性别	0.071	0.553	0.234	0.037	0.843	0.056	0.929	0.167	0.644
	处理×性别	0.445	0.123	0.617	0.076	0.946	0.413	0.296	0.232	0.529

注：①不标注的就是处理间差异不显著；②同一行数据后所标字母相异表示差异显著（$P<0.05$），所标字母相同表示差异不显著（$P>0.05$）。

综上，采用微生态制剂全程替代抗生素，可以实现北京油鸡全程无抗养殖；微生态制剂可以增进笼养条件北京油鸡的健康和生长，增强抗病能力和提高生产性能；微生态制剂全程替抗没有对北京油鸡的屠宰性能和肉品质产生不良影响；饲料中添加微生态制剂可以改善北京油鸡肠道微生物区系的丰度和组成，改善肠道内环境。

第二节　生态养殖关键技术

在优质鸡养殖中鸡苗、饲料、疫苗、水质、垫料等对优质鸡的生长至关重要。在鸡的整个生长期内每天都要持续接触垫料，垫料具有更为重要的作用，而垫料带来的主要问题是霉菌、灰尘、氨气浓度等，垫料状况的好坏直接影响优质鸡生产性能的发挥。调查显示，90%养殖者表示因垫料问题所引起的疾病经常发生，垫料明显影响鸡的健康水平与生产性能，从而影响养鸡效益（张以宏，2015；张曼等，2017）。

生物发酵垫料养殖技术是通过结合微生物及其发酵工程和生态学原理，以活性功能菌群作为物质能量或有机质转化的一种现代生态养殖模式，其关键技术就是利用活性强大的有益微生物或复合菌群制剂，在较长的一个时间段内稳定、持续地将动物粪尿堆积物转化为对其他动植物有用的物质和能量，同时实现将畜禽粪尿完全降解或持续降解，从而达到养殖场粪污的无污染、零排放，对外界环境不产生空气与水体污染，为一种环境友好型养殖模式。生物发酵垫料养殖技术是目前最新的一种环保型养殖模式，其方法是在畜禽舍内铺垫上一定厚度的生物发酵垫料，达到养殖与粪尿处理二者同时进行的饲养方式，即把畜禽养殖在由锯末、稻壳、秸秆糠和发酵菌种等基质混合物制成的发酵垫料上（徐仲凯，2017；王中林，2015），垫料将粪尿吸附、分解转化成对外界环境无污染的有机肥料，从而实现在养殖过程中减少粪污的排放。生物发酵垫料养殖技术的运用能改善养殖环境和提高畜禽生产性能及节支增效，促进种养有机结合，具有良好的综合效益（潘木水等，2016；陈立福，2019；刘静，2016）。但鸡群会在垫料上活动产蛋，同时鸡群的粪便也会在垫料上堆积。鸡的粪便中含有大量的蛋白质，若直接排放到地面，由于水分高，不但对鸡的健康造成危害，而且还会排放臭气（包括大量氨气）。若与垫料混合，虽然会直接被垫料微生物吸收，减少氨气对环境的污染和对鸡的伤害，但是，即便吸收大量氨气（臭气），但还是有部分蛋白质转化成的氨气排放到鸡舍中，影响鸡的健康状况，尤其在冬季，养殖户常为鸡舍保温将鸡舍密闭起来，导致鸡舍内氨气无法及时排除，鸡舍内过高的氨气含量导致部分鸡的喉咙、眼睛甚至整个健康状况受到严重影响，以至于引起鸡群产蛋量减少，甚至鸡的死亡。

现有技术中存在多种鸡舍除氨方式，如每天人工清理鸡舍粪便，虽能降低鸡舍氨气含量，但费时费力。可否通过酸化沸石吸收垫料氨气，另外采取其他措施，如添加有机肥、硝化菌剂等也值得研究。

本研究所需仪器：pH 计、集气罩、抽气瓶、2%硼酸、喷雾器、甘油、吸附剂、柠檬酸、空气（NH_3、H_2S 和 N_2O）气体测定仪。

试验设计：调柠檬酸水 pH 到 6.5；甘油（V/V）到 5%；吸附剂添加剂量为（V/V）20%和 40%。

试验处理 A：T1. 垫料（现成）；T2. 垫料＋喷 pH4 的 5%甘油 20.4kg；T3. 垫料＋5%吸附剂＋喷 pH4 的 5%甘油 20.4kg；T4. 垫料＋10%吸附剂＋喷 pH4 的 5%甘油 41kg；T5. 垫料＋20%吸附剂＋喷 pH4 的 5%甘油 82kg；试验处理 B：垫料中添加 1%的商品有机肥；试验处理 C：1.0%［垫料（含鸡粪）（现有）］；2.0.05%［垫料＋0.1%（kg/V）＝6.2×300×0.000 5＝0.93kg］；3.0.25［垫料＋0.5%（kg/V）＝6.2×300×0.002 5＝4.65kg］；4.0.5［垫料＋1%（kg/V）＝6.2×300×0.005＝9.3kg］；5.0.8%［垫料＋芳香酵母＋除臭菌剂 1kg］。

一、添加酸化沸石粉对垫料氨气排放的影响

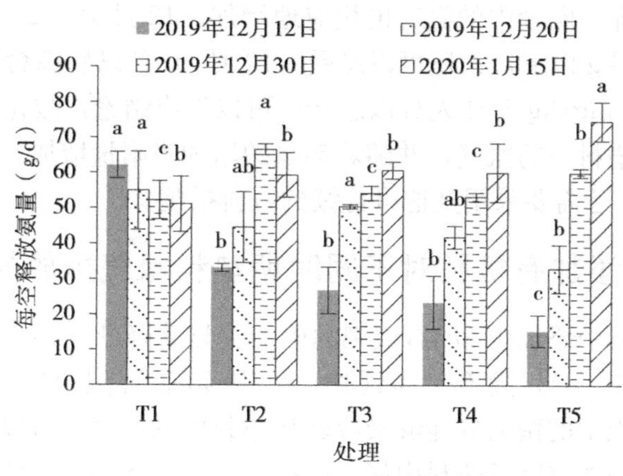

图 4-6 不同添加剂量和时间垫料氨气排放量

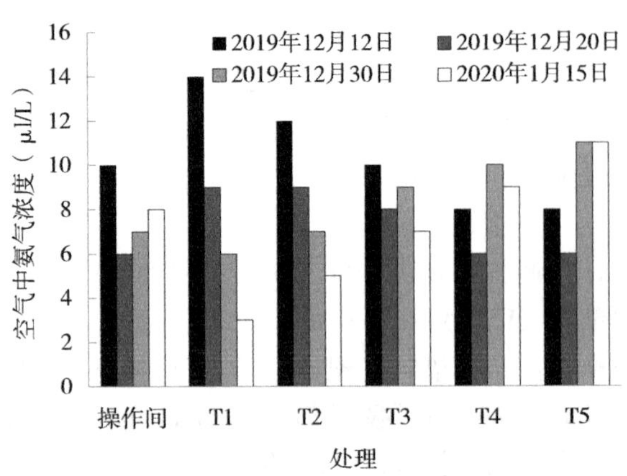

图 4-7 不同添加剂量和时间氨气在圈舍的含量

从图 4-6 可见，随着添加酸化沸石粉剂量增加，初期（2019 年 12 月 12 日）氨气排放下降很大，与对照 T1 相比，处理 3、4、5 显著下降即产生明显吸附效果。到 12 月 20 日，T5 处理显著下降，其他处理差异不显著。到 12 月 30 日，处理 T3、T4、T5 也显著下降。到 12 月 15 日，添加沸石最多的沸石粉 T5 处理反而释放最多，说明酸化沸石粉只能维持 20d 左右的吸附时间，超过 20d 原来吸附的氨气反而释放出来增加释放量。从图 4-7 可见，随着释放量的下降，圈舍中的氨气也相应地增加。12 月 12～20 日圈舍浓度在 8mg/kg 以下，人还可以忍受，12 月 30 日以后圈舍浓度均达到或超过 9mg/kg 时让人难以忍受。可以得出结论，酸化沸石能够快速吸附垫料中的氨气，并随着剂量的增加吸附量增加。但是最多持续 20d，还需要采用其他可持续的减排措施。

二、添加有机肥对不同时期垫料氨气排放的影响

在垫料中添加 1%的有机肥的确能够显著降低垫料中的氨气排放量（图 4-8），随着时间延长，呈现逐渐下降趋势。这充分表明，有机肥中的菌的确能够吸收转化垫料中的氨气，所以采用腐熟有机肥的确能够降低垫料中氨气的排放。众所周知，腐熟有机肥中含有硝化细菌，是不是硝化细菌在起重要作用值得进一步研究。

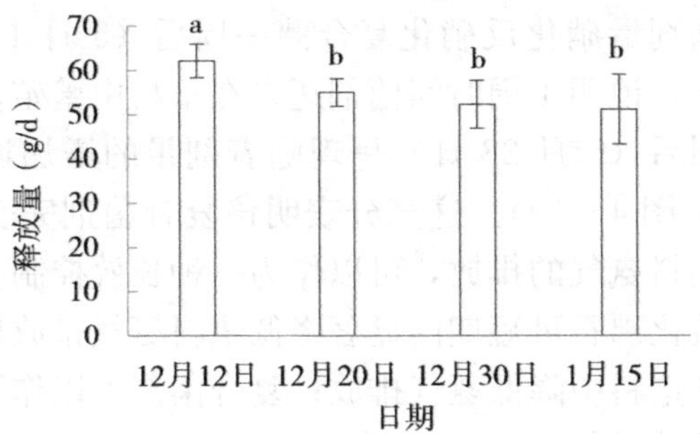

图 4－8 添加商品有机肥垫料氨气排放量

三、添加硝化菌剂对不同时期垫料氨气排放的影响

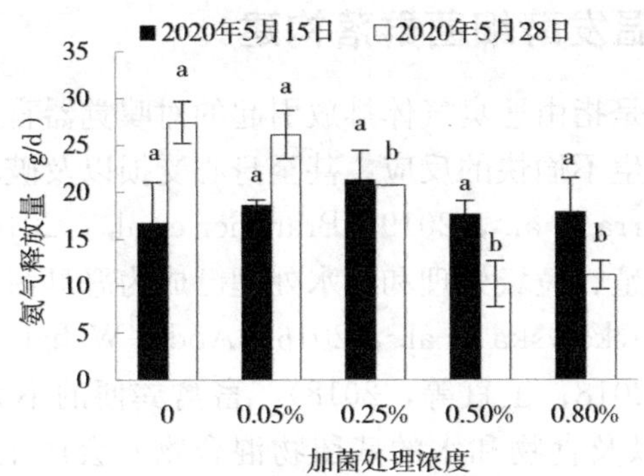

图 4－9 不同剂量硝化菌剂对氨气排放的影响

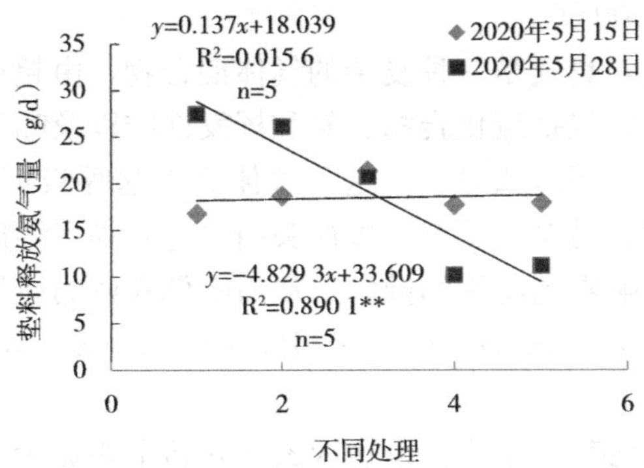

图 4－10 不同时间垫料氨气排放量与硝化菌剂添加剂量相关模型

添加不同剂量硝化反硝化复合菌一周后（5 月 15 日）氨氮的释放量无变化，说明 1 周时间菌剂还未在垫料中繁殖，没有功能作用。再过两周后（5 月 28 日）呈现随着剂量的增加逐渐下降的趋势（图 4－9、图 4－10）。这充分表明该复合菌剂完全能够可持续地降低圈舍垫料氨气的排放，可以作为一种长效控制氨气机制。

综上，酸化沸石可短期内显著降低垫料氨气排放量；腐熟有机肥可以添加在垫料中降低氨气排放；复合菌剂可以作为降低氨气排放最有效的长效机制。

第三节　常规堆肥除臭保氮节点微生物技术

一、常温发酵细菌群落构建

恶臭污染是指由恶臭气体排放引起的对嗅觉器官产生刺激，进而导致人体产生不愉快的反应，甚至身心受损以及破坏生活环境质量的现象（Zarra et al.，2019；Brancher et al.，2014）。相关研究表明，畜禽养殖、垃圾处理和污水处理已成为恶臭污染投诉的三大主要来源（Lewkowska et al.，2016；Abdul-Wahab et al.，2017；Keck et al.，2018；王亘等，2018）。畜禽粪便的不完全厌氧发酵（粪便、尿液以及食物和水的残留物混合物）会产生大量的臭气，不但影响畜禽的健康，也影响到周围居住人群的健康（Rappert and Müller，2005）。

研究表明，臭气是一种复杂的气体混合物，由超过 160 种化学成分组成，主要包括硫化合物、氨和挥发性胺以及吲哚和挥发性脂肪酸等（Yan et al.，2013）。这些气体会引起呼吸道刺激、过敏、哮喘、传染病、易怒、压力、慢性头痛、恶心等多种疾病，长期臭气污染也会影响农场动物的健康，从而降低农业的质量和效率以及大量材料损失（Siegeford and Powers，2008；Wings et al.，2008）。

早在 20 世纪 50 年代，发达国家就开始了恶臭污染治理与控制的研究，取得了较为丰富的经验，其中以日本、德国和美国效果最为显著（Barbusinski et al.，2017；李远啸等，2019）。1993年我国制定了第一部国家层面的《恶臭污染物排放标准》（GB14554—1993）（国家环境保护局，1994），但该标准受控物质少、排放限值不合理、监测技术方法落后等问题逐步显现，已无法满足环境管理的需求。目前针对臭气处理的常用方法主要分为三大类，分别是以活性炭吸附、稀释扩散等为代表的物理法，以催化燃烧、化学洗涤吸收等为代表的化学法，以微生物吸收降解为代表的生物法（Wysocka et al.，2019；倪立华等，2018；赵银中，2014）。其中，微生物脱臭法因其成本低、处理效率高、设备简单、基本没有二次污染等优点（杨凯雄等，2016；Li et al.，2015），在恶臭污染治理中表现出良好的应用前景。

微生物脱臭，即应用自然界中存在的或经过人工驯育、改造的微生物，通过从源头上抑制恶臭物质的产生或将恶臭物质代谢成无臭无害的产物，以达到脱臭的目的（Dumont et al.，2014；Jaber et al.，2014）。微生物脱臭是一个由气体扩散和生化反应综合作用的结果。微生物脱臭法较物理法脱臭和化学法脱臭具有无可比拟的优越性和安全性。目前微生物脱臭技术主要有4种，分别为生物洗涤法、生物过滤法、生物滴滤法和生物菌剂法（余鹏举等，2021）。作为原位脱臭的生物菌剂法因其操作简单、成本低廉等优点，被更广泛地应用于恶臭污染的治理中。而我国具有自主知识产权的功能性高效微生物除臭剂产品却比较少，而且在实际应用中存在适应性差、效果不佳、作用单一等缺点（张生伟等，2016）。恶臭污染作为一种特殊的大气污染，其组成成分复杂、形成原因多样，具有季节性、复杂性和个体耐受差异性等特点。因此，想要进一步提高微生物脱臭技术的性能，就需要深度挖掘并筛选和驯育更多能降解特定恶臭气体的微生物菌种甚至菌群。

本研究的目的是通过不同的分离方法获得具有高效脱臭效果的菌株和菌群，评价菌株和菌群的脱臭效果，为以后的生物脱臭技术提供基本保障和支持。

（一）实验室保存菌种的筛选

实验室共保存微生物菌株/菌群 1 500 余株。根据微生物特性，选择其中快速生长的微生物菌株（图 4－11），特别是其中分离到的多黏类芽孢杆菌，具有很快的生长速度和不产臭特点。

图 4－11　实验室保存菌株的筛选

（二）外来菌株/菌群的筛选

通过 MRS 培养基（蔗糖 20g、蛋白胨 10g、牛肉膏 10g、酵母浸粉 5g、乙酸铵 5g、K_2HPO_4 2g、$MgSO_4 \cdot 7H_2O$ 0.58g、$MnSO_4 \cdot 4H_2O$ 0.25g、柠檬酸胺 2g）进行厌氧液体培养，液体培养液主要可培养微生物的好氧分离。筛选获得了在 20～55℃之间，厌氧—好氧双向条件下都具有快速生长活性的微生物菌群 D—1（图 4－12）。

二、脱臭微生物的筛选

为了解决常温堆肥过程中产生的臭气问题，需要筛选脱臭微生物。筛选主要从两个方面进行分离，实验室原有保存菌株以及采集样品中再分离。

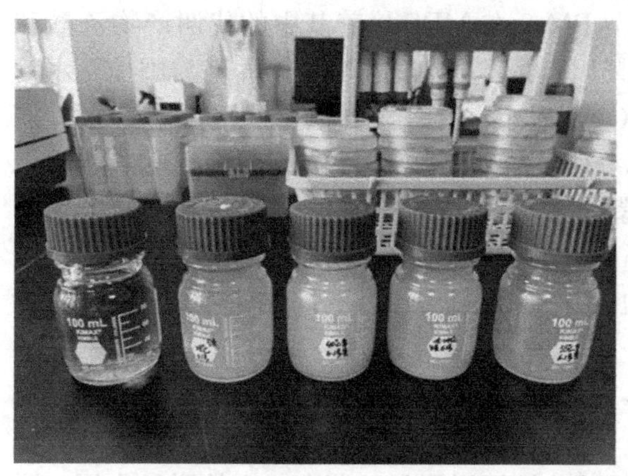
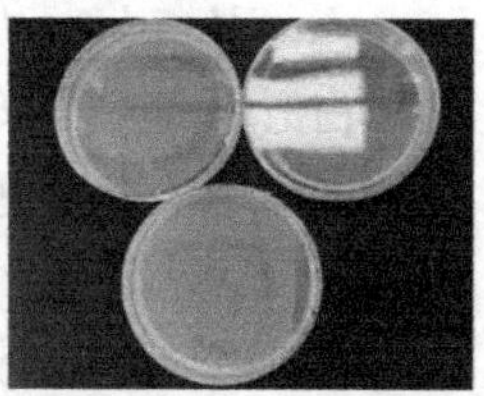
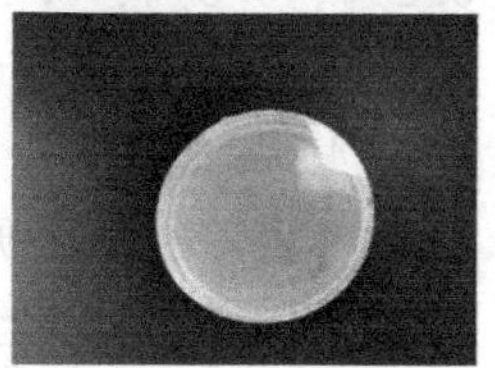

图 4-12　外来菌群 D—1 的筛选

（一）实验室保存菌种的筛选

实验室共保存微生物菌株/菌群 1 500 余株，根据微生物特性，选择其中的 100 株/群进行了脱臭效果筛选。筛选主要针对微生物对氨水的耐受性。所选择的 100 株/群首先通过脱氨培养基（固体平板）进行筛选，然后再通过氨水选择性培养基（液体）进行复筛，最后对选择的微生物进行脱臭效果的评价。

1. 好氧菌株的筛选及脱臭效果评价　通过脱氨培养基［葡萄糖 5g、K_2HPO_4 0.5g、NaCl 0.5g、Na_2CO_3 1g、$MgSO_4 \cdot 7H_2O$ 0.5g、$(NH_4)_2SO_4$ 1g、$FeSO_4 \cdot 7H_2O$ 0.01g、蒸馏水 1 000ml、自然 pH］，选择了 20 株生长最快的菌株进行进一步的氨水选择性培养基筛选（蔗糖 50g、氨水 5ml、KH_2PO_4 2g、$MgSO_4 \cdot 7H_2O$ 0.5g、$FeSO_4 \cdot 7H_2O$ 0.1g、1% $ZnSO_4$ 5ml、NaCl 2g、去离子水 1 000ml、自然 pH），根据生长情况最终选择了生长速度最快的两株菌，分别为解淀粉芽孢杆菌（*Bacillus amyloliquefaciens*）成团泛菌（*Pantoea agglomerans*）。

2. 厌氧菌株的筛选及脱臭效果评价　基于酸碱中和的原理，本研究对已经保存的乳酸菌群 PM-8 也进行了脱臭试验研究。前期检测表明，PM-8 中的主要乳酸菌为 *Lactobacillus plantarum* 和

Lactobacillus kimchii，PM-8 在 MRS 培养基中的代谢产物乙酸和乳酸占总代谢物的 98%以上。本研究的 PM-8 培养基为添加氨水的乳酸菌 MRS 培养基（蔗糖 20g、蛋白胨 10g、牛肉膏 10g、酵母浸粉 5g、乙酸铵 5g、K_2HPO_4 2g、$MgSO_4 \cdot 7H_2O$ 0.58g、$MnSO_4 \cdot 4H_2O$ 0.25g、柠檬酸胺 2g，吐温 1ml，氨水按照 0、0.1%、0.2%、0.3%、0.4%、0.6%和 0.8%不同添加量添加）。试验过程中乳酸菌 PM-8 的接入量为 0.5%。不同培养液 pH 的变化如表 4-27。

由表 4-27 可见，PM-8 对氨水的利用率在 0.3%以下。氨水含量超过 0.4%以上，乳酸菌停止生长，同时培养液里有明显的氨水味道。因此，初步的试验结果说明乳酸菌有一定的脱臭作用，脱臭效果与脱臭样品的氨含量有很大的相关性。

综合分析，实验室保存的微生物中解淀粉芽孢杆菌（*Bacillus amyloliquefaciens*）和成团泛菌（*Pantoea agglomerans*）具有一定的脱臭效果，乳酸菌 PM-8 有一定的氨水耐受性。

表 4-27 不同氨水添加量对乳酸菌 PM-8 的影响

氨水添加量（%）	pH			感官测定
	0d	1d	3d	
0	6.5	3.9	3.9	乳酸菌发酵味道
0.10	7.8	3.9	3.9	乳酸菌发酵味道
0.20	8.6	7.8	4.9	乳酸菌发酵味道
0.30	8.8	8.3	5.3	乳酸菌发酵味道、轻度氨水味道
0.40	9.3	9.3	8.7	氨水味道
0.60	9.7	9.7	9.7	氨水味道
0.80	9.9	9.9	9.8	氨水味道

（二）外来脱臭微生物的分离

为了能够获得具有脱臭作用的微生物，本研究从不同的土壤、有机肥、沼液样品中，重新分离具有脱硫或者脱氨作用的微生物菌株和菌群。

1. 脱硫细菌的筛选

（1）采用硫化细菌培养基（K_2HPO_4 3g、NH_4Cl 2g、$Na_2S_2O_3 \cdot 5H_2O$ 10g、$MgCl_2$ 2.0g、$CaCl_2 \cdot 6H_2O$ 0.2g、去离子水1L）脱硫细菌菌株的筛选采用硫化细菌培养基平板进行常规分离。连续的脱硫菌株的分离和纯化，共得到5株细菌，经16SrDNA鉴定均为细菌 *Paracoccus thiocyanatus*（PCR扩增引物分别为常规27f和1492r）。

（2）*Paracoccus thiocyanatus* 的性质分析　pH也是影响微生物体内酶活性的重要因素之一，培养基的pH会严重影响微生物的生长和繁殖。从pH的耐受性分析（图4-13），*Paracoccus thiocyanatus* 在pH 5～10之间有一定的耐受作用，当pH高于10或者低于5之后，它的生长将受到抑制。这可能是因为在pH高于10或者低于5的条件下，内外渗透压的差异影响了微生物体内酶的活性，因此 *Paracoccus thiocyanatus* 可以耐受环境pH的变化。

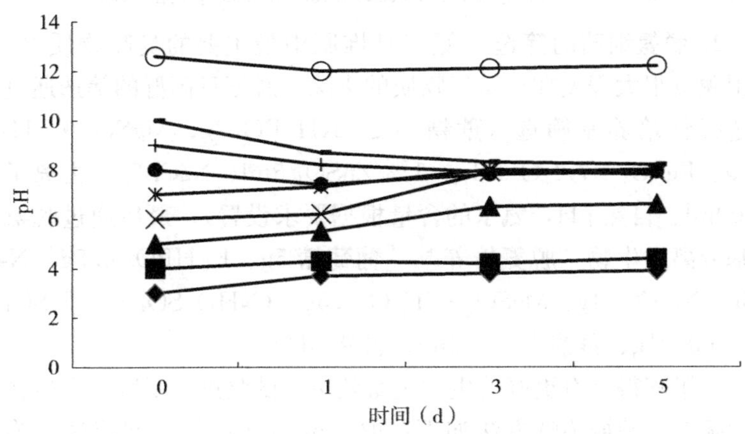

图4-13　*Paracoccus thiocyanatus* 对pH的耐受性

温度是影响微生物生长的重要因素之一。在硫化细菌培养条件下，*Paracoccus thiocyanatus* 培养5d后进行了不同温度条件下OD_{600}的检测（15～45℃），结果表明它的最适生长温度为30℃，这个和原始的培养分离温度一样，在 20℃以下和 40℃以下生长量都比较少（图 4－14）。总体来看，它在 25～40℃条件下有一定的脱硫效果。

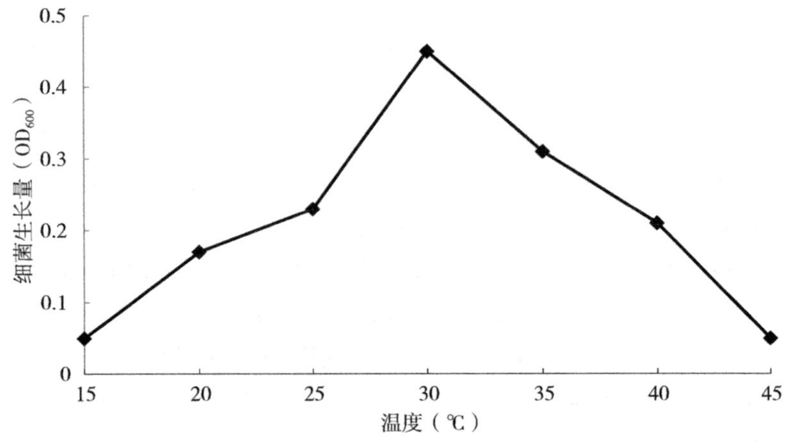

图 4－14 温度对 *Paracoccus thiocyanatus* 生长的影响

2. 脱氨细菌的筛选 氨气是堆肥中最主要的臭味物质之一，堆肥脱臭很大程度在于氨气物质的去除。脱氨臭菌群的筛选通过氨水选择性培养基筛选（蔗糖 50g、KH_2PO_4 2g、$MgSO_4 \cdot 7H_2O$ 0.5g、$FeSO_4 \cdot 7H_2O$ 0.1g、1% $ZnSO_4$ 5ml、NaCl 2g、去离子水 1 000ml、自然 pH，氨水的含量根据要求设置），最后通过脱氨培养基分离微生物。脱氨培养基［葡萄糖 5g、K_2HPO_4 0.5g、NaCl 0.5g、Na_2CO_3 1g、$MgSO_4 \cdot 7H_2O$ 0.5g、$(NH_4)_2SO_4$ 1g、$FeSO_4 \cdot 7H_2O$ 0.01g、蒸馏水 1 000ml、自然 pH］。

为了获得具有更好的生物脱氨效果，试验进行了脱氨微生物菌群的筛选。菌群筛选方法如下：取 5ml 过滤后的不同沼液（鸡粪沼液、猪粪沼液、牛粪沼液）、5g 土壤、5g 有机肥作为待测菌液，分别加入装有 45ml 氨水选择性培养液的 100ml 三角瓶中（氨水含量为 0.2%），放入摇床，温度设定为 30℃，转速 180r/min，培养 48h 后，再进行第 2、3、4 和 5 次的转接培养，每次转接氨水的含量增加 0.2%，连续驯化 5 次（氨水浓度为 1%），得到相对稳定的菌群，命名为 X-5。

X-5 虽然对氨水含量具有一定的耐受性，但随着氨水含量的增加，微生物量有所下降。按照 6ml/L、7ml/L、8ml/L、9ml/L 和 10ml/L 氨水含量，随着氨水含量的增加 OD 值持续下降，特别是氨气含量在 10ml/L 后，OD 值下降更明显（图 4－15）。

不同氨水条件下，从 X-5 中一共分离筛选到 9 株细菌，如表 4－28 所示。经 16SrDNA 鉴定（PCR 扩增引物分别为常规 27f 和 1492r），分属于 *Lysinibacillus*、*Arthrobacter*、*Alcaligenes*、*Brevundimonas*、*Bacillus* 不同的属。其中有 4 株属于 *Alcaligenes*，2 株属于 *Bacillus*，这说明在脱氨中 *Alcaligenes* 和 *Bacillus* 属的微生物具有重要的作用。

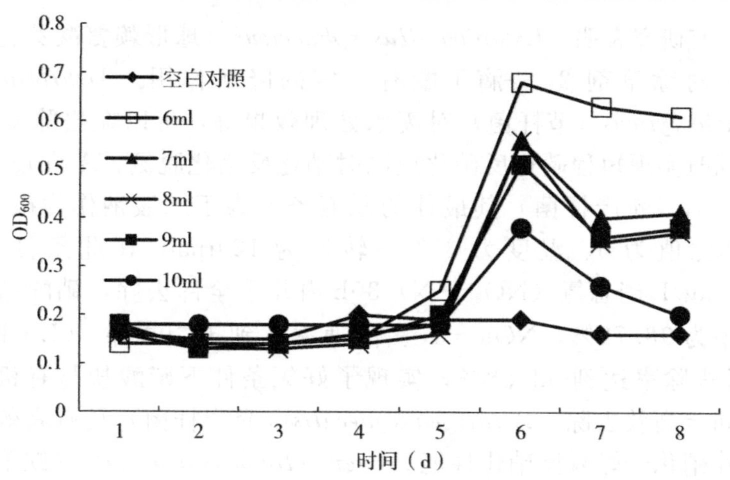

图 4－15　不同氨水含量对 X-5 的影响

表 4－28　脱氨微生物分子鉴定

菌株	菌株名	相似菌株	相似度
1	*Lysinibacillus sphaericus* N1	*Lysinibacillus sphaericus* GE3	98%
2	*Arthrobacter creatinolyticus* N2	*Arthrobacter creatinolyticus* zzx28	98%

（续）

菌株	菌株名	相似菌株	相似度
3	*Alcaligenes faecalis* N3	*Alcaligenes faecalis* R5	98%
4	*Alcaligenes* sp. N4	*Alcaligenes* sp. MSSRFPD22	99%
5	*Alcaligenes faecalis* N5	*Alcaligenes faecalis* KH-37	99%
6	*Brevundimonas diminuta* N6	*Brevundimonas diminuta* VBE65	99%
7	*Alcaligenes faecalis* N7	*Alcaligenes faecalis* HNYM2	99%
8	*Bacillus amyloliquefaciens* N8	*Bacillus amyloliquefaciens* BG2	99%
9	*Bacillus licheniformis* N9	*Bacillus licheniformis* AK02	99%

有研究表明，*Lysinibacillus sphaericus*（球形赖氨酸芽孢杆菌）对除草剂 2，4-滴丁酯有一定的降解作用。*Arthrobacter creatinolyticus*（节杆菌）对废水处理效果好，可以在去除 COD 的同时实现短程硝化反硝化或同时硝化反硝化脱氮。*Alcaligenes faecalis*（粪产杆菌）其最佳的脱氮条件为丁二酸钠作为碳源、C/N比值为 5、温度为 35℃、转速为 120rpm，在此条件下，420mg/L 硝态氮（NO_3^-—N）30h 内几乎全部去除，硝酸盐去除率为 98.72%，NO_3^-—N 去除速率达到 10.09mg/（L·h），TN 去除率达到 52.58%，实现了好氧条件下硝酸盐与有机物的同步高效去除。*Alcaligenes faecalis*（粪产杆菌）具有高效的异养硝化—好氧反硝化性能。*Brevundimonas diminuta*（缺陷短波单胞菌）目前在脱臭方面的研究很少，为未来生物脱臭提供了新的选择。*Bacillus amyloliquefaciens*（解淀粉芽孢杆菌）和 *Bacillus licheniformis*（地衣芽孢杆菌）是土壤中重要的微生物菌株，同时目前也是用于土壤病害防治和生物肥生产的重要菌株。

在 0.4%的氨水添加量下，培养 24h 后不同分离细菌的 OD 值变化如图 4－16 所示。结果表明，*Bacillus amyloliquefaciens* N8（解淀粉芽孢杆菌）的 OD 值最高，其次是 *Alcaligenes faecalis* N3。结合其他试验，单一菌株对氨的耐受性没有复合菌群的好，在 0.6%的氨水添加量下，单一菌株生长速度很慢。

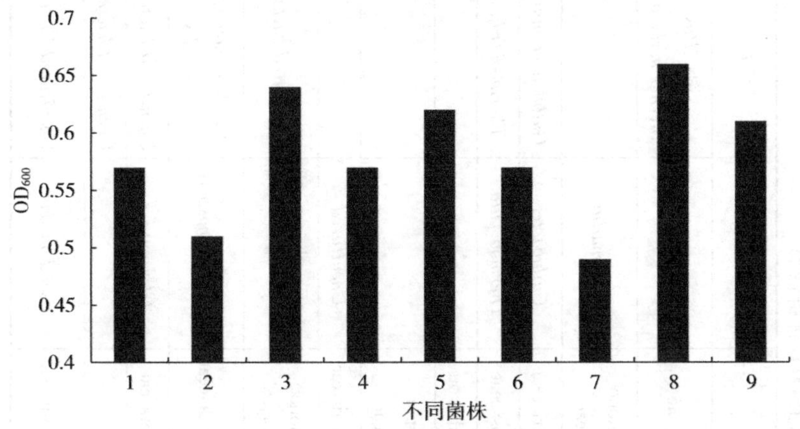

图 4－16　不同菌株的生长速度

（1～9 分别代表不同的菌株，同表 4－27）

为了更好地了解 X-5 的微生物组成，本研究对 X-5 进行了高通量测序分析。高通量结果表明，X-5 中微生物分属于 243 个 OTU，占比大于 1%的 OTU 共 22 个（表 4－29）。占比最多的是 *Bacillus thermoamylovorans*（热噬淀粉芽孢杆菌），占比为 9.8%。从门水平上分析，Actinobacteria（放线菌门）占比最多（图 4－17），为 32.08%，其次是拟杆菌门，占比 20.69%，依次是 Proteobacteria（变形菌门）占比 19.49%，Firmicutes（厚壁菌门）占比 16.16%，其他所有微生物占比在 11.58%。从属水平上分析，占比最多的属为芽孢杆菌属的细菌，占比为 11.97%；其次是马都拉放线菌属的细菌，占比为 7.27%；然后是 Galbibacter 属的细菌，占比 6%。其他属的微生物占比均小于 5%（图 4－18）。

表 4-29　含量 1%以上 OTU 种群信息

门	纲	目	科	属	种	占比（%）
Firmicutes	Bacilli	Bacillales	Bacillaceae	*Bacillus*	*Bacillus thermoamylovorans*	9.8
Actinobacteria	Actinobacteria	Streptosporangiales	Thermomono-sporaceae	*Actinomadura*		6.6
Bacteroidetes	Flavobacteria	Flavobacteriales	Flavobacteriaceae	*Galbibacter*	*Galbibacter marinus*	6.1
Actinobacteria	Actinobacteria	Streptosporangiales	Nocardiopsaceae	*Thermobifida*	*Thermobifida alba*	3.4
Gemmatimonadetes			Terrestrial grou			3.2
Actinobacteria	Actinobacteria	Streptosporangiales	Streptospor-angiaceae			2.8
Bacteroidetes	Sphingobacteriia	Sphingobacteriales	Sphingobacteriaceae	*Uncultured*		2.8
Actinobacteria	Actinobacteria	Micromonosporales	Micromono sporaceae	*Longispora*	*Uncultured bacterium*	2.7
Actinobacteria	Actinobacteria	Pseudonocardiales	Pseudonocardiaceae	*Saccharomonospora*	*Saccharomonospora viridis*	2.6
Actinobacteria	Actinobacteria	Glycomycetales	Glycomycetaceae	*Glycomyces*	*Uncultured bacterium*	2.6
Saccharibacteria					*Uncultured bacterium*	2.2
Proteobacteria	Gammaprot-eobacteria	Pseudomonadales	Pseudomonadaceae	*Pseudomonas*	*Uncultured bacterium*	1.9

（续）

门	纲	目	科	属	种	占比（%）
Chloroflexi	Thermomicrobia	JG30-KF-CM45			*Uncultured bacterium*	1.8
Bacteroidetes	Flavobacteriia	Flavobacteriales	Flavobacteriaceae			1.8
Proteobacteria	Gammaproteobacteria	Xanthomonadales	Xanthomonadaceae			1.7
Proteobacteria	Gammaproteobacteria	Xanthomonadales	Xanthomonadaceae	*Luteibacter*		1.6
Bacteroidetes	Sphingobacteriia	Sphingobacteriales	Chitinophagaceae	*Crenotalea*	*Uncultured bacterium*	1.3
Firmicutes	Bacilli	Bacillales	Bacillaceae	*Ornithinibacillus*	*Ornithinibacillus bavariensi*	1.3
Bacteroidetes	Cytophagia	Cytophagales	Flammeovirgaceae	*Luteivirga*	*Uncultured bacterium*	1.2
Bacteroidetes	Flavobacteriia	Flavobacteriales	Flavobacteriaceae	*Muricauda*	*Uncultured bacterium*	1.2
Actinobacteria	Actinobacteria	Micrococcales	Microbacteriaceae			1.1
Actinobacteria	Actinobacteria	Pseudonocardiales	Pseudonocardiaceae	*Saccharopolyspora*		1.1

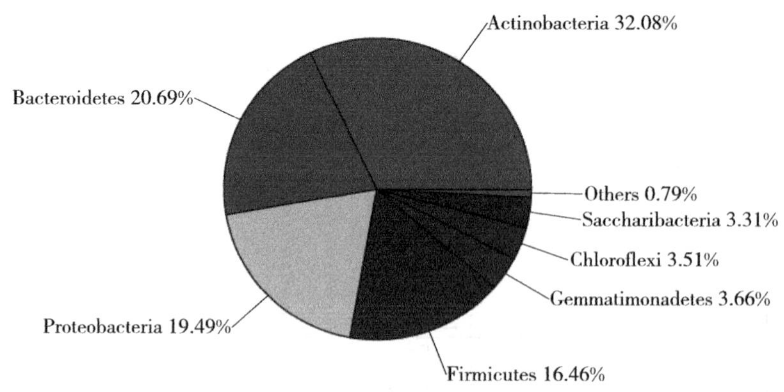

图 4-17　脱氨微生物在门水平上的占比

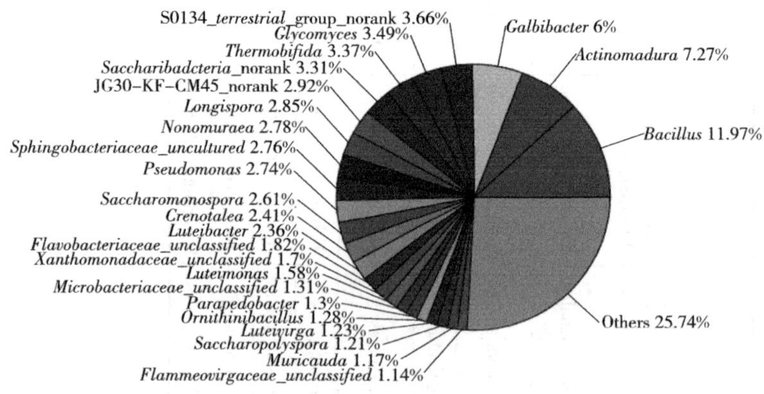

图 4-18　脱氨微生物在属水平上的占比

综上，通过多种方法的分离和筛选，获得了具有不同脱臭作用的微生物菌株及菌群；高效脱臭菌群 X-5 具有比单一菌株更强的脱臭能力，检测和分离结果表明，X-5 是由多种可培养和难培养的微生物组成；脱臭过程是多种微生物的协同作用，筛选或者构建复合菌群是未来生物脱臭微生物筛选的主要方法。

三、常温静态发酵除臭保氮新工艺

无论秸秆、牲畜粪便，还是城市污水污泥要进行资源化利用，堆制是非常重要的一个环节。其过程是在适宜水分、空气和温度条件下，利用微生物降解堆制物料中有机质产生的高温，杀死畜禽粪便等固体废弃物中的病原菌、虫卵及杂草种子，并经发酵腐熟，使其达到稳定化和无害化的过程。最终产品为深褐色或褐色，且质地松软、均匀、无杂质，发出令人愉快的泥土气味，同时是具有丰富的有机质、氮、磷、钾及中微量元素的有机肥料（毛建华等，2004）。按照商业化发酵要求，人们针对有机废弃物发酵作了大量研究工作。经过多年探索，明确了快速腐熟的堆肥工艺参数，并在工业化生产上大量应用。一般认为，合适的有机质含量范围为20%～80%，碳氮比为25～30∶1，水含量在50%～60%之间；温度在一个完整堆肥过程中由4个阶段组成，即升温阶段、高温阶段、降温阶段和腐熟（稳定）阶段（Campbell C D et al.，1990）；pH是中性或弱碱性；尽量通气（Lau A K et al.，1992）等。但是，在人们对环境质量要求越来越高的前提下，目前所进行的高温堆肥过程中普遍存在氮素以氨挥发的形式而大量损失，不仅降低了堆肥产品的养分价值，造成大量资源浪费，而且氨作为微生物对堆肥基质分解所产生的主要臭气之一，对周边环境造成污染。经研究，畜禽粪便和污泥堆肥的氮损失为初始总氮的16%～76%（吴遥远等，2007；Barrington S et al.，2002；袁守军等，2004），氨挥发是氮损失的主要途径（Barrington S et al.，2002；Matins O et al.，1992；Paillat J M et al.，2005），占氮损失的比例为46.8%～92.0%（Barrington S et al.，2002；Matins O et al.，1992）。同时，臭味气体基本上包括五大类：①含硫化合物，如H_2S、SO_2、硫醇类、硫醚类；②含氮化合物，如胺类、酰胺、吲哚类；③卤素及衍生物，如氯气、卤代烃；④烃类，如烷烃、烯烃、炔烃、芳香烃；⑤含氧有机物，如醇、酚、醛、酮、有机酸等（张皓等，2008）。经过监测，H_2S是最主要臭味气体。

如果分析堆肥的多种影响因子，不难看出，C/N是个非常关键的控制因子，它的高低直接影响着微生物的繁殖速度、种类变化、氮的转化以及臭味气体释放等，所以，人们对此做了大量的研究工作。罗泉达（2008）设置了4个C/N试验，分别为18、28、

35和40。结果在没有监测氨挥发和臭味气体释放规律和排放量的前提下，结论是：C/N值为28的处理其表征堆肥腐熟的各项指标（GI、NH_4^+-N/NO_3^--N值和T值）均好于C/N值为18、35和40的处理，说明猪粪高温好氧堆肥适宜的C/N值为28。马怀良等（2008）设置6个C/N堆肥处理，分别为T-20、T-25、T-30、T-35、T-40和T-45，其材料为鸡粪和稻草。结果是初始C/N在20～40范围内可成功地进行好氧堆肥，最佳C/N比为30，堆肥过程中氮素损失主要发生在高温期，并提出应采取保氮措施。胡明勇等（2008）针对猪粪添加各种物理调理剂包括锯末、米糠、稻草和沸石，以求降低氨挥发和减少臭味气体的排放。处理中最高初始C/N为43.17，最低C/N为14.38。结果表明，与对照相比（C/N为15.16），C/N为23.16添加稻草和C/N为25.67添加米糠处理的氨累积挥发量分别降低了49.76%和51.53%；H_2S的累积挥发量分别降低了24.46%和20.50%。可见，适当地调高C/N和添加物理添加剂能够降低氨挥发和臭味气体的释放。贺琪等（2005）利用鸡粪和粉碎小麦秸秆为原料进行了C/N比分别为12.4、17.4、31.2、35.2的自然通风静态堆肥对比试验，研究高温堆肥过程中的氮素损失及其变化规律。结果表明，C/N分别为12.4、17.4、31.2和35.2的4个堆肥处理的氮素损失率分别为58.7%、60.2%、37.7%和23.%，基本上随着C/N的升高，氮的损失降低。由此可见，氮素损失的主要途径为铵态氮以氨气的形式挥发。研究还发现，采用低C/N，在堆肥的最初阶段，易分解有机物质的快速分解会消耗大量的O_2，从而造成局部缺氧并产生大量的含硫化合物。与此同时，也有少量的有机酸和氨，由于此时的pH较低尚不会造成氨挥发。随着堆肥内温度的不断上升，一些有机酸逐渐被分解导致pH上升，就会出现大量的氨挥发，因此在堆肥舍内的空气中氨含量有时很高。上述一系列的变化主要发生在堆肥开始后的4d之内。在此期间，臭气成分中以含硫化合物、低级脂肪酸和氨为主，含量也较高。5d以后则以氨挥发为主，其他臭气成分含量逐渐减轻。由此可见，堆肥的最初阶段是抑制臭气产生的关键时期（李国学等，2000；汪植三等，1995；廖新悌，1999；黑田和孝，1998；王岩等，2002）。大量研究表明（岳根华，1992；道宗直昭，1998），堆肥前进行水分和通气性调节，堆肥过程中强制通风、定时搅拌，满足了堆肥的好气性条件，臭气的产生就可得到抑制。但是，有研究表明，通过强制通气进入堆肥内部的氧气，在15min之内就可消耗完，因此即使有强制通风装置，在堆肥生产过程中也会有臭气发生（日本中央畜产会，1990；傅政敏，1992；Yakushidou K，2000）。另外，在发酵的后期因有大量的氨气挥发，如果不将其消除，不仅会使操作者难以忍受，直接排入大气也会造成大气污染（Apsimon H M，1987；Roelfs J G，1985）。有研究发现，堆肥开始后，在微生物的作用下，有机质（OM）矿化成简单的蛋白质，并放出氨。Sànchez-Monedero MA 等（2001）研究发现，随着反应的进行，全氮和有机氮含量略有上升，但是NH_4^+—N和NO_3^-—N含量变化很大。在堆肥化开始的1周内，在OM降解最剧烈时，NH_4^+—N达到最大浓度，其后含量逐渐减少。大量反应产生的NH_4^+—N可能暂时抑制微生物活动的发展，使微生物活动增长变慢，并且随着可供降解的OM的减少，其降解速度也逐渐减小。在堆肥大约4d后，部分NH_4^+—N经硝化作用，生成NO_3^-—N。事实上，在整个堆肥化阶段，硝酸盐一直呈增长趋势。Sommer SG（2001）研究发现，在堆肥最初的0～20d内，N_2O浓度与环境浓度相近，因为硝化和反硝化微生物一般不是嗜热菌。可见在堆肥初始阶段，硝化、反硝化作用都不是很剧烈，特别是反硝化作用。在堆肥进入嗜热阶段后，由于高温，硝化反应几乎难以发生。只有当温度降到40℃以下时，才检测到发生硝化反应，生成NO_3^-—N，这一过程进行的剧烈程度依赖于硝化细菌可利用的NH_4^+—N的数量。这似乎表明有机氮矿化是硝化的一个限制性步骤，同时，也意味着硝化反应主要发生在堆肥后期阶段。温度下降后，N_2O的浓度开始上升，并且由于前阶段积累的大量氨在硝化作用下，NO_3^-—N上升到更高值，这说明在堆体中有好氧硝化区，也有厌氧反硝化区。在堆肥的最后阶段，有机氮很少发生矿化，这也减少了硝化细菌可利用的 NH_4^+ －N，因此硝化作用主要发生在腐熟阶段，温度接近周围环境温度的情况下。Tiquia SM 等（2002）通过猪粪和稻秆的联合堆肥发现，翻堆与不翻堆对氮素的损失影响并不显著，而堆肥初始 C/N 比才是影响氮素损失的关键因素，较高的 C/N 比可以提高稳定性，低浓度氮能减少硝化反应和反硝化反应，减少滤液中氮的损失。当前，针对粪便发酵释放臭味人们也做了大量研究。因为有些物理添加剂直接影响到有机肥的品质，如沸石、凹凸棒石、普通过磷酸钙等会冲稀肥料，且增加运输成本，所以目前比较有效的方法是微生物除臭，其主要方法有两种，即生物过滤法和生物吸收法（倪娒娣等，2005）。国内外对此进行了大量的研究。陈广杰（1991）利用发酵鸡粪、活性污泥中培养出的微生物固定在除臭装置上制成微生物过滤器，使得鸡舍中排除的恶臭气体只需在其中停留 3.5s，便可使氨稳定减少至 15mg/L。高华等（2004）用混合菌株作为除臭菌剂，在鸡粪堆肥过程中显著提高除臭效果。胡尚勤和朱晓霞（2001）选用混合菌处理鸡粪，除臭效果达 85%。沈根祥等（1996）使用 EM 对鸡舍进行除臭，鸡舍空气中氨的浓度下降了 75%以上。朱晓霞（2003）和李庆康等（2001）通过现场及实验室内试验分析认为，在鸡粪上喷洒 EM 液，对减轻鸡粪恶臭能起到一定的作用。

综上所述，微生物除臭展现了良好的发展前景，但还需要继续开展研究，包括优选系统除臭微生物菌种；同时，在应用工艺上强化研究，降低运行成本。在没有过多考虑氨挥发和臭味气体释放的情况下，固体有机废弃物商业化堆肥工艺看似已经成熟，但是这涉及巨大的资源浪费和环境污染。虽然多位学者做了大量不同梯度 C/N 以及采用微生物菌剂除臭保氮研究，但是，前者 C/N 总体上还是不高（最高 45），而微生物除臭菌剂还不稳定，同时，存在运行成本较高的缺陷，所以目前没有在工厂化生产中应用。近年来逐渐兴起了生态养猪，其方法是把 1m 厚的垫料包括锯末、秸秆、稻壳、草屑和米糠等添加到猪舍，再加入一些菌剂，即使高密度养殖猪，但它们的粪尿也不会产生臭味，能够改变传统养猪臭味对环境的不利影响（王克卿等，2008；欧阳峰等，2006）。这种方法给我们一个启发，就是能否在传统商业化堆肥物料的初始 C/N（25～30）基础上进行上调，让初始发酵物料发酵速度变慢，进而温度上升较慢。这里可能产生两个过程：①由于高 C/N，菌类繁殖需要大量氮，大分子有机氮转化成小分子有机氮即被微生物利用，避免氨挥发；②由于初始温度不高，在系统内产生铵态氮的同时，也产生硝化细菌，硝化作用同时进行，这样就可避免氨挥发。为了配合该过程，在初始发酵 2～3d 后保证通气，抑制反硝化。但是，相对于目前商业堆肥的初始 C/N，会总体延长物料发酵腐熟时间。具体较高的初始 C/N 条件下温度变化与堆体碳氮代谢关系如何？堆体氮素转化和酸碱特征怎样？除臭保氮的效果如何？氨挥发和H_2S的释放与堆体理化特征的关系及综合评价等值得研究。如果研究成功，将重新审视有机固体废弃物发酵简单有效的除臭保氮方法，且改变传统工业堆肥臭味熏天、氮肥资源浪费现象，为绿色堆肥技术提供理论依据。

目前，将这些有机废弃物处理资源化的方式称为高温好氧堆肥。但是高温好氧堆肥存在释放大量臭气、养分损失严重和需要大量资金投入等问题。堆肥腐熟主要是通过微生物降解转化有机物的过程，但是利用原料中的微生物直接降解，需要消耗一定时间繁殖，易产生臭气。在堆肥中加入一些物理添加剂也可以减少氨气排放，虽有成果，但是增加运行成本，堆肥品质效果不好。郭晓博（2016）在堆肥中加入脱硫石膏，在高温期能减少氨气释放，保存大量铵态氮。在堆肥中添加外源性微生物，也可以改变堆肥的菌群，减少氮素损失和臭气排放。美国和新加坡开始采用静态堆肥发酵，以实现节约翻堆耗能、臭气减排、保留养分高的作用。而我国目前进行静态堆肥研究还是空白，因此本试验以北京市大兴区庞各庄基地产生的蔬菜废弃物和鸡粪为原料，采用厌氧好氧结合方式静态堆肥，根据加入的菌剂不同，研究不同菌剂对有机废弃物堆肥过程的理化性质和氨气排放的影响。

本研究以鸡粪、杂草、甘薯秧和萝卜秧为堆肥底料，在北京市大兴区庞各庄基地塑料大棚内进行。其中鸡粪来自庞各庄商品店，杂草、甘薯秧和萝卜秧取自于庞各庄基地的试验田。杂草、甘薯秧和萝卜秧经过铡刀切碎成段后进行堆制。堆肥原料的基本理化性状如表 4－30 所示。

表 4－30　主要堆肥原料的基本理化性状

物料	含水率（%）	总碳（%）	总氮（%）	C/N
杂草	5.02	79.24	1.12	71
甘薯秧	1.30	29.12	6.47	5
萝卜秧	2.21	20.07	1.12	8
鸡粪	5.31	75.74	11.65	17

试验分为 4 个处理。每个处理以鸡粪、杂草、甘薯秧和萝卜秧为基本堆肥原料，总重量为 5kg。其中鸡粪和萝卜秧分别为 1.4kg，杂草和甘薯秧分别为 1.1kg。处理 1 为堆肥原料不加菌剂，处理 2 为堆肥原料加美国与新加坡混合菌剂，处理 3 为堆肥原料加 DC1 菌剂，处理 4 为堆肥原料加 DC2 菌剂。处理 2 菌剂为美国与新加坡混合菌剂，由真菌和细菌组成。其中真菌主要为 *Ascomycota*（子囊菌）和 *Basidiomycota*（担子菌）。处理 3 菌剂（DC1）主要微生物组成为 *Bacillus thermoamvlovoran*（热噬淀粉芽孢杆菌），处理 4 菌剂（DC2）主要微生物组成为 *Bacillus thermoamvlovoran*（热噬淀粉芽孢杆菌）。

在进行堆肥发酵之前，每个处理加入 7.5L 自来水，调节含水量为 60%。每个堆肥处理搅拌混匀之后，放置于塑料膜上，堆成长宽高大约为 60cm×60cm×60cm 的正方体。按照各个处理要求，施加不同的菌剂，菌剂添加量为 330ml。完成后在堆肥顶部覆盖塑料膜。因为试验为期 6 个月，但本次试验记录时间为一个月。在堆肥物料实施第 14d 测完气体后，在各个处理堆肥处采集一个样品，样品采集参照五点采样法，采样深度为 20cm 左右，采样量为 250g，混合均匀带回实验室。混合样品一半用来风干测全氮、有机碳和全钾，另一半混合样品作为鲜样保存于4℃冰箱中测定pH和电导率。

温度测定：每次测定NH_3排放量之前，在各个处理距离底部10cm处插入一个温度计记录当日堆肥温度。温度每7d测定1次，测定时间为上午10：00时。

pH和电导率测定：取剪碎的鲜样10g，按照土水比1∶10，烧杯中加入100ml蒸馏水，在搅拌机转速2 100r/min下搅拌1min后，作为待测液来测定pH和电导率。用pHS-3C pH计测定待测液的pH，用MP515精密电导率仪测定电导率。

氨气排放量测定：密闭箱覆盖在堆肥物料上部，底部留有一段可以进行透气，通过泵将氨气抽出，用2%的含有混合指示剂的硼酸吸收，最后由酸标液滴定。

堆肥的全氮、全钾、含水率和有机质测定：按照NY525—2012行业标准方法执行。

腐殖酸测定：碱性焦磷酸钠浸提，重铬酸钾容量法测定。

采用EXCEL2016和spss20.0进行数据处理与分析。

图4-19　静态堆肥氨气排放监测

（一）不同菌剂对有机废弃物堆肥过程中温度的影响

温度是堆肥影响因素之一，也影响着微生物的活性。由图4-20可以看出，在堆肥开始到堆肥的第14d，4个处理温度变化趋势大致相同，未超过45℃，处于堆肥过程中的升温阶段；其中在第3d到第9d，4个处理温度都出现了降低，降温速度大小关系：处理4>处理3=处理2>处理1，可能是由于堆体水分含量降低，影响了微生物的活动，释放的热量减少，使堆体温度降低；在第9d，每个堆肥处理进行补水后，4个处理堆体温度都开始上升，微生物活性增加；在堆肥第14d经过翻堆后，处理1、处理2和处理3堆肥温度降低，而处理4温度略上升。从升温速度来看，升温速度大小关系为：处理4>处理3>处理2>处理1。从最高温度来看，处理4温度一直最高；处理2、处理3与处理1之间的温度变化不大，但堆体温度一直高于处理1。由此可知添加菌剂可以提高堆体温度，加速堆肥过程。处理4菌剂的微生物相对于其他菌剂的微生物转化和利用有机物效果好，释放的热量多，可以加速堆肥进程，较快地提高堆体温度。

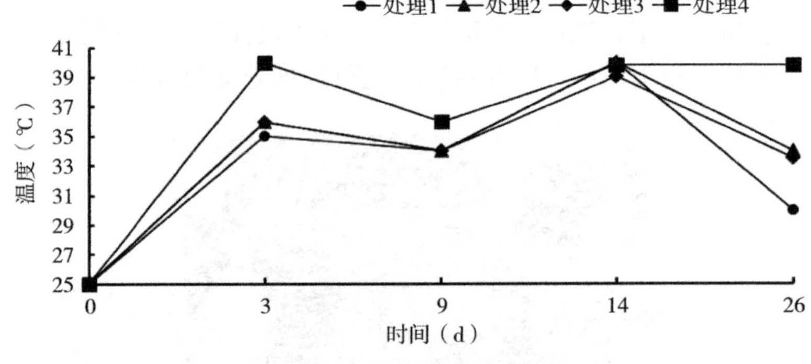

图4-20　堆体温度变化曲线

（二）不同菌剂对有机废弃物堆肥过程中含水率的影响

含水率是堆肥影响的因素之一，堆肥化处理物料含水量适宜区段为45%～65%，微生物加入发酵过程中可降低蔬菜废弃物堆肥含水率，使堆肥产品品质提高。堆肥过程中含水率变化与温度、透气性有关。由表4-31可知，处理3与处理1、处理2之间有显著性差异；处理4与处理1、处理2之间有显著性差异；处理2、处理3和处理4的含水率变化大于处理1；处理2含水率由最开始含水率60%变为43.36%，含水率降低了16.64%；处理1含水率变化最小，只降低了0.99%；处理3含水率降低了4.41%，处理4含水率降低了4.24%，两个处理间含水率无显著性差异。由此可知，添加菌剂使堆体温度升高，使堆体水分含量降低。处理2所添加的混合菌剂对农业有机废弃物含水率作用效果比DC1、DC2菌剂处理有优势。

表4-31　不同处理含水率

处理	初始含水率（%）	第14d含水率（%）	差值（%）
处理1	60	59.01/A	0.99
处理2	60	43.36/C	16.64
处理3	60	55.59/B	4.41
处理4	60	55.76/B	4.24

（三）不同菌剂对有机废弃物堆肥过程中氨气排放的影响

由图4-21看出，在刚开始到第3d，处理4氨气排放速率高于处理1，处理2、处理3氨气排放速率低于处理1，处理2氨气排放速率最低为0.08g/（kg·d）；在第3d到第9d，处理2、处理3和处理4氨气排放速率均高于处理1，处理2氨气排放速率达到堆肥记录天数最大值，为4.83g/（kg·d）；在第9d到第14d，4个处理的氨气排放速率均下降，其中处理2氨气排放速率低于处理1，处理2氨气排放速率为0.65g/（kg·d）；在第14d到第26d，处理3、处理4氨气排放速率低于处理1。相比其他处理，处理4的氨气排放速率最低，为0.22g/（kg·d）。

由图4-22看出，在堆肥过程中，处理1、处理2和处理3氨气累积排放量呈上升趋势，处理4氨气累积排放量趋于稳定状态；在第3d，处理2氨气累积排放量低于处理1，处理3、处理4氨气累积排放量高于处理1；在第14d，处理2、处理3和处理4氨气累积排放量均高于处理1；在第21d，处理3、处理4氨气累积排放量要低于处理1，处理2氨气累积排放量要高于处理1；结合图4-21

和图 4－22，在第 21d，可以看出相比其他处理，处理 4 的氨气排放速率最低，为 0.22g/（kg・d），氨气累积排放量最少，为 33.48g/kg。处理 3 的氨气累积排放量为 53.72g/kg。无菌剂添加的处理 1 氨气累积排放量为 57.72g/kg。处理 3 堆体的氨气累积排放量比无添加菌剂堆肥氨气累积排放量少 4.00g/kg，处理 4 堆体的氨气累积排放量比无添加菌剂堆肥氨气累积排放量少 24.24g/kg。可以推断出 DC1 和 DC2 可以减少氨气的释放量，DC2 减少氨气释放量作用较好。

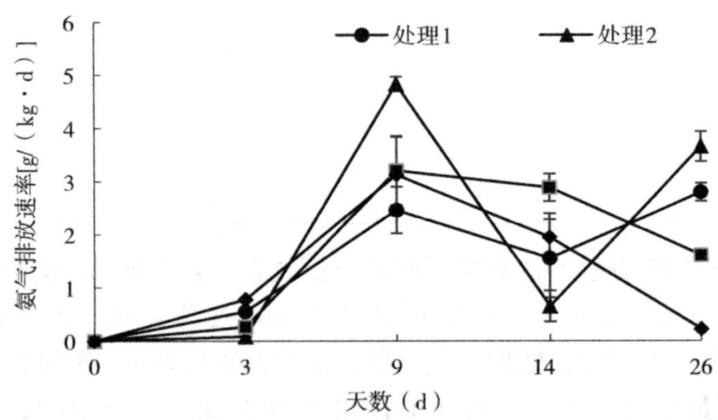

图 4－21　不同处理氨气排放速率

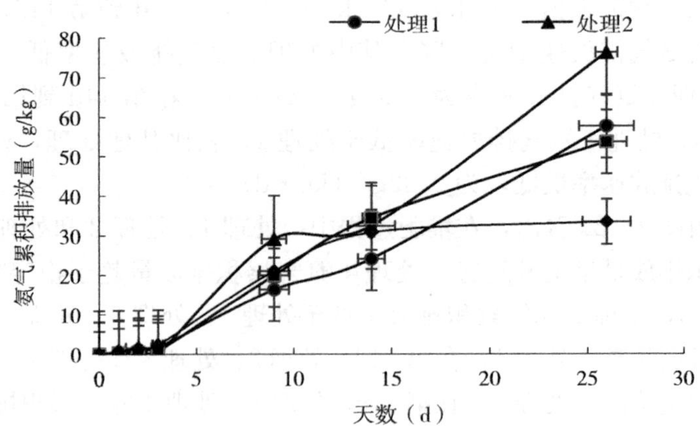

图 4－22　不同处理氨气排放累积量

（四）不同菌剂对有机废弃物堆肥过程中全氮、全钾含量的影响

由图4－23看出，通过方差和LSD分析，处理2和处理3物料取样的全氮含量显著高于处理4与处理1的量，而处理2显著高于处理4，处理4含量最低；结合图4－23，在第14d的氨气排放有差异，虽然氨气累积排放量以处理3＞处理2＞处理4＞处理1，但处理2、处理3与处理4氨气累积排放量值无显著差异。而处理4全氮含量最低的原因可能是因为处理4微生物中的枯草杆菌繁殖需要大量氮，将大分子氮转为小分子氮。处理2全氮含量最高，有可能因为微生物用于自身生存繁殖所需氮素少。处理2、处理3保氮效果最好，处理4保氮效果差。也说明挥发的氮量不足以影响氮的保存量。

由图4－24看出，处理1的含钾量最高，显著高于处理3和处理4。虽然与处理2有差异，但差异不显著性。可知堆肥处理3、处理4堆体腐熟度低，养分累积效果差。

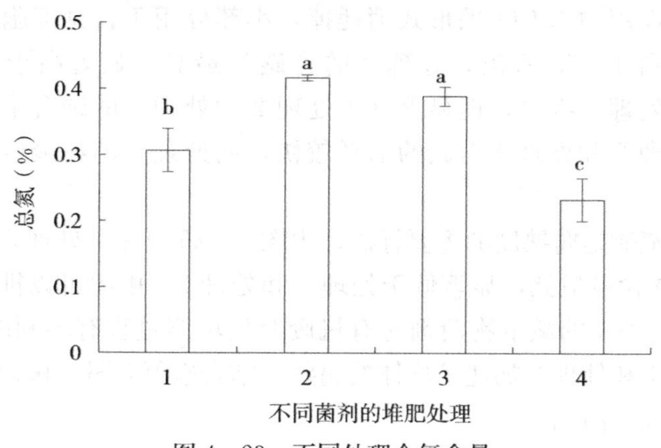

图4－23　不同处理全氮含量

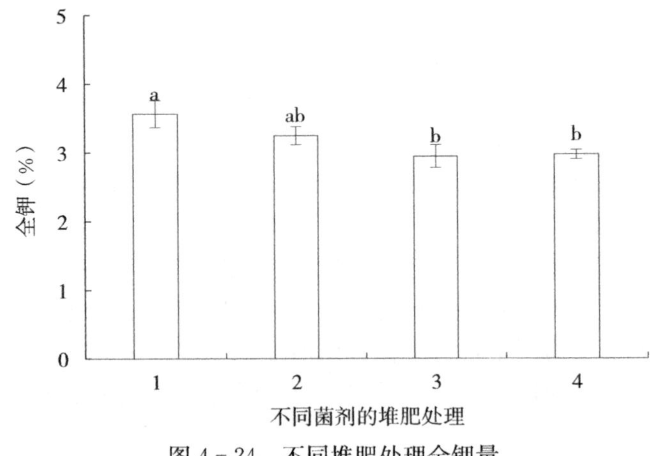

图 4－24　不同堆肥处理全钾量

（五）不同菌剂对有机废弃物堆肥过程中全碳、腐殖酸含量的影响

在堆肥过程中，碳是微生物能量的来源。大部分的碳在微生物代谢作用中以 CO_2 的形式消耗掉，小部分用于自身细胞质的合成。由图 4－25 看出，处理 3 的含碳量最高，显著高于其他处理，而处理 1 次之，但显著高于处理 2 和处理 4 的碳含量。这表明，处理 2 和处理 4 对碳的消耗较快，而处理 3 消耗最慢，处理 1 次之。

腐殖酸是腐熟度的重要标志。由图 4－26 可见，处理 3 与处理 4 腐殖酸含量最低，显著低于处理 1 和处理 2。由此可以推断，处理 3、处理 4 的微生物菌剂对有机废弃物堆腐过程有不利的影响，而处理 1 和处理 2 加速了堆体的腐熟。结合碳氮含量，菌剂 2 或处理 2 为最佳菌剂。

综上，混合菌剂、DC1 和 DC2 菌剂均能使堆体温度上升，含水率降低，且处理 2 的混合菌剂使堆体水分损失作用明显。处理 2 保氮效果、堆体的腐熟度均有较好的促进作用，好于 DC1 和 DC2 菌剂。

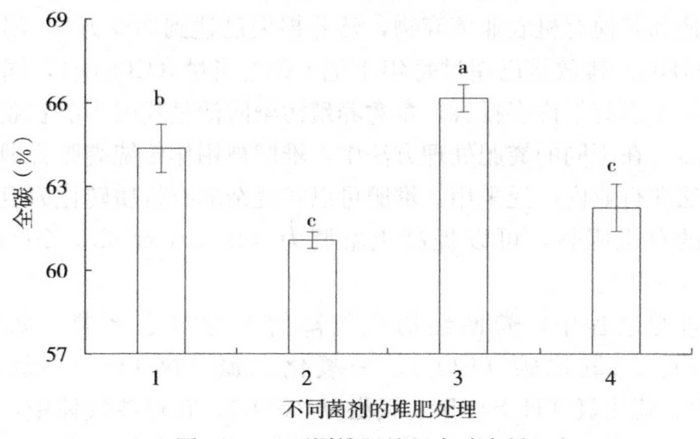

图 4-25 不同堆肥处理全碳含量

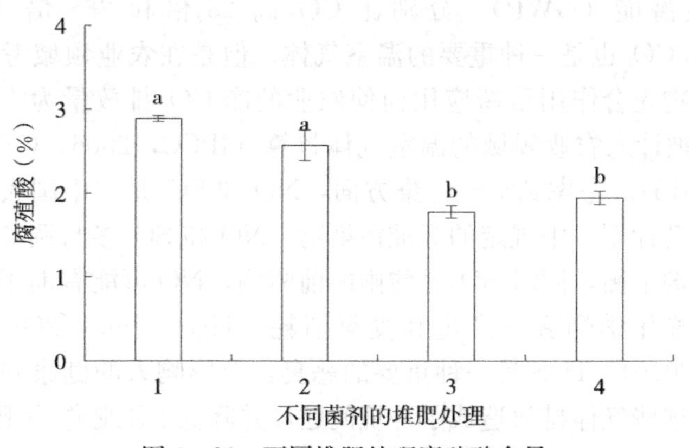

图 4-26 不同堆肥处理腐殖酸含量

第四节 养殖废弃物资源化过程污染物减排技术与示范

中国畜牧业的快速发展增加了动物粪便的产生。据第二次全国污染源普查测算，中国的畜禽粪便年产量已达到30亿t。由于动物饲养和粪肥土地应用的长期分离，约40%的粪肥没有得到适当利用，这导致严重污染和营养资源的严重损失。据估计，由于未使用的粪便和其他有机农业废弃物，营养损失已达到 300 万 t，温室气体（GHG）排放量已超过每年 1 亿 t CO_2 当量（CO_2eq），同时臭味散发也引起了许多投诉。畜禽养殖污染防治是我国当前农业工作的重点。在不同的粪肥处理方法中，堆肥被用作传统粪肥管理的替代方法在行业内广泛采用。堆肥可以将复杂的有机质转化为卫生和稳定的有机肥料，可以提高土壤肥力（Bernal et al.，2009；Li et al.，2012）。

堆肥过程中，粪便经历生物降解产生气态产物，如甲烷（CH_4）、二氧化碳（CO_2）、一氧化二氮（N_2O）、一氧化氮（NO）、硫化氢（H_2S）和二氧化硫（SO_2）。在这些气体中，CH_4 和 N_2O 被确定为两种主要的非 CO_2 温室气体，它们具有强大的全球变暖潜能（GWP），分别比 CO_2 高 28 倍和 265 倍（IPCC，2013）。CO_2 也是一种重要的温室气体，但是在农业领域考虑 CO_2 会被植物光合作用重新应用而使农业的净 CO_2 排放量为零，因而 CO_2 不被计入农业领域的温室气体核算（IPCC，2006；Calabrò et al.，2015）。考虑到空气污染方面，NO 和 SO_2 是《中国大气污染防治行动计划》中规定的标准污染物。NO 和 SO_2 参与调节大气中的氧化剂平衡，同时 SO_2 是酸雨的前驱物，NO 可能有助于酸雨的形成、光化学烟雾的产生和臭氧消耗（Hao et al.，2001；Zhao et al.，2010）。H_2S 是一种重要的恶臭，会影响人的健康和居民的生活。这些气体排放造成了环境问题，并降低了堆肥作为肥料的农业价值。随着畜禽粪污堆肥行业的快速发展，开展研究以量化不同堆肥过程气体的排放量，并确定最终有机肥产品中营养元素的含量具有重要意义。

曝气是影响堆肥的重要因素。适当的通风有助于加速堆肥腐熟，提高堆肥产品的质量，并降低能耗。过高的通气率可能会促进散热，从而导致低温，使堆肥产品不能满足卫生标准。同时，高通气率导致堆肥营养元素的大量损失和较高的能源成本（Jiang et al.，2011，2015）。然而如果曝气不足，可能使得为需氧微生物代谢提供的氧气（O_2）不足而导致低温；此外，堆体中会出现厌氧条件，导致恶臭气体和 CH_4 大量排放（Shen et al.，2010；Fukumoto et al.，2003；Zang et al.，2016）。Shen 等（2010）研究了以 10、100 和 200L/（min・m^3）3 种不同的通风率进行曝气，发现通气率应高于 100L/（min・m^2）才能实现成功堆肥，而最低通气率下的堆肥温度不超过 40℃。在对堆肥效果和能源成本进行综合评估后，Guo（2013）指出，夏季猪粪和死猪联合堆肥的通气率应约为 100L/（min・m^2），冬季为 60L/（min・m^2）。Jiang 等（2015）比较了不同通气率［39.3～117.9L/（min・m^2）］和不同通气方法（连续或间歇）下猪粪堆肥的 CH_4、N_2O 和 NH_3 排放，高曝气速率导致高 N_2O 和 NH_3 排放、低 CH_4 排放和高的总氮（TN）损失；间歇曝气释放出高 N_2O 排放和低 NH_3 排放（Jiang et al.，2015）。对于与硫相关的气体排放，曝气率低的情况下挥发性硫化合物（VSC）排放量高（Zang et al.，2016；Zhang et al.，2016）。

然而，很少有针对堆肥过程中 SO_2 排放的研究，仅有少量的文献报道了堆肥过程中 NO 的排放（Hao et al.，2001；Martins et al.，1992；Fukumoto et al.，2011）。据报道，在畜禽舍等有大量粪便储存的地方可能会有一定的 SO_2 释放（Ni et al.，2000）。Elliott 和 Travis（1973）报道了 CO_2、H_2S 和 SO_2 等可发生化学反应形成羰基硫（COS）；羰基硫在全球硫循环中起着重要作用，同时作为一种温室气体，它的排放与气候变化相关（Behrendt et al.，2019）。同时，堆肥增加了大气中 NO 的浓度（Hao et al.，2001）。NO 通常与 N_2O 排放同时发生（Fukumoto et al.，2011；Tsutsui et al.，2013）。堆肥样品中较高浓度的亚硝酸盐增加了 NO 排放（Fukumoto et al.，2011）；然而，Tsutsui 等（2013）人没有观察到这种显著的关系。Hao 和 Chang（2001）报道，与被动曝气处理相比，主动曝气处理的 NO 浓度在堆肥开始时较低，在堆肥结束时较高。Martin 和 Dewes（1992）报道，在粪便堆肥过程中，NO_X-N 损失低于 5%。尽管 NO 排放量很低，它可能会导致酸雨的形成和其他环境问题（Hao et al.，2001）。考虑到 NO 是堆肥硝化反硝化的产物，同时监测 N_2O 和 NO 有助于揭示堆肥过程中的硝化反硝化机理。

尽管有少量研究评估了曝气对气体排放的影响，但相关的气体排放主要针对 CH_4、CO_2 和 N_2O 等常见的气体，同时评估粪便堆肥过程中 6 种主要污染气体（CH_4、CO_2、N_2O、NO、H_2S 和 SO_2）排放的研究鲜见。因此，本研究旨在研究通风对 CH_4、CO_2、N_2O、NO、H_2S 和 SO_2 排放特性的影响，并阐明不同曝气策略下气体排放、堆体组分和环境条件之间的相互作用和转化。研究结果将有助于了解堆肥过程中的气体排放特征，并为降低堆肥过程气体排放、提升堆肥产品养分含量提供优选曝气策略和指导。

一、不同通风率下堆肥过程碳氮硫元素损失

通风是堆肥过程的重要因素，合理的通风可以为堆体提供足够的 O_2 以使堆体能正常发酵，同时通风量的设置对堆体碳氮硫元素的气液损失具有重要影响。在本研究中，以牛粪和小麦秸秆为堆肥发酵原料，探索不同通风率对好氧堆肥过程 C、N、S 元素损失的影响，核算堆肥过程 C、N、S 损失量，并以此优选出最利于堆体 C、N、S 保存的通风工艺。

堆肥发酵原料为牛粪和小麦秸秆。牛粪来自北京顺义某肉牛场，该肉牛场采用玉米秸秆作为牛舍垫料，一般肉牛粪便会排泄到垫料上，并在舍内贮存 3 个月再被清理出舍外进行堆肥。小麦秸秆取自北京市郊区。秸秆预先采用粉碎机切割至 2cm 的小段，在堆肥前测定原料及混合料的相关理化指标。在试验过程中，将牛粪与秸秆按照 6∶1 的比例进行混匀，同时加入水以调节初始湿度，将其作为堆肥原料备用，堆肥物料特性如表 4－32。

将混合好的堆肥原料装入 60L 的堆肥箱中进行堆肥发酵。该堆肥箱为不锈钢材料制成，直径 36cm，堆体高 60cm，外部有 5cm 保温层；底部有通风布气装置，以及渗滤液收集口，堆肥发酵装置见图 4－28。试验过程中设置 3 个通风量的处理，分别为以 100L/（min・m^3）进行连续通风（C100）、以 60L/（min・m^3）进行连

续通风（C60）、以间歇通风的方式进行进气。具体操作方式为通10min，停20min，保持平均通风量为60L/（min・m^3）（合进气时进气速率为9L/min，平均进气速率为3L/min；记为I60）。每个处理3次重复，合计使用9个堆肥发酵罐。在每个堆肥发酵罐内部距离表面10cm内部放置Hobo温度计，以记录整个堆肥过程中堆体的发酵温度，记录时间为每小时1次，同时监测环境温度。堆肥时间从2018年9月7日到2018年10月8日，共计32d。

表4－32　堆肥物料特性（干基）

参数	TOC（%干重）	TN（%干重）	TS（%干重）	MC（%）	C/N	pH（土：水＝1：10）
原始牛粪	20.56±0.56	2.44±0.35	0.38±0.01	69.8±3.1	8.4±0.21	9±0.03
秸秆	31.2±0.73	0.79±0.09	ND	8±0.26	39.4±0.43	ND
混合样品	29.74±0.35	2.10±0.23	0.32±0.01	65.4±0.5	14.2±0.26	9.1±0.04

图4－27　堆肥发酵装置

在堆肥进行的过程中，每天监测堆体温度。

气体样品采集与分析：气体样品通过innova多功能气体测定仪、Thermofisher 17i氨分析仪、Thermofisher 450i H_2S分析仪现场测试，电脑同时采集数据。每次测试开始前，先测试室外空气本底值浓度，然后再逐个堆肥桶顺次进行测试。试验设计为每天24h

监测，监测堆肥桶的 CH_4、N_2O、NH_3、CO_2、NO、H_2S 和 SO_2 的气体排放量。

对于实验室密闭式堆肥试验，将堆肥箱设计为动态箱系统，通过在线监测仪器实时测量进气出气口气体浓度。在试验过程中，堆肥置于堆肥箱内，由多功能气体在线监测仪现场测定室外空气本底值和每个动态箱系统内 CH_4、N_2O、NH_3、CO_2、NO、H_2S 和 SO_2 等气体排放浓度（图 4－28）。

由于堆肥桶表面积和进气量已知，则反应器内各气体的排放通量可由以下公式计算：

$$F=(C_2-C_1)/A\cdot Q \tag{4-26}$$

式中，F 是气体的排放通量 mg/（m^2·h）；C_1、C_2 分别表示箱体入口处和出口处的气体浓度（mg/m^3）；A 表示堆肥桶表面积（m^2）；Q 为流经箱体的气体流量（m^3/h）。

图 4－28 堆肥气体排放监测系统

固体样品采集及分析：固体样品采集于堆肥前，分别采集初始粪样、秸秆样进行指标检测；在堆肥第 1d、7d、14d、21d、32d 采集混合均匀的堆体样品进行分析，每个堆肥箱取样 500g；其中第 7d、14d、21d 为进行翻堆的时间。其中 250g 新鲜的样品用于测试 pH、MC、EC、OM、DOC、NH_4^+－N、NO_3^-－N、NO_2^-－N 和种子发芽率；将 250g 样品风干后用于测试 TC、TN、TP、TS 和腐殖质含量。

（一）堆肥试验过程温度变化

3个通风模式下堆肥温度变化模式较为一致，堆肥在第3d堆肥温度上升达到峰值，为65℃左右。随后堆肥温度开始降低，在第一次翻堆之后的当天，堆体温度快速下降，但是在第2d堆体温度便重新上升到50℃以上。在第一次翻堆和第二次翻堆期间，I60模式堆体温度保持相对最高，可能是由于间歇通风模式更利于堆体热量的保存使堆肥温度保持较高。而在第二次翻堆之后，三组堆肥的温度快速下降且并不能重新升温，随后堆体温度呈现缓慢下降的趋势。在第三次翻堆后，堆体温度始终保持较为稳定的趋势。各堆肥桶堆温大于50℃的天数均达到7d以上（图4-29），满足了农业行业标准NY/T 1168—2006畜禽粪便无害化处理技术规范的要求。

在进行第一次翻堆后，3个试验组的CO_2均出现了一定的升高且形成新的排放峰值（Li et al.，2008），主要是由于翻堆带入了O_2，好氧微生物分解有机质产热的同时使堆体温度升高，同时产生了CO_2排放。到第二次翻堆后，即使带入了O_2，但是由于堆体内部易于分解的有机质都消耗了，堆肥温度不再上升，此时CO_2排放也不再上升。

相比其他粪便堆肥，本试验中堆肥温度较低。牛粪堆肥的温度可能一般都稍微低于其他粪便，例如Wang等（2018）研究发现，猪粪堆肥最高温度能达到70℃，且能持续10多天，但是对于牛粪堆肥，如Zhou（2018）研究发现，最高温度为59.76℃，且高温期（>50℃）只持续了8～10d。主要是由于牛粪粪便中纤维素和木质素较多，在堆肥过程中其分解速度有限（Veeken et al.，2001）。

（二）堆肥过程pH变化

在堆肥过程中，各试验组堆体pH呈现小幅下降趋势，从堆肥开始时的9.1下降到堆肥结束时的8.8～8.9，可能是堆肥过程中腐殖酸的产生造成了堆体pH的下降（图4-30）。

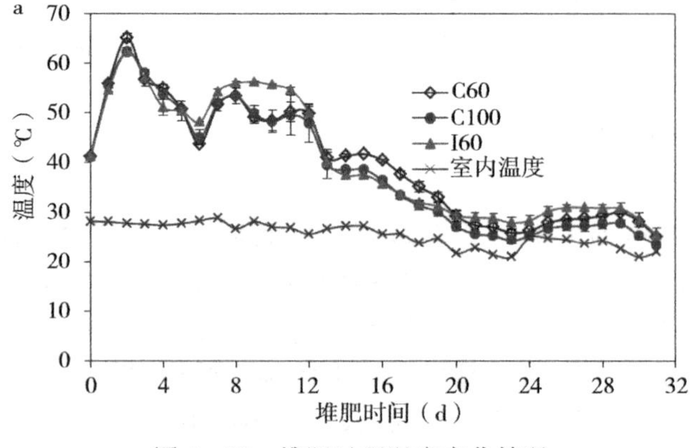

图 4-29　堆肥过程温度变化情况

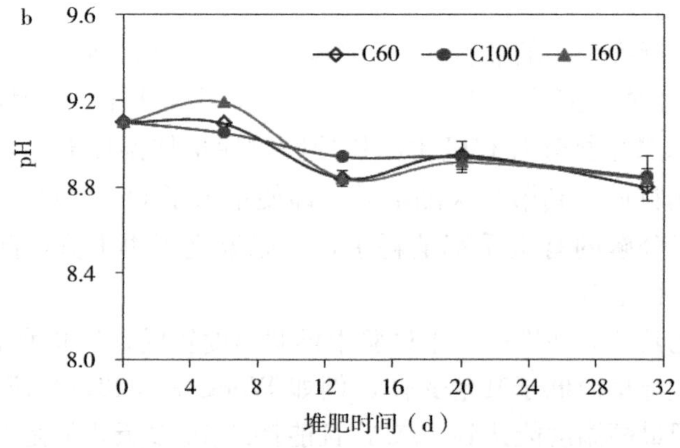

图 4-30　堆肥过程 pH 变化情况

（三）堆肥过程气体排放情况

1. 含 C 气体排放　含 C 气体的排放主要包括 CO_2 和 CH_4 的排放。CO_2 在堆肥高温期出现大量排放，随着堆体温度的逐渐降低，CO_2 排放逐渐降低。在 9 月 27 日第三次翻堆后，堆体温度几乎保持与室温相同的水平，此时 CO_2 排放也基本保持稳定，呈现较低的排放水平。CO_2 主要由好氧微生物活动产生，随着温度的下降，微生物活性降低，导致堆体 CO_2 排放通量下降（图 4-31）。

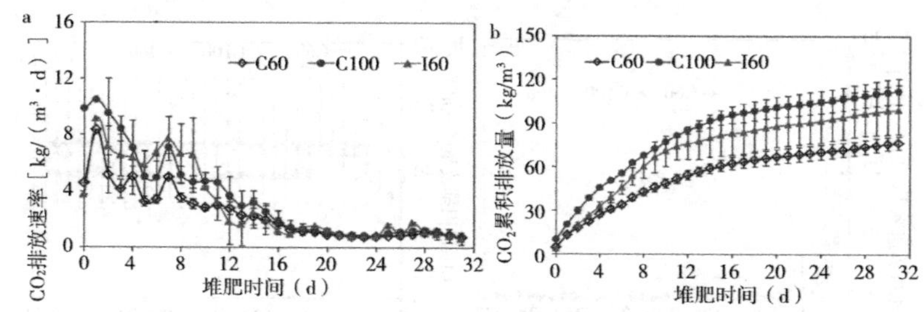

图 4-31 堆肥过程 CO_2 排放速率和累积排放量变化

到堆肥末期，C100 条件下 CO_2 累积排放量最大，整个堆肥过程堆体 CO_2 排放速率为 3.5±0.5kg/（m³·d）；而 C60 条件下累积排放量最少，平均排放速率为 2.4±0.3kg/（m³·d）（表 4-33）。对于两种不同通风速率下的连续通风，较高的通风率 C100 下堆肥桶 CO_2 排放量更大。在相同的平均通风速率下，间歇通风 I60 可以使堆体保持更高的温度，二氧化碳排放更大。

表 4-33 堆肥过程气体排放

	CO_2 ［kg/（m³·d）］	CH_4 ［g/（m³·d）］	N_2O ［g/（m³·d）］	NH_3 ［g/（m³·d）］	NO ［mg/（m³·d）］	SO_2 ［mg/（m³·d）］	GHG ［g/（m³·d）］
C60	2.4±0.3b	1.5±1.1	1.8±0.7	6.8±1.9b	59.8±22.4	10.4±1.8	541.7±211.6
C100	3.5±0.5a	1.2±0.5	2±0.6	9.9±1.2a	104.4±42.9	15.2±5.7	593.6±147.3
I60	3.1±0.8b	1.4±0.3	2.2±0	8.7±0.1ab	50.8±4.2	14.7±2.5	660±11.6

堆肥过程只在试验初始阶段出现了 CH_4 排放（图 4-32），且 CH_4 排放量迅速下降；在 9 月 13 日第一次翻堆后，各试验组 CH_4 排放几乎为 0。以 C100 连续进气的堆肥组通风量最大，内部好氧状态保持最好，因而 CH_4 排放量最低。

CH_4 和 CO_2 气体排放主要来自堆体内部含 C 物质的分解。在整个堆肥过程中，由于 CO_2 等气体的大量排放，OM 含量一直保持明显的下降趋势。可以看到，在堆肥发酵初期，堆体内部 DOC 含量被快速分解出来，DOC 含量不断升高。较高的 DOC 含量造成了前期较高的 CO_2 和 CH_4 排放，此时随着含 C 气体的大量排放，堆体 OM 含量快速下降，而后随着高温期的结束，堆体 DOC 快速水

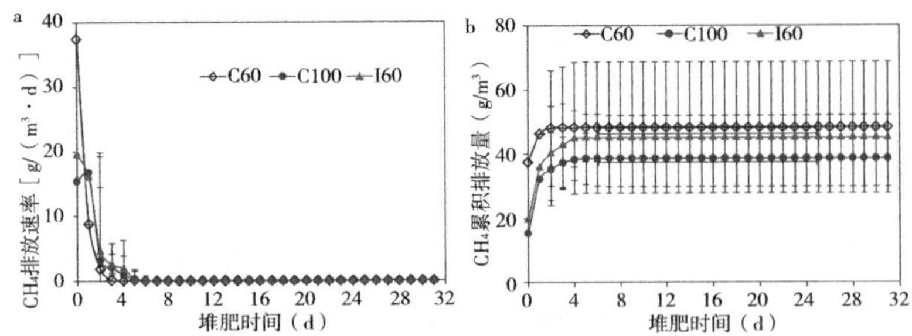

图 4-32 堆肥过程 CH_4 排放速率和累积排放量变化

平降低，此时 OM 含量下降的速率相比最初的高温期也降低，表明在堆肥高温期过后，堆体内物质分解速率下降，此时，CO_2 排放也相应降低（图 4-33）。

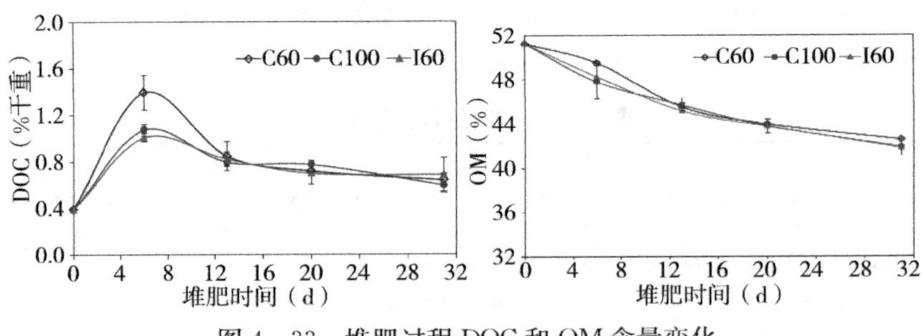

图 4-33 堆肥过程 DOC 和 OM 含量变化

2. 含 N 气体排放 各试验组在堆肥过程前期出现了大量的 NH_3 排放，各堆肥组 NH_3 排放的高峰出现在 9 月 9 日堆肥开始的第 3d，随后 NH_3 排放开始下降。在 9 月 12 日进行翻堆后，以连续通风进行进气的两个实验组（C100，C60）堆体又出现了 NH_3 排放的高峰，之后 NH_3 排放继续下降，到 9 月 20 日左右几乎不再产生 NH_3 排放。间歇通风进气组在 9 月 9 日 NH_3 排放出现高峰后，NH_3 排放快速下降，并没有随着第一次翻堆再产生高峰，且在 9 月 15 日之后几乎不再排放。

从堆肥过程整体的 NH_3 排放来看，C100 的连续进气组在试验末期 NH_3 累积量最大，而 C160 的连续进气组 NH_3 累积排放量最

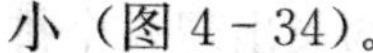
小（图 4 - 34）。

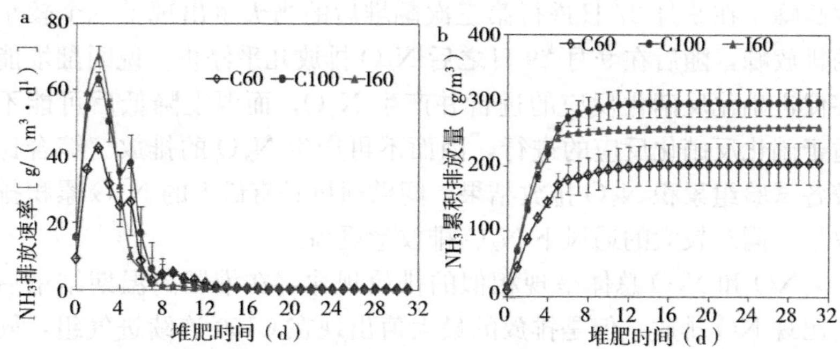

图 4 - 34　堆肥过程 NH_3 排放速率和累积排放量变化

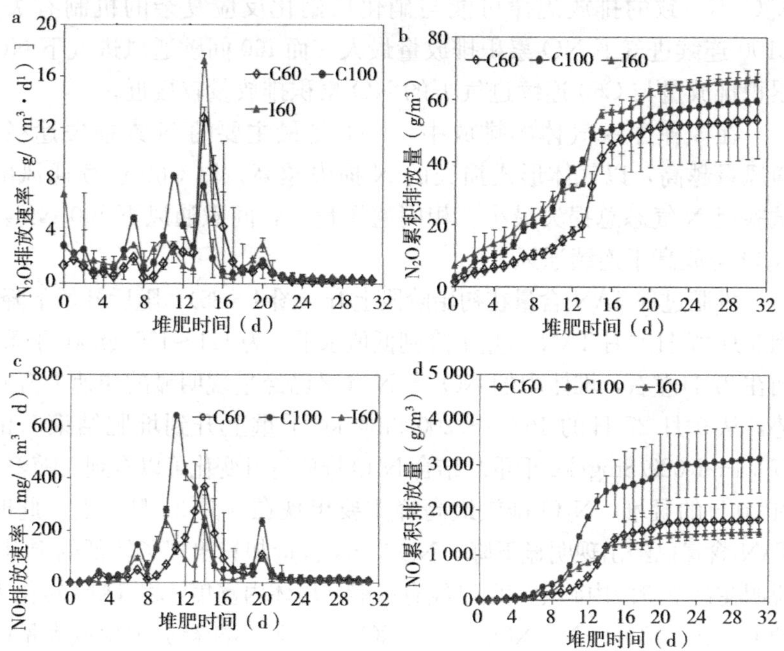

图 4 - 35　堆肥过程 N_2O 和 NO 排放速率和累积排放量变化

在堆肥过程中（图 4 - 35），随着堆体温度的下降，N_2O 排放开始出现。各试验组在 9 月 13 日第一次翻堆后 9 月 14 日左右出现第一个 N_2O 排放高峰，在 9 月 17～18 日出现第二个排放峰值；随后在 9 月 20 日第二次翻堆后的 9 月 21 日各试验组均又出现一个排放高峰。在 9 月 27 日进行第三次翻堆后的当天也出现了一个较小的排放峰，随后在 9 月 29 日之后 N_2O 排放几乎停止。说明翻堆能够促进硝化反硝化反应的进行并产生 N_2O，而温度降低后可能不适于硝化反硝化反应的进行，因而不再产生 N_2O 的排放。综合比较各试验组累积 N_2O 排放结果，间歇通风具有最大的 N_2O 累积排放量，同时较大的通风下 N_2O 排放量更高。

NO 和 N_2O 总体呈现相似的排放规律，在堆肥高温期结束后会出现 NO 排放。但是排放的最大值出现在 C100 连续进气组，同时各试验组，N_2O 排放最高组其 NO 排放并不一定最高。NO 和 N_2O 不一致的排放规律可能与硝化反硝化反应复杂的机制有关。C100 连续进气下 NO 累积排放量最大，而 I60 间歇通风进气下 NO 累积排放量与 C60 连续进气下的 NO 累积排放量较接近。

在 3 种含 N 气体的排放中，NH_3 是最主要的 N 素损失途径。通风量越高，以气体形式损失的 N 损失越高；以 C60 连续通风的试验组 N 气态总损失最小。相同通风量下，间歇通风下 I60 NH_3，N_2O 排放高于连续通风。

堆肥过程 TAN 含量在初始阶段上升（图 4－36），随后开始下降，到 9 月 27 日左右 TAN 含量下降到低值水平，为 111～155mg/kg 干重；而在 27 日左右，堆体中的 NO_3^-－N 含量已经呈现明显的快速上升趋势，从 9 月 27 日的 167.8～200.9mg/kg 干重上升到堆肥结束时的 579.4～1 029.8mg/kg 干重。结合 N_2O 排放每日变化可以看到，随着 9 月 20 日的翻堆，N_2O 排放最高峰主要出现在 9 月 21 日左右，此时 TAN 含量已经出现明显下降，NO_3^-－N 含量却只出现了较低的上升，说明在这个阶段内硝化细菌已经有可能在堆体内富集，将 TAN 转化为 NO_3^-－N、NO_2^-－N，NO_3^-－N、NO_2^-－N 则不断被分解生成大量的 N_2O 气体。而在后期，N_2O 排放速率下降，但是 NO_3^-－N 却在堆体内不断富集，说明可能是部分原因阻碍了 NO_3^-－N 向 N_2O 的转化，但是相关结论需要结合微生物分析的手段进行验证。

3. 含 S 气体排放 试验过程中，含 S 气体排放量很低。在堆

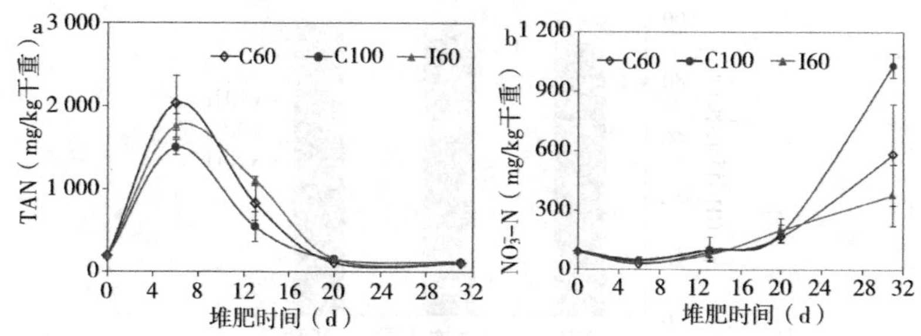

图 4-36 堆肥过程堆体 TAN、NO_3^-—N 变化

肥前期出现了一定的 SO_2 排放，在 9 月 17 日后 SO_2 排放几乎停止。整个堆肥过程中，3 种通风机制下 SO_2 平均排放量为 10.4～15.2mg/（m^3·d）（图 4-37）。同时在本试验中，各试验组均没有监测到 H_2S 排放，说明 H_2S 排放量极低。H_2S 主要产生于厌氧环境，而在发酵罐中由于通风性能比较好，所以各试验组几乎没有 H_2S 排放。综合 SO_2 和 H_2S 排放结果，可以认为含 S 无机气体损失较小，后续需要考虑对含 S 有机臭气组分的监测。

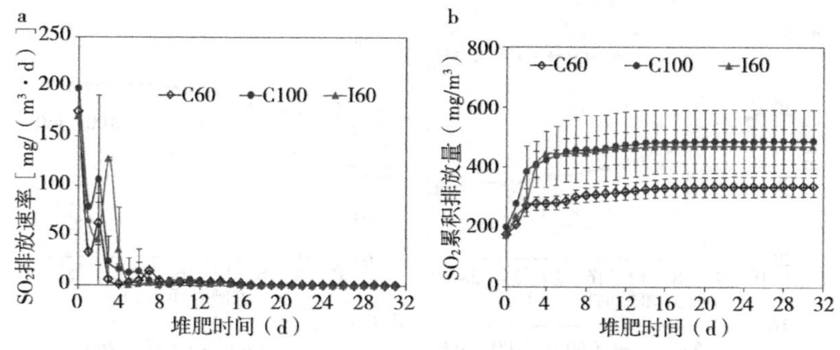

图 4-37 堆肥过程 SO_2 排放速率和累积排放量变化

4. GHG 排放 3 种通风机制下（图 4-38），采样 160 的模式堆肥过程 GHG 排放量最大，而采用 C60 模式 GHG 排放量最小。CH_4、N_2O 和 NH_3 中，N_2O 对温室气体贡献率最大，贡献率为 88%～90%，CH_4 贡献率为 6.0%～7.5%，NH_3 排放造成的间接 N_2O 排放导致 GHG 贡献率在 4.5%～6.0%之间。

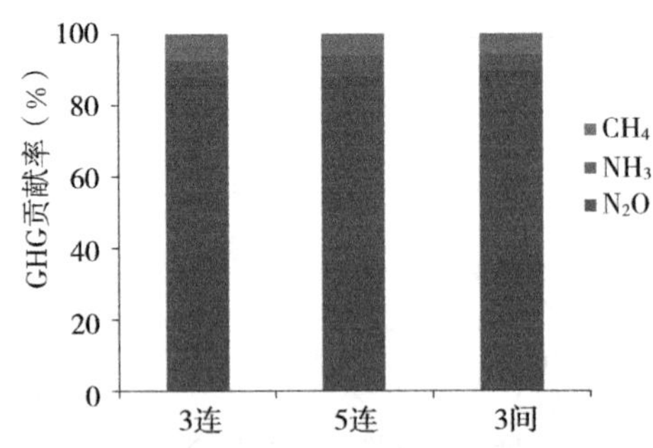

图 4-38　不同通风机制下 GHG 排放贡献率

（四）堆肥物料特性变化

相比于堆体中 TOC 在整个堆肥过程中一直保持下降的趋势，从图 4-39 可以看出，TN、TS 含量在整个存储过程中几乎都保持上升的趋势。3 个试验组内，堆肥结束时相比堆肥初始，TN 含量上升的比例为 11%～14%，TS 含量上升的比例为 29%～36%。

TN 含量与 TC 相比较呈上升的趋势，主要是由于堆肥原料 DM 内的主要成分是 C 素，在整个堆肥过程中 C 素相比 N 素损失

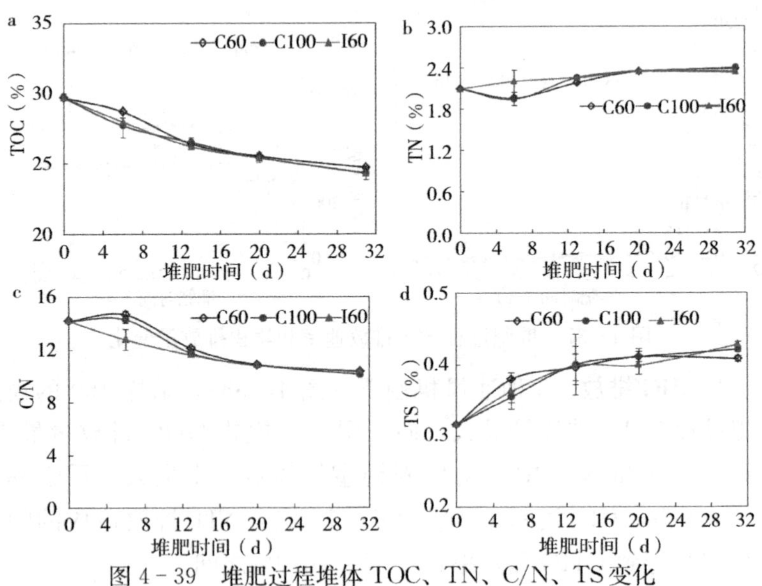

图 4-39　堆肥过程堆体 TOC、TN、C/N、TS 变化

更大，即干物质损失的量远远超过N素的损失速率，造成DM内N素含量的升高。其中，C60组和C100组TN含量在第一周先出现了降低的趋势，这两组通风率下堆体的C/N比也先出现了一个增高的趋势，可能是由于初始高温期阶段NH_3的大量排放，造成在高温期阶段TN的损失大于TC，即快于干物质的损失，因而造成干物质内TN含量的下降，C/N比例的增加。

但是S元素几乎只出现了很低的气体损失，因而大部分S元素将不断在DM内富集，造成DM内S含量的不断升高。

（五）堆肥元素平衡计算

1. C元素平衡　从C元素来看，堆肥前后TC损失了48.8%～53.1%，最主要的C损失形式是CO_2，以CO_2－C形式损失的C占初始TC的31.5%～46.1%，而以CH_4－C形式损失的C占初始TC的0.04%～0.05%。除气体以及采样外，还有3.1%～15.7%左右的C以其他形式损失，主要是由于翻堆作业等造成的物料损失以及气体损失等造成。在3种通风形式中，以I60通风模式的C损失最大，而以C60模式进行通风的C损失最小（表4－34）。因而从C素损失来看，应该推荐采用C60进行连续通风，可以较好地保存堆体内的C素，同时CO_2等气体排放损失较少。

表4－34　C素平衡

处理组	CH_4损失（%，初始TC）	CO_2损失（%，初始TC）	采样损失（%，初始TC）	其他途径损失C（%，初始TC）	TC损失（%，初始TC）
C60	0.05±0.04	31.5±3.3b	1.6±0.1	15.7±4.9	48.8±1.7b
C100	0.04±0.02	46.1±6.4a	1.5±0.0	3.1±5.9	50.7±0.6ab
I60	0.05±0.01	40.9±10.2ab	1.5±0.0	10.7±8.0	53.1±2.2a

2. N元素平衡　整个堆肥过程后，总的N素损失了29.83%～35.55%。在3种监测的N素气态损失中，NH_3－N是最重要的损失途径。以NH_3形式损失的N占初始TN的3.65%～5.34%，以

N_2O 形式损失的 N 占初始 TN 的 0.74%～0.93%，以 NO 形式损失的 N 占初始 TN 的 0.02%～0.03%。相比较其他人的研究结果，NH_3-N 损失相对较低，有部分研究中也监测到了 3%～5% 的 NH_3-N 损失比例（Wang et al.，2017，2018）。除采样造成的损失外，其他没有核算到的 N 损失占到初始 TN 的 23.0%～28.5%，这部分损失可能是翻堆过程造成的气体损失，以及翻堆过程不可避免造成的物料损失所造成。同时在本研究中，堆体湿度很高，采样堆肥罐顶部，以及堆肥罐到采样仪器之间的管路内有很多冷凝液，可能造成大量的 NH_3－N 被吸附在这些管壁上，造成监测获得的 NH_3损失致使 N 偏低。

在各不同的通风机制下，从总体上来看，通风速率越大，以 NH_3-N 形式损失的 N 越多，占初始 TN 比例最大；而采用间歇通风模式则具有最大的 N_2O－N 损失比例。对于 TN 的损失，在相同的通风量下，间歇通风堆体中 TN 损失高于连续通风，如采用 C60 连续通风方式损失的 TN 最小，而以 I60 通风模式整个堆肥过程 TN 损失最大。可能是由于间歇通风下硝化反硝化作用的进行，造成 N_2O 等终产物气体的大量排放没有被计量所造成。如果都采用连续通风，则较大通风量下会造成更大的 TN 损失，如前所述，其相应的 NH_3排放量也更高（表 4－35）。

为了实现更好地保存堆体内的 N 素，采用 C60 连续通风可以以较低水平排放 NH_3，同时 N_2O 排放也较低，可能产生的 GHG 排放也较低，能更好地保存堆肥内部的 N 素。

表 4－35　N 素平衡

处理组	NH_3损失（%，初始 TN）	N_2O 损失（%，初始 TN）	NO 损失（%，初始 TN）	采样损失（%，初始 TN）	未被计量到的 N 损失（%，初始 TN）	TN 损失（%，初始 TN）
C60	3.7±1.0b	0.74±0.30	0.02±0.01	1.78±0.15	23.6±2.5b	29.8±2.5b
C100	5.3±0.6a	0.83±0.25	0.03±0.01	1.78±0.04	23.1±0.5b	31.0±0.5b
I60	4.7±0.0ab	0.93±0.01	0.02±0.00	1.76±0.06	28.5±3.3a	35.9±3.3a

3. S元素平衡　堆肥前后S损失了19.62%～21.93%，对于S，在本堆肥试验中，SO_2排放量极低，同时几乎没有H_2S排放，主要是由于堆体pH过高，达到8～9左右，造成H_2S不能产生。

对于S素，除了气体损失、采样的部分损失外，另外还有18.1%～19.9%的S以其他不明形式损失。推测一方面可能是由于产生了其他含S臭气的挥发等，另一方面可能是翻堆过程导致的不可避免的堆体损失所造成（表4-36）。

表4-36　S元素平衡

处理组	SO_2损失（%，初始TS）	采样损失（%，初始TS）	未被计量到的S损失（%，初始TS）	TS损失（%，初始TS）
C60	0.02±0.00	2.12±0.16	18.10±4.28	20.25±4.34
C100	0.03±0.01	2.10±0.14	17.49±1.40	19.62±1.29
I60	0.03±0.01	1.98±0.03	19.91±6.73	21.93±6.77

综上，从C元素来看，堆肥前后TC损失了48.8%～53.1%，最主要的C损失形式是CO_2，以CO_2-C形式损失的C占初始TC的31.5%～46.1%，而以CH_4-C形式损失的C占初始TC的0.04%～0.05%。综合CH_4和CO_2排放，以60L/（min·m^3）的连续通风利于C素保存。整个堆肥过程后，总的N素损失了29.83%～35.55%，在3种监测的N素气态损失中，NH_3-N是最重要的损失途径。以NH_3形式损失的N占初始TN的3.65%～5.34%，以N_2O形式损失的N占初始TN的0.74%～0.93%，以NO形式损失的N占初始TN的0.02%～0.03%。NH_3是堆肥过程主要的N素气体损失途径，翻堆后易于出现N_2O排放峰值。相同通风量下，间歇通风下NH_3、N_2O产生高于连续通风，同样采样连续通风的模式下，较小的通风量NH_3损失量较小。因而综合N素的损失，以及气体的减排，C60的连续通风最利于N素的保存。堆肥前后S损失了19.62%～21.93%，含S无机气体损失较小，后续需要考虑对含S有机臭气组分的监测。综合NH_3、N_2O、

CO_2等气体排放的减排效果，以及最终堆体中 C、N 素的保留，推荐选用 C60 的连续通风进行堆肥。

二、不同添加剂对鸡粪秸秆混合堆肥臭气减排效果

（一）堆肥添加剂的筛选

通过查找文献结合国内外案例调研，构建了堆肥气体的减排清单，重点考虑了各类添加剂对减少 NH_3 排放和 CH_4、N_2O 等温室气体排放的作用。

通过文献查阅发现，堆肥的添加剂有鸟粪石结晶、明矾、过磷酸钙、磷石膏、H_3PO_4、硫粉、凹凸棒石和沸石等，对比每种添加剂对 NH_3 排放和 CH_4、N_2O 等温室气体排放的影响，参见表 4-37、表 4-38 和表 4-39。

表 4-37　添加剂对 NH_3 的排放影响

填料	中位数（%）	平均值（%）
鸟粪石结晶	−29	−32
明矾	−68	−68
过磷酸钙	−26	−32
磷石膏	23	51
H_3PO_4	−45	−45
硫	−48	−44
凹凸棒	−55	−55
沸石	12	25

表 4-38　添加剂对 N_2O 的排放影响

填料	中位数（%）	平均值（%）
鸟粪石结晶	−52	−47
过磷酸钙	−21	−20
磷石膏	135	123

（续）

填料	中位数（%）	平均值（%）
硫	−32	−24
凹凸棒	−76	−76

表 4-39　添加剂对 CH_4 的排放影响

填料	中位数（%）	平均值（%）
过磷酸钙	−37	−41
磷石膏	−97	−92

上述总结了当前堆肥过程中主要的添加剂种类，发现采用鸟粪石、明矾、过磷酸钙、磷酸和生物炭等具有稳定的 NH_3减排作用；过磷酸钙对于 NH_3、CH_4和 N_2O 都有减排作用；此外，生物炭、沸石具有吸附臭气效果，草酸也在当前堆肥企业 NH_3减排中得到实际应用。

除了以上生物炭、沸石和黏土等吸附性材料外，各种酸也是常见的 NH_3减排添加剂。酸的种类主要是硫酸和磷酸。研究发现直接加入酸液可降低物料 pH，对于氨气挥发的减少效果明显，相对成本较低，国外已经得到了普遍应用。如丹麦、荷兰等国通过加入硫酸，酸化减少粪污储存氨气排放，但是由于国内强酸属于危险化学品，操作过程中存在一定的风险，且不易购买。此外，不同于国外种养结合紧密，且有还田限量标准，国内施用随意性大，容易导致硫酸根离子在土壤中的累积，造成土壤盐碱化风险，所以未得到大规模利用。基于以上筛选以及对安全性等方面的考虑，选择活性炭、沸石、柠檬酸和草酸这 4 种添加剂开展堆肥过程的臭气减排试验。

（二）堆肥发酵试验方案

1. 堆肥试验材料　堆肥发酵原料为鸡粪、玉米秸秆和菌渣。鸡粪来自北京平谷某蛋鸡场，采用当天清理的新鲜鸡粪；玉米秸秆来自北京大兴区某园区，为玉米收获后 20d 鲜秸秆，秸秆预先采用粉碎机切割为 2～3cm 小段；菌渣来自大兴区某有机肥厂，为未发酵的新鲜香菇菌渣。

4 种添加剂分别为活性炭、沸石、柠檬酸和草酸，活性炭是以椰壳为原材料，沸石为普通市售过 200 目筛网，柠檬酸和草酸为普通工业级粉状，含量为 95%。采用多次添加均匀搅拌，使添加剂和原材料充分混合。堆肥第 3d、12d、22d 翻堆，分别取堆肥物料进行化验分析。堆肥原料的基本性状见表 4－40。

表 4－40　堆肥原料参数特性

填料	全氮（%）	全磷（%）	全钾（%）	全硫（%）	有机质（%）	C/N	水分（%）	pH	硫酸根离子（%）
秸秆	1.2	0.32	1.62	0.488	717	34.66	69.5	5.94	0.14
鸡粪	4.69	1.17	1.86	0.948	827	10.23	59.6	6.31	2.35
菌渣	1.94	0.566	1.16	0.581	668	19.97	62	6.76	0.327

将混合好的堆肥原料装入 60L 的堆肥箱中进行堆肥发酵。该堆肥桶为不锈钢材料制成，直径 36cm，堆体高 60cm，外部有 5cm 保温层，底部有通风布气装置，以及渗滤液收集口，堆肥发酵装置见图 4－40。

图 4－40　堆肥发酵装置

2. 堆肥试验系统的构建　采用筛选出的几种添加剂添加入初始堆体内，研究其对堆肥臭气排放的影响。一共准备 9 个堆肥桶，设置一个空白对照桶和 4 组试验组，分别为活性炭减排桶、沸石粉减排桶、柠檬酸减排桶和草酸减排桶。试验中用到的堆肥桶直径 36cm，堆体高 60cm，实际容量为 60L。具体操作：用电子秤称量出鸡粪、玉米秸秆和菌渣重量分别为 10kg、5kg 和 1kg。添加比例为堆肥原材料鲜重的 5%，即 0.8kg。将称量好的原材料进行充分的混合，并将添加剂放在对应的原材料中。每个堆肥桶下方的进气口连接气泵和流量计，控制气体的进入量，堆肥桶的底部设置通风布气装置，在每个堆肥桶的出气口连接气管用于气体样品的采集和检测。试验过程中控制气体流量的一致性，尽可能地保证气体检测和采集的准确性，以及可对比性。空白对照的堆肥桶不加入任何的添加剂，只放入鸡粪、玉米秸秆和菌渣原材料。

采用气泵通风，用流量计控制通风流量，保证每个堆肥桶的进气流量值为 3L/min，出气口通过特氟龙管路连接到在线式环境检测仪和 Thermofisher 450i H_2S 分析仪，实时监测每个堆肥桶产生的 SO_2、H_2S、CO_2和 NH_3的浓度（图 4－41）。试验时间从 2018 年 11 月 8 日到 2019 年 12 月 5 日，试验时间共计 28d。

在线式环境空气质量检测仪

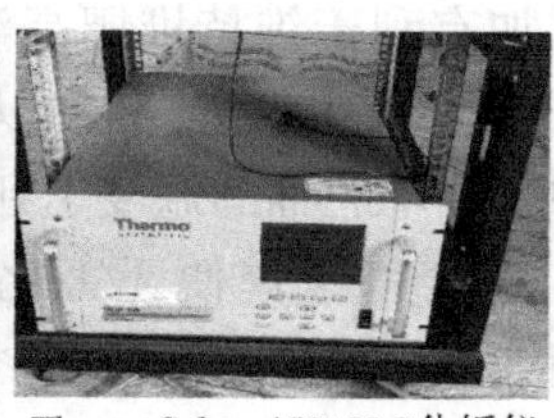

Thermofisher 450i H_2S分析仪

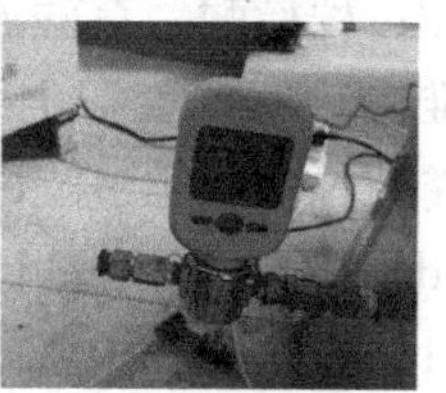
气体流量计

图 4－41　在线式气体检测系统

3. 气体样品的采集　在对每个桶的气体进行检测时，用特氟龙管连接堆肥桶上方的采气口和仪器的进气口，进行气体浓度数据的实时检测。在监测过程中，先用仪器检测空气本底值的浓度，再挨个连接试验的 9 个桶检测每个桶的气体浓度。根据文献研究，堆肥试验的气体在前几天会比较明显，所以在试验前期每天检测两次气体，在上午 9：00 到 12：00 为当天的第一次检测，下午的 2：00 到 5：00 为当天的第二次检测，后期为每天检测 1 次。

采用在线式环境空气质量检测仪检测 NH_3 和 CO_2 等气体。在线式环境空气质量检测仪为实时检测仪，需实时观察气体数据的变化，当数值显示稳定或者没有上升的趋势时记下该桶的数值。Thermofisher 450i H_2S 分析仪主要检测 H_2S 和 SO_2，该仪器在检测时为每分钟变化一个数值，检测时需要在仪器前观察数据，等到数据变化很小或者先是上升再下降时进行记录。除了在线仪器气体数据监测，还采集气体进行堆肥恶臭气体的检测，检测含 S 挥发性气体（二甲基硫醚、二甲基二硫醚、二甲基三硫、甲硫醇、乙硫醇、乙硫醚、硫化碳、二硫化碳等），以及 117 种 VOC_s 等。由于气体在试验前期比较多，所以试验前期每三天进行一次采集，试验后期一个星期采集一次，送到相关理化测试中心对相应组分和浓度进行分析。

（三）堆肥试验效果

1. 堆肥过程的温度变化 图 4－42 为鸡粪秸秆好氧发酵堆肥中堆体温度和周围环境的温度变化。由图 4－42 可以看出，周围环境的平均温度在 18℃左右，CK 在第 4d 达到 50℃以上，并维持 7d；沸石 60℃维持 3d，50℃以上维持 7d；活性炭 50℃以上维持 7d；柠檬酸、草酸添加有利于维持堆肥高温时间，其中草酸 60℃维持 5d，50℃以上维持 9d，柠檬酸 50℃以上维持 13d。在整个鸡粪秸秆的堆肥过程中每个堆肥桶的温度达到 50℃的天数分别为 7d、7d、7d、9d 和 13d，符合畜禽粪便无害化处理技术规范（NY/T 1168—2006）中密闭式堆肥保持发酵温度≥50℃不少于 7d 的标准。

2. 堆肥物料特性变化 图 4－43 中 a、b、c 和 d 分别为堆肥物料的 pH、碳氮比（C/N）、总硫（TS）和水溶性硫酸根（SO_4^{2-}）参数变化。当堆肥物料的 pH 在 6.7～9.0 之间时，堆肥过程中产生的微生物具有较高的活性（Bernal 等，2009）。图 4－43a 是本试验中堆体的 pH 变化图，5 种堆肥桶内物料的 pH 前期均呈缓慢上升趋势，可能是前期有机物的分解矿化产生大量的 NH_3 造成 pH 的升高；草酸和柠檬酸都呈酸性，所以初始值较低。开始 pH 呈现

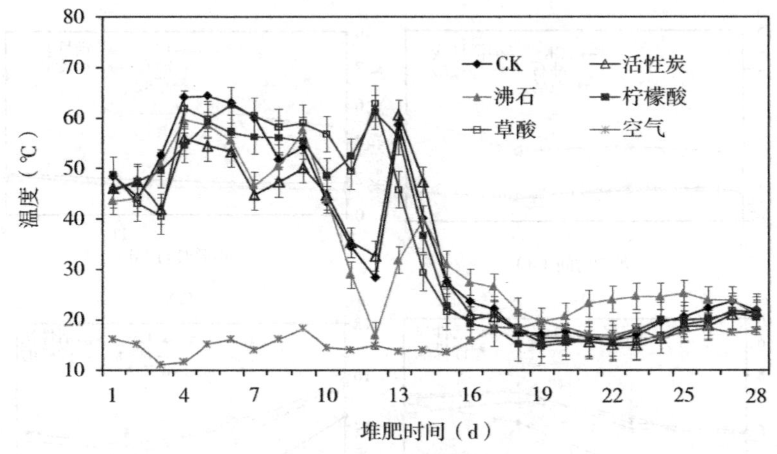

图 4-42 堆体的温度

上升趋势的原因是试验前期释放大量 CO_2，CO_2 的挥发使 pH 变高。随着时间的延长 pH 增加缓慢，甚至不再增加。主要是由于氨气产生在前期，到第 10d 氨气的排放越来越少。除柠檬酸组外，其他试验组 pH 有下降趋势，这与臧冰（2016）的结论相似。

堆肥过程 C/N 逐渐下降。CK 由初始值 14.8 降到 12.3；活性炭由初始值 15.8 降到 13.7；沸石由初始值 16.0 降到 13.6；柠檬酸由初始值 15.1 降到 12.3；草酸由初始值 15.6 降到 13.4。可能是由于堆肥过程中生化作用产生了大量的 CO_2，C 素的损失超过了 N 素，导致 C/N 比的降低。

TS 与水溶性 SO_4^{2-} 有较多相似的地方，CK、活性炭和沸石的 TS 含量均有下降，草酸上升明显；水溶性 SO_4^{2-} 均呈现逐渐上升的变化趋势，草酸上升明显。因为堆肥 H_2S 挥发主要集中在前 10d，后期不在产生 H_2S 的排放，而其他组分的消减导致了堆体内含 S 物质的浓缩，因而导致含量上升。

3. 鸡粪堆肥过程中氨气的排放 图 4-44 为鸡粪堆肥过程中氨气的排放变化情况。由图 4-44 可知，氨气的排放主要集中在堆肥的前期，并且在每次翻堆后会有上升的现象，随后会缓慢下降，这与周谈龙（2017）的研究具有一些相似性。同时堆体温度的上升也

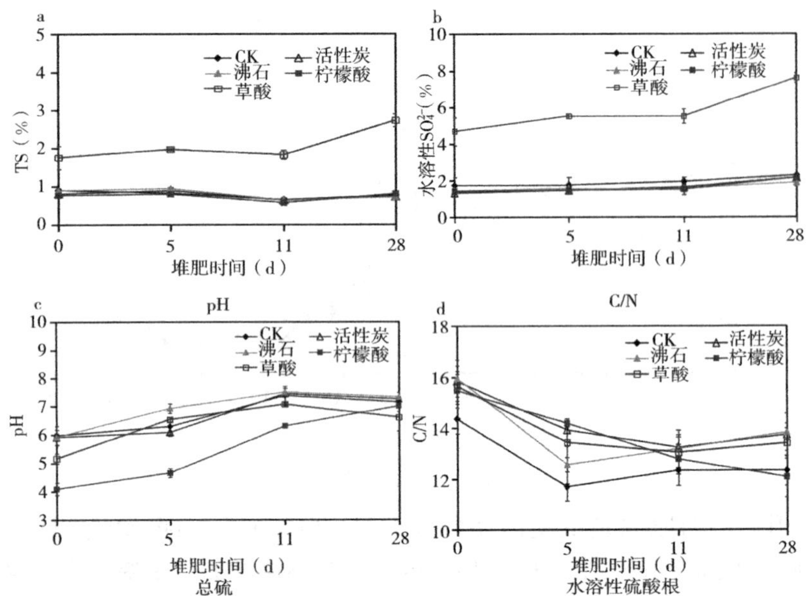

图 4-43　不同处理的 pH、C/N、TS 和水溶性 SO_4^{2-} 指数变化

会导致氨气排放浓度的增加，这与 Fukumoto（2003）的研究相似。每次翻堆后氨气的上升可能是由于原来物料在堆肥过程中不断紧实，气体难以排放出来，而翻堆之后堆体较为松散，大量气体可以从气孔中排出。CK 排放总体呈现先升后降的变化趋势，第 7d 达到挥发峰值 876mg/kg；活性炭添加提高了堆肥氨挥发，第 5d 达到挥发峰值 2 240mg/kg；沸石处理前期提高了堆肥氨挥发，第 5d 达到挥发峰值 1 152mg/kg；柠檬酸处理前期降低了堆肥氨挥发，后期氨挥发逐渐上升，21d 达到峰值 876mg/kg 后开始下降；草酸处理后期氨挥发逐渐上升，但维持较低的值，在 0～200mg/kg 范围内波动。

如图 4-45 所示，CK、活性炭、沸石、柠檬酸和草酸累积挥发量分别为 38.4g、55.8g、27.8g、27.1g 和 11.7g，氨挥发减排率分别为−45.3%、27.7%、29.3%和 69.5%。4 种添加剂和 CK 氨气的排放总量均为先上升，之后随着温度的下降氨气变得增加缓慢，甚至不再增加，所以图中显示先上升后持平的趋势。

4. 堆肥过程中 SO_2 和 H_2S 的排放　图 4-46 和图 4-47 分别为

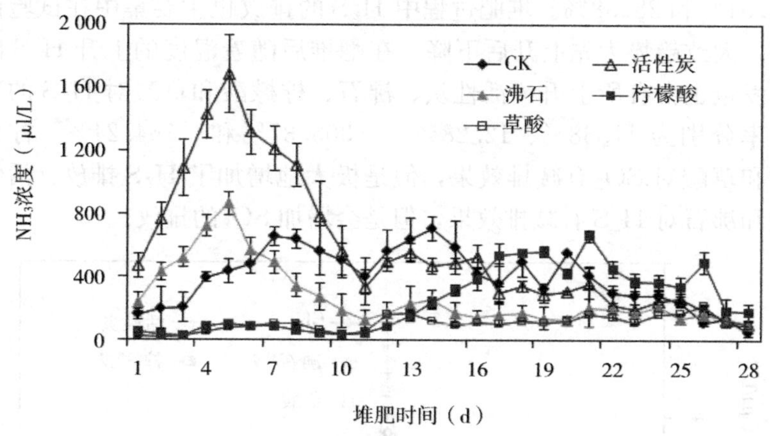

图 4-44 堆肥过程氨气的变化

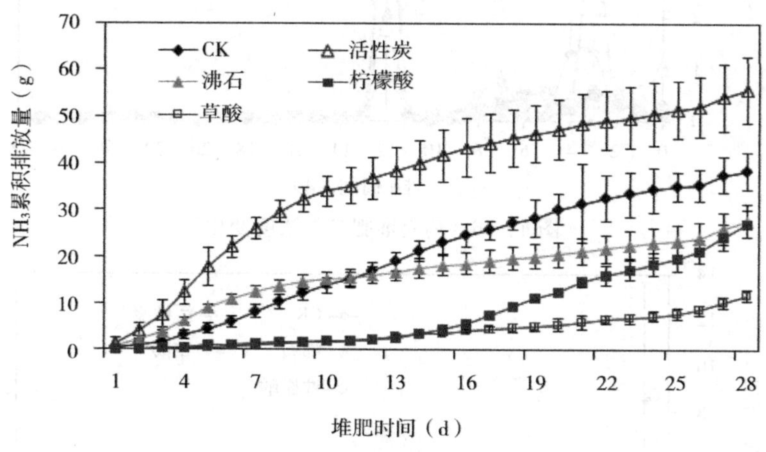

图 4-45 NH_3 累积排放量

鸡粪堆肥过程中 SO_2 和 H_2S 的排放变化。由图 4-46 和图 4-47 可知，SO_2 和 H_2S 的排放主要集中在堆肥的前八天，峰值在前三天。堆肥过程中 SO_2 排放没有明显的变化规律，但是对比翻堆时间和堆体温度可以看出，SO_2 的排放跟堆体的温度有关，温度上升对应着气体的排放也会上升，在温度最高时达到峰值。活性炭、沸石、柠檬酸和草酸对 SO_2 的减排率分别为 -61.70%、-86.92%、

34.91%和28.38%。堆肥过程中 H_2S 的排放也主要集中在试验前期，大致趋势为先上升后下降，在翻堆后随着温度的上升 H_2S 的挥发量也会有所上升。活性炭、沸石、柠檬酸和草酸对 H_2S 的减排率分别为11.68%、12.28%、-305.37%和-364.24%。柠檬酸和草酸对 SO_2 有减排效果，但是极大地增加了 H_2S 排放。活性炭和沸石对 H_2S 有减排效果，但是会增加 SO_2 的排放。

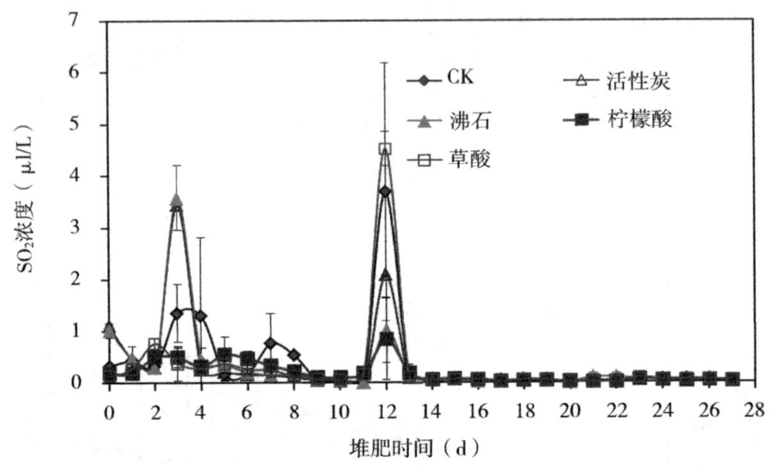

图4-46　鸡粪堆肥 SO_2 浓度变化

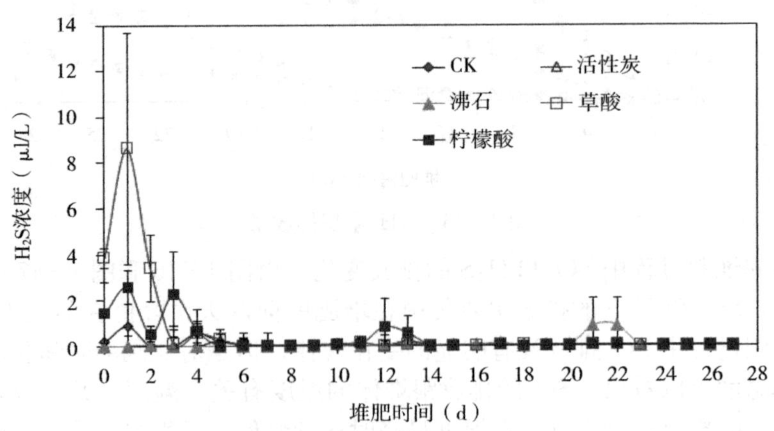

图4-47　堆肥过程 H_2S 浓度变化

5. 鸡粪堆肥过程中 VOC_S 排放　VOC_S是好氧堆肥发酵的主要气体污染物之一，还是主要的恶臭物质。堆肥过程中在微生物的作用下，会产生和释放 VOC_S，并且大部分 VOC_S都是低水溶性，将会引起一系列潜在的环境影响（Shen 等，2012）。

在鸡粪堆肥过程中共检测了 115 种 VOC_S，检出了 110 种。共检测到了 38 种烷烃类，26 种卤烃类，19 种芳香烃类，2 种含硫化合物，1 种胺类，还有 19 种其他物质。检出的各类 VOC_S见表 4－41。与 Blazy 等（2014）检测到的 59 种 VOC_S和沈玉君等（2016）研究猪粪堆肥检测到的 31 种 VOC_S有所不同。

鸡粪堆肥过程排放的挥发性有机物主要有烷烃类、芳烃类和卤烃类（图 4－48）。鸡粪堆肥过程前期会产生大量的 VOC_S，CK、草酸、柠檬酸、活性炭和沸石在第 3d 检测到的 VOCs 质量浓度分别为 745.82mg/m³、402.18mg/m³、169.22mg/m³、153.18mg/m³ 和 548.26mg/m³。堆肥前期会排放大量的 VOC_S，随着试验的进行各类挥发性有机物排放呈下降趋势。烷烃类、卤烃类和芳烃类的排放

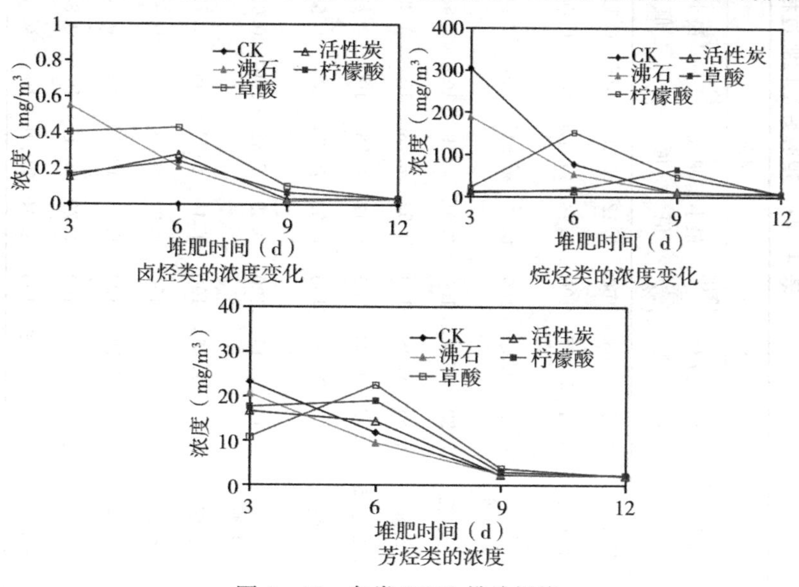

图 4－48　各类 VOC_S排放规律

表 4-41 鸡粪好氧堆肥过程中各类 VOC_s 的排放情况

	烷烃类	CK			草酸			柠檬酸			生物炭			沸石		
		最小值	最大值	检出率（%）	最小值	最大值	检出率（%）	最小值	最大值	检出率（%）	最小值	最大值	检出率（%）	最小值	最大值	检出率（%）
1	异丁烷	0.35	5.03	100	0.12	2.25	100	0.11	4.99	100	0.00	3.42	100	0.00	4.37	75
2	1-丁烯	0.64	70.75	100	0.44	27.47	100	0.60	17.44	100	0.45	32.86	100	0.35	63.13	100
3	1，3-丁二烯	0.15	2.82	100	0.19	0.64	100	0.14	0.78	100	0.14	1.37	100	0.14	2.54	100
4	正丁烷	2.29	6.27	100	2.01	6.19	100	2.68	3.60	100	2.11	7.52	100	1.91	4.98	100
5	乙烯	0.66	9.08	100	0.56	8.73	100	0.29	14.47	100	0.43	15.72	100	0.50	14.55	100
6	反-2-丁烯	0.12	10.34	100	0.12	8.58	100	0.13	6.64	100	0.12	4.32	100	0.09	9.26	100
7	乙炔	0.80	63.13	100	0.57	70.75	100	0.53	17.44	100	0.68	1.62	100	0.64	32.86	100
8	顺式-2-丁烯	0.11	5.40	100	0.09	7.62	100	0.09	27.84	100	0.07	2.49	100	0.07	1.37	100
9	乙烷	1.79	2.96	100	1.44	6.27	100	1.77	3.60	100	1.10	4.23	100	1.80	2.50	100
10	异戊烷	0.93	7.95	100	0.92	9.08	100	0.95	14.47	100	0.94	8.73	100	0.90	1.42	100
11	1-戊烯	0.48	7.18	100	0.26	13.42	100	0.13	4.22	100	0.08	12.46	100	0.08	113.02	100
12	正戊烷	2.68	63.04	100	3.22	90.11	100	3.34	14.10	100	1.02	89.45	100	0.67	68.03	100
13	异戊二烯	1.37	53.74	100	1.04	194.16	100	0.78	123.68	100	0.86	63.99	100	0.36	58.55	100

（续）

	烷烃类	CK			草酸			柠檬酸			生物炭			沸石		
		最小值	最大值	检出率（%）	最小值	最大值	检出率（%）	最小值	最大值	检出率（%）	最小值	最大值	检出率（%）	最小值	最大值	检出率（%）
14	反式-2-戊烯	0.09	0.17	100	0.09	0.19	100	0.08	0.15	100	0.07	0.15	100	0.07	0.18	100
15	2，2-二甲基丁烷	0.04	0.04	100	0.03	0.05	100	0.03	0.05	100	0.03	0.33	100	0.03	0.05	100
16	丙烯	0.55	42.12	100	0.36	22.08	100	0.48	14.12	100	0.34	23.49	100	0.26	34.82	100
17	环戊烷	0.30	0.53	100	0.17	2.67	100	0.34	0.96	100	0.28	0.82	100	0.18	0.65	100
18	丙烷	10.23	27.22	100	8.46	17.79	100	6.62	19.42	100	6.23	15.73	100	5.72	18.33	100
19	2-甲基戊烷	0.22	0.76	100	0.21	0.57	100	0.21	0.50	100	0.20	0.40	100	0.19	0.40	100
20	3-甲基戊烷	0.18	338.47	100	0.17	154.17	100	0.16	1.21	100	0.15	0.45	100	0.17	122.94	100
21	1-己烯	0.06	0.14	100	0.12	1.50	100	0.13	0.82	100	0.10	1.80	100	0.10	6.81	100
22	正己烷	0.19	5.14	100	0.19	2.18	100	0.18	1.82	100	0.16	1.40	100	0.14	2.41	100
23	甲基环戊烷	0.14	1.79	100	0.13	1.11	100	0.15	0.54	100	0.13	0.98	100	0.68	0.14	100
24	2，4-二甲基戊烷	0.03	0.05	100	0.06	21.22	100	0.10	0.05	100	0.05	0.13	100	0.04	0.10	100
25	环己烷	0.52	0.08	100	0.02	0.23	100	0.15	0.04	100	0.03	0.21	100	0.02	0.25	100
26	2-甲基己烷	0.05	0.10	100	0.03	0.15	100	0.04	0.20	100	0.03	0.31	100	0.04	0.12	100

（续）

	烷烃类	CK			草酸			柠檬酸			生物炭			沸石		
		最小值	最大值	检出率（%）	最小值	最大值	检出率（%）	最小值	最大值	检出率（%）	最小值	最大值	检出率（%）	最小值	最大值	检出率（%）
27	2，3-二甲基戊烷	0.00	0.47	100	0.00	0.03	100	0.00	0.04	50	0.00	0.01	50	0.00	0.47	50
28	3-甲基己烷	0.07	0.56	100	0.05	0.22	100	0.06	0.41	100	0.03	0.27	100	0.06	0.07	100
29	2，2，4-三甲基戊烷	0.07	1.54	100	0.04	0.97	100	0.07	1.83	100	0.02	3.06	100	0.05	2.12	100
30	正庚烷	0.16	2.98	100	0.11	3.29	100	0.11	0.65	100	0.06	4.71	100	0.06	4.36	100
31	甲基环己烷	0.06	0.21	100	0.05	0.13	100	0.05	0.13	100	0.06	0.13	100	0.26	0.09	100
32	2，3，4-三甲基戊烷	0.04	0.06	100	0.02	0.04	100	0.04	0.15	100	0.03	0.05	100	0.02	0.05	100
33	3-甲基庚烷	0.04	1.67	100	0.04	0.20	100	0.05	0.09	100	0.06	0.22	100	0.05	0.23	100
34	正辛烷	0.36	7.39	100	0.22	6.47	100	0.28	2.53	100	0.52	8.90	100	0.15	8.60	100
35	正壬烷	0.05	1.44	100	0.03	0.81	100	0.04	0.88	100	0.04	0.42	100	0.04	0.07	100
36	癸烷	0.00	0.10	100	0.00	0.21	25	0.00	0.36	50	0.00	0.05	50	0.00	0.02	50
37	十一烷	0.56	0.14	100	0.13	0.38	100	0.14	0.47	100	0.14	0.24	100	0.14	0.38	100
38	十二烷	0.54	2.32	100	0.51	1.43	100	0.60	1.66	100	0.53	0.81	100	0.55	1.05	100

（续）

	卤烃类	CK			草酸			柠檬酸			生物炭			沸石		
		最小值	最大值	检出率（%）	最小值	最大值	检出率（%）	最小值	最大值	检出率（%）	最小值	最大值	检出率（%）	最小值	最大值	检出率（%）
1	二氟二氯甲烷	0.232	0.560	100	0.254	0.558	100	0.283	0.517	100	0.274	0.577	100	0.287	0.562	100
2	一氯甲烷	0.535	13.05	100	5.515	9.965	100	0.451	13.354	100	0.382	7.466	100	0.400	16.315	100
3	四氟二氯乙烷	0.133	0.136	100	0.132	0.136	100	0.132	0.136	100	0.129	0.135	100	0.131	0.136	100
4	氯乙烯	0.011	0.321	100	0.006	0.296	100	0.008	0.107	100	0.005	0.043	100	0.011	0.053	100
5	氯乙烷	0.009	0.192	100	0.010	0.319	100	0.000	0.240	100	0.009	0.015	100	0.009	0.200	100
6	一氟三氯甲烷	0.000	2.398	75	0.491	2.099	100	0.622	2.500	100	0.153	2.674	100	0.374	2.130	100
7	1，1-二氯乙烯	2.437	285.54	100	0.000	60.865	50	0.018	137.637	100	0.000	5.847	75	0.321	167.018	100
8	二氯甲烷	0.000	0.590	75	0.235	0.974	100	0.212	1.086	100	0.118	0.459	100	0.000	0.632	75
9	1，2，2-三氟-1，1，2-三氯乙烷	0.006	0.099	100	0.008	0.096	100	0.038	0.155	100	0.036	0.135	100	0.014	0.070	100

（续）

	卤烃类	CK			草酸			柠檬酸			生物炭			沸石		
		最小值	最大值	检出率（%）	最小值	最大值	检出率（%）	最小值	最大值	检出率（%）	最小值	最大值	检出率（%）	最小值	最大值	检出率（%）
10	反-1，2-二氯乙烯	0.000	0.028	25	0.000	0.003	25	0.000	0.002	25	0.000	0.000	25	0.000	1.327	50
11	1，1-二氯乙烷	0.000	0.114	50	0.000	0.079	100	0.000	0.089	75	0.000	0.060	75	0.000	0.063	50
12	顺式-1，2-二氯乙烯	0.010	0.041	100	0.011	0.685	100	0.010	0.308	100	0.008	0.311	100	0.008	0.324	100
13	三氯甲烷	0.000	0.638	75	0.000	0.579	100	0.131	0.847	100	0.132	0.536	100	0.118	0.670	100
14	1，2-二氯乙烷	0.000	0.460	50	0.000	0.167	100	0.000	0.802	50	0.000	0.598	25	0.000	0.586	100
15	1，1，1-三氯乙烷	0.000	0.180	50	0.000	0.143	100	0.000	0.173	50	0.000	0.194	25	0.000	0.170	25
16	四氯化碳	0.097	0.191	100	0.114	0.260	100	0.111	0.190	100	0.108	0.170	100	0.123	0.173	100
17	1，2-二氯丙烷	0.017	3.531	100	0.026	1.783	100	0.009	4.543	100	0.012	3.239	100	0.011	2.695	100
18	一溴二氯甲烷	0.014	0.059	100	0.011	0.127	100	0.012	0.064	100	0.011	0.111	100	0.010	0.090	100

（续）

	卤烃类	CK			草酸			柠檬酸			生物炭			沸石		
		最小值	最大值	检出率（%）	最小值	最大值	检出率（%）	最小值	最大值	检出率（%）	最小值	最大值	检出率（%）	最小值	最大值	检出率（%）
19	顺-1，3-二氯-1-丙烯	0.032	0.233	100	0.032	0.072	100	0.031	0.079	100	0.032	0.398	100	0.034	0.351	100
20	反-1，3-二氯-1-丙烯	0.000	0.103	50	0.000	0.099	75	0.000	0.072	75	0.000	0.097	100	0.071	0.198	100
21	1，1，2-三氯乙烷	0.000	0.060	25	0.000	0.061	25	0.000	0.062	25	0.000	0.060	25	0.000	0.060	25
22	二溴一氯甲烷	0.047	0.061	100	0.047	0.061	100	0.059	0.062	100	0.046	0.062	100	0.046	0.062	100
23	1，2-二溴乙烷	0.046	0.132	100	0.046	0.048	100	0.046	0.053	100	0.046	0.046	100	0.046	0.062	100
24	四氯乙烯	0.000	0.030	25	0.000	0.038	25	0.000	0.033	25	0.000	0.014	25	0.000	0.029	25
25	三溴甲烷	0.000	0.148	75	0.000	0.147	75	0.145	0.151	100	0.000	0.147	75	0.145	0.148	100
26	四氯乙烷	0.000	0.028	25	0.000	0.066	25	0.000	0.054	50	0.000	0.067	75	0.000	0.105	75

（续）

	芳烃类	CK			草酸			柠檬酸			生物炭			沸石		
		最小值	最大值	检出率（%）	最小值	最大值	检出率（%）	最小值	最大值	检出率（%）	最小值	最大值	检出率（%）	最小值	最大值	检出率（%）
1	苯	0.203	13.538	100	0.195	13.503	100	0.185	10.821	100	0.202	8.593	100	0.186 3	12.991 3	100
2	甲苯	0.314	3.035	100	0.284	1.233	100	0.328	2.284	100	0.332	2.278	100	0.341 1	1.700 9	100
3	氯苯	0.000	0.030	50	0.000	0.015	25	0.000	0.025	25	0.000	0.004	25	0	0.005 7	25
4	乙苯	0.070	1.162	100	0.060	0.472	100	0.078	1.016	100	0.070	0.940	100	0.067 6	0.989 8	100
5	间对二甲苯	0.092	1.331	100	0.077	0.635	100	0.122	1.347	100	0.092	1.242	100	0.087 4	1.402 4	100
6	苯乙烯	0.147	1.391	100	0.140	1.131	100	0.146	6.836	100	0.140	0.154	100	0.139 4	1.296 7	100
7	邻二甲苯	0.412	1.039	100	0.057	0.409	100	0.151	1.997	100	0.081	1.180	100	0.068 8	0.831 6	100
8	异丙苯	0.000	0.185	25	0.000	0.000	0	0.000	0.055	25	0.000	0.000	100	0	0	100
9	正丙苯	0.000	0.031	50	0.000	0.035	25	0.000	0.023	50	0.000	0.009	50	0	0.024 2	25
10	间乙基甲苯	0.018	0.143	100	0.006	0.087	100	0.016	0.131	100	0.019	0.080	100	0.016 5	0.112 6	100
11	氯代甲苯	0.280	0.357	100	0.281	0.373	100	0.280	0.446	100	0.280	0.308	100	0.279 5	0.327 4	100

（续）

	芳烃类	CK			草酸			柠檬酸			生物炭			沸石		
		最小值	最大值	检出率（%）	最小值	最大值	检出率（%）	最小值	最大值	检出率（%）	最小值	最大值	检出率（%）	最小值	最大值	检出率（%）
12	对二氯苯	0.061	0.093	100	0.064	0.083	100	0.063	0.101	100	0.061	0.091	100	0.061 6	0.084 3	100
13	间二氯苯	0.181	0.264	100	0.173	0.241	100	0.186	0.234	100	0.180	0.227	100	0.181 1	0.280 9	100
14	1，2，3-三甲苯	0.000	0.102	50	0.000	0.086	25	0.000	0.298	75	0.000	0.057	50	0	0.038 7	50
15	邻二氯苯	0.009	0.033	100	0.009	0.014	100	0.009	0.033	100	0.009	0.011	100	0.008 3	0.020 3	100
16	间二乙基苯	0.059	0.070	100	0.059	4.011	100	0.060	0.080	100	0.057	0.062	100	0.059	0.068 7	100
17	间甲基苯甲醛	0.118	0.243	100	0.130	0.188	100	0.121	0.369	100	0.117	0.170	100	0.117 1	0.184 9	100
18	1，2，4-三氯苯	0.408	0.434	100	0.416	0.445	100	0.411	0.683	100	0.402	0.424	100	0.401 2	0.477 2	100

均集中在前十天，后期的浓度较低，且趋近于 0，这与 Turan 等（2007）具有相似的结论。

4 种添加剂在第 3d 时对烷烃类的减排效率分别为 46%、77%、79%和 26%；对卤烃类的减排效率分别为 97%、93%、96%和 38%；对芳香烃类的减排效率分别为 53%、24%、28%和 11%。前期 4 种添加剂均可或多或少地减少 VOSs 的排放。在第 6d 时对烷烃类的减排效率分别为−79%、−2%、−17%和 11%；对卤烃类的减排效率分别为 79%、−97%、82%和 30%；对芳香烃类的减排效率分别为−91%、−61%、−22%和 20%。到第 6d 时沸石对烷烃类、卤烃类和芳香烃类均有减排效果。前期 4 种添加剂均有减排效果，从第 5d 开始每种添加剂对各类 VOCs 的减排效果有不同程度的下降，只有沸石仍有减排效果。

6. 臭气的检测　根据对三甲胺和 8 种含 S 臭气的检测情况，找到本试验中主要的 3 种恶臭物质：三甲胺、二甲二硫醚和甲硫醚，这 3 种恶臭物质的变化情况见图 4-49（左上为三甲胺浓度，

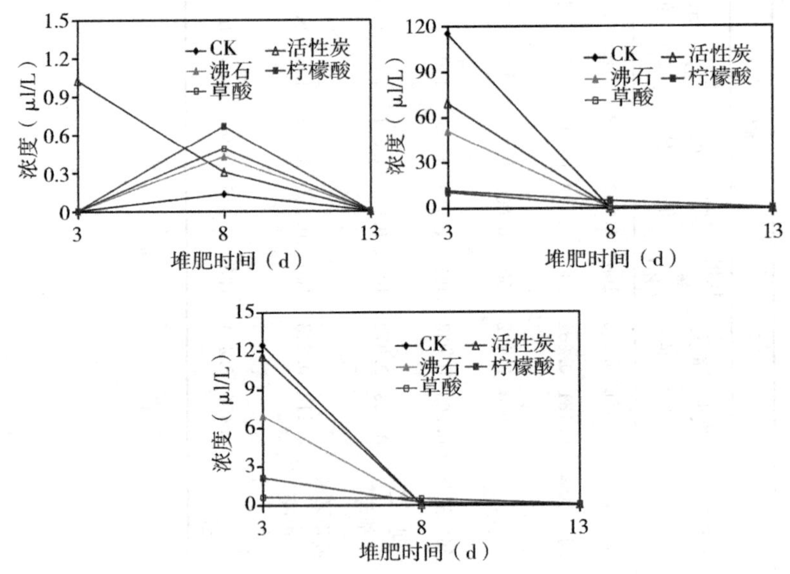

图 4-49　主要含 S 挥发性臭气的排放规律

右上为二甲二硫醚浓度，下面为甲硫醚浓度）。甲硫醚和二甲二硫醚具有相似的变化趋势，峰值均出现在堆肥初期。CK、生物炭、沸石、柠檬酸和草酸的甲硫醚峰值分别为 12.443mg/kg、11.577mg/kg、6.944mg/kg、2.102mg/kg 和 0.599mg/kg，到第 8d 几乎检测不到。对于三甲胺，除生物炭外其他的添加剂包括 CK 的峰值出现在第 8d 左右。4 种添加剂对三甲胺没有减排效果，对含硫化合物均有减排效果。生物炭、沸石、柠檬酸和草酸对二甲二硫醚的减排效果分别为 40%、56%、90%和 91%；对甲硫醚的减排效果分别为 7%、44%、83%和 95%。

7. 无害化指标 鸡粪堆肥在每次翻堆时均进行采样，第二次翻堆和试验结束时采样进行了无害化指标的检测。由表 4－42 可知，各处理蛔虫卵死亡率均达到无害化标准；除活性炭外，其余处理粪大肠菌群数均达到无害化标准。

表 4－42 鸡粪堆肥无害化指标

项目	处理	粪大肠菌群数（个/g）	蛔虫卵死亡率（%）
	CK	<3.0	未检出蛔虫卵
	活性炭	23	未检出蛔虫卵
第 2 次翻堆	沸石	23	未检出蛔虫卵
	柠檬酸	<3.0	未检出蛔虫卵
	草酸	<3.0	未检出蛔虫卵
	CK	<3.0	未检出蛔虫卵
	活性炭	23	未检出蛔虫卵
	沸石	<3.0	未检出蛔虫卵
试验结束	柠檬酸	<3.0	未检出蛔虫卵
	草酸	<3.0	未检出蛔虫卵

综上，以鸡粪、秸秆和菌渣为原料进行堆肥，对比活性炭、沸

石、柠檬酸和草酸4种添加剂对臭气的减排效果，主要得出以下结论：

①鸡粪堆肥经过28d的好氧发酵，4种添加剂的堆肥组堆体温度均达到50℃并维持7d；相比活性炭和沸石，柠檬酸和草酸两种添加剂有利于维持堆肥高温时间。

②除活性炭外，沸石、柠檬酸、草酸3种添加剂均能有效降低堆肥氨挥发损失，减排率分别为－39.03％、36.40％、34.51％和72.15％，其中草酸的减排率最高，为72.15％。

③堆肥过程中SO_2和H_2S的挥发主要集中在前八天，柠檬酸和草酸对SO_2有减排效果，减排率分别为34.91％和28.38％，活性炭和沸石对H_2S有减排效果，减排率分别为11.68％和12.28％。草酸处理堆肥TS和水溶性SO_4^{2-}高于其他处理。

④VOC_S的排放集中在前九天，在第3d时VOC_S达到峰值，4种添加剂对各类VOC_S均有减排效果。对烷烃类的减排效率分别为46％、77％、79％和26％；对卤烃类的减排效率分别为97％、93％、96％和38％；对芳香烃类的减排效率分别为53％、24％、28％和11％。其中对卤烃类的减排效率可高达97％，后期只有沸石对各类VOC_S有减排效果，最高为30％。

⑤除活性炭处理外，其余处理粪大肠菌群数、蛔虫卵死亡率均达到无害化标准。

三、技术集成与示范推广

在北京绿多乐公司利用本项目研究成果已开展了陈旧垫料腐熟成有机肥再作为垫料养殖，以减少氨气排放，并进行了示范推广，见图4-50。在河北永清示范推广了常温静态发酵技术，见图4-51。

图 4－50　陈旧垫料再吸收圈舍氨气示范

图 4－51　常温静态堆肥

参考文献

曹思婷，郭亚男，何生虎，等.2018. 卵黄抗体的研究进展［J］. 黑龙江畜牧兽医（9）：51-54.

陈广杰.1991. 鸡舍恶臭的微生物除臭技术［J］. 农业环境保护，10（3）：142.

陈家祥，张仁义，王全溪，等.2010. 地衣芽孢杆菌对肉鸡生长性能、抗氧化指标和血液生化指标的影响［J］. 动物营养学报，22（4）：1019-1023.

陈立福.2019. 发酵床厚垫料生态养殖肉鸡技术［J］. 畜牧兽医科技信息（10）：166.

成廷水，呙于明，袁建敏.2004. 日粮中添加氨基酸络合锌、铜、锰对蛋鸡产蛋性能、免疫及组织抗氧化机能的影响［J］. 中国家禽（19）：15-18.

单安山，田昊天，邵长轩，等.2018. 抗菌肽抗细菌机理研究进展［J］. 东北农业大学学报，49（3）：84-94.

道宗直昭.1998. 除臭方法、技术及设备装置［A］.13本中央畜产会. 家畜粪尿处理、利用手册［c］. 东京：13本农林弘济服务株式出版会社.

董勤，徐英含.1988. 抗生素对吞噬细胞的影响［J］. 国外医药（抗生素册）（5）：319-322.

傅政敏.1992. 养猪场除臭气方法之探讨［J］. 畜牧半月刊（3）：20-24.

高华，秦清军，谷杰，等.2004. 除臭菌剂再家禽粪便无害化处理中的效果研究［J］. 西北农林科技大学学报，32（11）：59-64.

郭晓博.2016. 脱硫石膏对堆肥中氮素转化和腐殖化特征影响的研究［D］. 南宁：广西大学.

郭欣怡.2017. 一起鸡球虫病的诊断及复合益生菌的治疗效果［J］. 黑龙江畜牧兽医（4）：125-126.

国家环境保护局，国家技术监督局.1994. GB 14554—1993 恶臭污染物排放标准［S］. 北京：中国标准出版社.

何正芳.1993. 金属（特种氨基酸）络合物对猪禽生产的作用［J］. 国外畜牧学（猪与禽）（1）：12-15.

贺琪，李国学，等.2005. 高温堆肥过程中的氮素损失及其变化规律［J］. 农业环境科学学报，24（1）：169-173.

黑田和孝.1998. 家畜粪尿处理中臭气处理对策［A］.13本中央畜产会. 家

畜粪尿处理、利用手册［c］．东京：13本农林弘济服务株式出版会社．
胡明勇，等．2008. 物理调理剂在猪粪堆肥中的除臭及保氮效果研究［J］．湖南农业科学（3）：85-89.
胡尚勤，周开孝．1996. 利用微生物消除鸡粪臭气对生态环境的污染［J］．生态农业研究，4（4）：35-37.
胡晓丽，孙进，乐国伟，等．2009. 抗氧化乳酸菌在体外结肠环境清除羟自由基的研究［J］．中国微生态学杂志，21（6）：488-492，496.
金彩霞，刘军军，陈秋颖，等．2009. 兽药污染土壤对小麦和白菜根伸长抑制的毒性效应［J］．农业环境科学学报，28（7）：1358-1362.
亢守亭，郭颖媛，裴华．2008. 硫酸锌和甘氨酸锌对蛋雏鸡生长性能的影响［J］．饲料研究（3）：38-40.
李朝辉，孙龙，王健，等．2019. 枯草芽孢杆菌和黄芪多糖对雏鸡免疫力的影响［J］．吉林畜牧兽医，40（1）：5-8.
李国学，张福锁．2000. 固体废弃物堆肥化与有机复混肥的生产［M］．北京：化学工业出版社．
李玲茜，惠俊楠，吴旻，等．2020. 海洋红酵母菌和枯草芽孢杆菌对蛋雏鸡生长性能、肠道形态和免疫功能的影响［J］．中国畜牧杂志，56（3）：88-94.
李龙，仇薪鑫，刘锁珠．2019. 微胶囊化益生菌对肉鸡生产性能、抗氧化性能和免疫机能的影响［J］．饲料研究，42（6）：52-54.
李培仓．2009. 抗生素滥用对养殖业的危害及控制对策［J］．中国动物检疫，26（6）：23-24.
李庆康，王志明，刘海琴，等．2001. 利用有效微生物菌群进行鸡粪处理的研究［J］．农业环境保护，20（4）：217-220.
李远啸，郭斌，刘烁．2019. 微生物生物技术处理气态污染物的研究进展［J］．微生物学通报，46（12）：3475-3482.
李云香，姚倩，任玫，等．2019. 抗菌肽作用机制研究进展［J］．动物医学进展，40（9）：98-103.
李贞明，张贝贝，余苗，等．2019. 植物提取物的生物学功能及其在肉鸡生产中的应用进展［J］．广东农业科学，46（6）：110-117.
梁远东，杨膺白，邓秀金，等．2002. 肉仔鸡日粮中添加羟基蛋氨酸锌和铁的效果研究［J］．饲料博览（6）：1-2.
廖新悌．1999. 规模化猪场用水与废水处理技术［M］．北京：中国农业出版社.
刘桂英，葛坤，召会，等.2017. 近岸海域抗生素污染状况的研究进展［J］. 渤海大学学报（自然科学版），38（4）：331-336.
刘宏伟，廖阔遥，张浩，等.2019. 猪无抗饲料研究进展［J］. 猪业科学，36（12）：82-86.
刘欢欢，刘珍珠，娄恺，等.2020. 不同益生菌对柳州麻鸡体增重、肠道酶活和免疫指标的影响［J］. 西南农业学报，33（1）：198-205.
刘静.2016. 发酵床养鸡技术的优点及注意事项［J］. 当代畜牧（18）：1-2.
罗泉达.2008. C/N 比值对猪粪堆肥腐熟的影响［J］. 闽西职业技术学院学报，10（1）：113-115.
马怀良，陈欢.2008. 龚振杰. 不同初始 C/N 比对高温堆肥效果的影响［J］. 牡丹江师范学院学报（自然科学版），65（2）：7-8.
马娜，陈玲，雄飞.2003. 我国城市污泥的处置和利用［J］. 生态环境，12（1）：92-95.
毛建华，王正祥，许前欣，等.2004. 堆肥化过程的影响因素及 12-20-Ⅰ型翻抛机的特点［J］. 天津农业科学，10（1）：25-27.
倪立华，周大同.2018. 生物除臭技术在污水处理站臭气处理中的应用［J］. 粮食与食品工业，25（5）：13-15.
倪娒娣，陈志银，程绍明.2005. 不同填充料对猪粪好氧堆肥效果的影响［J]. 农业环境科学学报，24（增刊）：204-208.
欧阳峰，王勇，等.2006. 栏舍铺垫木屑对猪只健康和肉质影响的试验报告［J］. 广东畜牧兽医科技，31（6），37-38.
潘木水，邝哲师，梁祖满，等.2016. 南方地区发酵床养鸡技术的研究进展［J］. 广东饲料，25（2）：50-52.
漆辉，马莎，张乙涵，等.2011. 抗生素残留在土壤环境中的行为及其生态毒性研究进展［J］. 安徽农业科学，39（18）：10906-10908.
任培桃，傅同禄.1996. 氨基酸金属络合物的研究应用［J］. 中国饲料（24）：10-11.
日本中央畜产会.1990. 畜产养殖场的臭气产生与防止对策［M］. 东京：丸井工文社.
沈根祥，袁大伟，何七勇.1996. EM 微生物用于鸡粪除臭的试验［J］. 上海环境科学，15（3）：25-29.
沈玉君，李国学，任丽梅，等.2010. 不同通风速率对堆肥腐熟度和含氮气体

排放的影响 [J]. 农业环境科学学报，29 (9)：1814-1819
孙德成，王守清，赵志恭. 1995. 微量元素氨基酸螯合物对产蛋鸡生产性能的影响 [J]. 中国饲料 (1)：14-15.
孙振钧，孙永明. 2006. 我国农业废弃物源化与农村生物能源利用的现状与发展 [J]. 中国农业科技导报，8 (1)：6-13.
汪植三，李其谦. 1995. 畜禽粪便污水及废气净化的研究 [J]. 农业工程学报 (4)：90-95.
王亘，孟洁，商细彬，等. 2018. 国外恶臭污染管理办法对我国管理体系构建的启示 [J]. 环境科学研究，31 (8)：1337-1345.
王克卿，谭善杰. 2008. 生物环保养猪技术的研究与进展 [J]. 中国养猪 (3)：60-62.
王岩，王文亮，霍晓婷. 2002. 家畜粪尿的堆肥化处理技术研究 [J]. 河南农业大学学报，36 (3)：284-287.
王中林. 2015. 发酵床的制作与应用 [J]. 科学种养 (9)：40-41.
魏清甜，李平华，汪涵，等. 2014. 粪肠球菌替代抗生素对保育仔猪生长性能、腹泻率、体液免疫指标和肠道微生物数量的影响 [J]. 南京农业大学学报，37 (6)：143-148.
吴胜华. 2007. 有机微量元素研究与应用进展 [J]. 农产品加工 (2)：121.
吴遥远，张桥，余新盛. 2007. 现代堆肥影响因素及控制 [J]. 安徽农学通报，13 (13)：69-71.
徐峥嵘. 2008. 浅析现阶段农业有机废弃物利用存在的问题 [J]. 河北农业科学，12 (4)：99-100.
徐仲凯. 2017. 浅谈麻鸡发酵床饲养技术 [J]. 中兽医医药杂志，36 (3)：68-69.
杨凯雄，李琳，刘俊新. 2016. 挥发性有机污染物及恶臭生物处理技术综述 [J]. 环境工程，34 (3)：107-111，179.
杨曙明. 1999. 寡糖在动物营养研究中的进展 [J]. 动物营养学报，11 (1)：1-9.
杨亚娟. 2002. 开发利用有机废弃物实现农业可持续发展 [J]. 国土与自然资源研究 (2)：32.
余鹏举，曹先贺，王宏志，等. 2021. 微生物在恶臭污染治理中的研究及应用 [J]. 微生物学通报，48 (1)：165-179.
袁守军，牟艳艳，郑正，等. 2004. 城市污水厂污泥高温好氧堆肥氮素转变行

为研究 [J]. 环境污染治理技术与设备，5 (10)：47-50.

岳根华. 1992. 畜禽排泄物气味控制及研究进展 [J]. 家畜生态 (2)：45-47.

张皓，严红. 2008. 微生物除臭技术的研究现状 [J]. 大连大学学报，29 (3)：27-30.

张曼，杨书会，高洁，等. 2017. 发酵床养鸡技术的研究进展 [J]. 黑龙江畜牧兽医 (13)：69-72.

张生伟，黄旺洲，姚拓，等. 2016. 高效微生物除臭剂在畜禽粪便堆制中的应用效果及其除臭机理研究 [J]. 草业学报，25 (9)：142-151.

张以宏. 2015. 生物发酵垫料在蛋鸡养殖中的运用 [J]. 福建畜牧兽医，37 (6)：39.

赵庆奎. 2016. 滥用抗生素对畜牧业的危害及对策 [J]. 畜牧兽医科技信息 (9)：39.

赵银中. 2014. 恶臭气体危害及其处理技术 [J]. 广东化工，41 (13)：170-171.

朱晓霞，刘麟. 2003. EM 对改善禽畜养殖环境的应用探讨 [J]. 甘肃环境研究与监测 (3)：82-83.

Abdul-Wahab S，Al-Rawas G，Charabi Y，et al；2017. A study to investigate the key sources of odors in Al-Multaqa Village，Sultanate of Oman [J]. Environmental Forensics，18 (1)：15-35.

APSIMON H M. 1987. Ammonium emissions and their role in acid deposition [J]. Atmospheric Environment，21：1939-1945.

Barbusinski K，Kalemba K，Kasperczyk D，et al. 2017. Biological methods for odor treatment：a review [J]. Journal of Cleaner Production，152：223-241.

Barrington S，Chinière D，Trigui M，et al. 2002. Effect of carbon source on compost nitrogen and carbon losses [J]. bioresource Technology，83 (3)：189-194.

Behrendt T，Catão ECP，Bunk R，et al. 2019. Microbial community responses determine how soil-atmosphere exchange of carbonyl sulfide，carbon monoxide，and nitric oxide responds to soil moisture [J]. *Soil*，5，121-135，doi：10.5194/soil-2018-7.

Bernal M P，Alburquerque JA，Moral，R. 2009. Composting of animal manures and chemical criteria for compost maturity assessment. A review [J].

Bioresour. Technol. 100, 5444-5453, doi: 10. 1016/j. biortech. 2008. 11. 027.

Brancher M, Griffiths KD, Franco D, et al. 2017. A review of odour impact criteria in selected countries around the world [J]. Chemosphere, 168: 1531-1570.

Calabrò P S, Gori M, Lubello C. 2015. European trends in greenhouse gases emissions from integrated solid waste management [J]. *Environ. Technol*. 36, 2125-2137, doi: 10. 1080/09593330. 2015. 1022230.

Campbell C D, Darby J F. 1990. The composting of tree-bark in small reactors adiabatic and fixed temperature Experiments [J]. Biological Wastes, 31 (3): 175-185.

Dozier WA, AJ Davis, ME Feeeman, et al. 2003. Early growth and environmental implication of dietary zinc and copper concentrations and sources of broiler chicks [J]. British Poultry Science, 44: 726-731.

Dumont E, Hamon L, Lagadec S, et al. 2014. NH_3 biofiltration of piggery air [J]. Journal of Environmental Management, 140, 26-32.

Elliott LF, Travis T A. 1973. Detection of carbonyl sulfide and other gases emanating from beef cattle manure [J]. *Soil Sci. Soc. Am. J*. 37, 700-702, doi: 10. 2136/sssaj1973. 03615995003700050022x.

Fukumoto Y, Osada T, Hanajima D, et al. Patterns and quantities of NH_3, N_2O and CH_4 emissions during swine manure composting without forced aeration—Effect of compost pile scale [J]. *Bioresour. Technol*. 2003, 89, 109-114, doi: 10. 1016/S0960-8524 (03) 00060-9.

Fukumoto, Y, Suzuki K, Kuroda K, et al. 2011. Effects of struvite formation and nitratation promotion on nitrogenous emissions such as NH_3, N_2O and NO during swine manure composting [J]. *Bioresour. Technol*. 102, 1468-1474, doi: 10. 1016/j. biortech. 2010. 09. 089.

Gian-Gupta, Simone-Charles. 1999. Trace elements in soils fertilized with poultry litter [J]. Poultry Science, 78: 1695-1698.

Gibson G R, Roberfroid B M. 1995. Dietary modulation of the human colonic microbiota introducing the concept of prebiotics [J]. Nutrition, 125: 1401-1412.

Giordano P M, Mortvedt J J, Mays D A. 1975. Effect of municipal wates on crop yields and uptake of heavy metals [J]. Journal of Environmental

Quality，4：394-399.

Hao X，Chang C. 2001. Gaseous NO，NO_2，and NH_3 loss during cattle feedlot manure composting [J] . *Phyton-Ann. Rei Bot*. 41，81-94.

IPCC. 2013. *Climate Change：The Physical Science Basis. Contribution of Working Group I to the Fifth Assessment Report of the Intergovern- mental Panel on Climate Change* [M] . New York：Cambridge University Press，p. 730.

Jiang T，Li G，Tang Q，et al. 2015. Effects of aeration method and aeration rate on greenhouse gas emissions during composting of pig feces in pilot scale [J] . *J. Environ. Qual*. 31，124-132，doi：10. 1016/j. jes. 2014. 12. 005.

Jiang T，Schuchardt F，Li G，et al. 2011. Effect of C/N ratio，aeration rate and moisture content on ammonia and greenhouse gas emission during the composting [J] . *J. Environ. Qual*. 23，1754-1760，doi：10. 1016/S1001-0742 (10) 60591-8.

Keck M，Mager K，Weber Ket，et al. 2018. Odour impact from farms with animal husbandry and biogas facilities [J] . Science of the Total Environment，645：1432-1443.

Kingery WL，Wood CW，et al. 1994. Impact of long-term land application of broiler litter on environmentally related soil properties [J] . Journal of Environmental Quality，23：139-147.

Lau AK，Lo KV，Liao PH，et a1. 1992. Aeration experiments for swine waste composting [J] . Bioresource Technolog，41：145-152.

Leblanc JG，Milani C，Degiori GS，et al. 2013. Bacteria as vitamin suppliers to their host：a gut microbiota perspective [J] . Curr Opin Biotechnol，24 (2)：160-168.

Lewkowska P，Cieslik B，Dymerski T，et al. 2016. Characteristics of odors emitted from municipal wastewater treatment plant and methods for their identification deodorization techniques [J] . Environmental Research，151：573-586.

Li L，Zhang JY，Lin J，et al. 2015. Biological technologies for the removal of sulfur containing compounds from waste streams：Bioreactors and microbial characteristics [J] . World Journal of Microbiology and Biotechnology，31 (10)：1501-1515.

Li R，Wang JJ，Zhang Z，et al. 2012. Nutrient transformations during composting of pig manure with bentonite. Bioresour. Technol. 121，362-368，doi：10. 1016/j. biortech. 2012. 06. 065.

Martins O，Dewes T. 1992. Loss of nitrogenous compounds during composting of animal wastes [J]. *Bioresour. Technol.* 42，103-111，doi：10. 1016/0960-8524 (92) 90068-9.

Matins O. 1992. Less of nitrogenous compounds during composting of animal wastes [J]. Bioresource Technology，42：103-111.

Mohanna C，Y Nys. 1999. Effect of dietary zinc content and sources on the growth，body zinc deposition and retention，zinc excretion and immune response in chickens [J]. British Poultry Science，40：108-114.

Paillat J M，Robin P，Hassouna M，et a1. 2005. Predicting ammonia and carbon dioxide emissions from carbon and nitrogen biodegradability during animal waste composting [J] Atmospheric Environment，39：6833- 6842.

Roberfroid MB. 2000. Chicory-fructooligosaccharides and the gastrointestinal tract [J]. Nutrition，16 (7)：677-679.

ROelfs J G. 1985. The efect of airborne ammonium sulfate on Pinus nigra var. m~r/t/me in the Netherlands [J]. Plant and Soil，84：45-56

Sànchez-Monedero MA，Roig A，Paredes C，et al. 2001. Nitrogen transformation during organic waste compo sting by the Rutgel's system and its effects on pH，EC and maturity of the composting mixtures [J]. Bioresource Technology，78：301-308.

Sharon N，Lis H. 1993. Carbohydrates in cell recognition [J]. Scientific American，268 (1)：82-89.

Siegeford JM，Powers W. 2008. Environmental aspects of ethical animal production [J]. Poultry Science，87，380-386.

Sommer SG. 2001. Effect of composting on nutrient loss and nitrogen availability of cattle deep litter [J]. European Journal of Agronomy，14：123-133.

Tiquia SM，Richard TL，MS Honeyman. 2002. Carbon，nutrient and mass loss during composting [J]. Nutrient Cycling in Agroecosystems，62：15-24.

Tsutsui H，Fujiwara T，Matsukawa，K，et al. 2013. Nitrous oxide emission mechanisms during intermittently aerated composting of cattle manure [J].

Bioresour. Technol. 141, 205-211, doi: 10. 1016/j. biortech. 2013. 02. 071.

Wedekind K J, Baker D H. 1990. Zinc bioavailability in feed grade sources of zinc [J] . J. Anim. Sci, 68: 684-690.

Wings S, Horton R A, Marshall S W. 2008. Air pollution and odor in communities near industrial swine operations [J] . Environmental Health Perspectives, 116, 1362-1368.

Wysocka I, Gębicki J, Namiesnik J. 2019. Technologies for deodorization of malodorous gases [J] . Environmental Science and Pollution Research, 26 (10): 9409-9434.

Yakushidou K. 2000. Composting of dairy cattle wastes and compost pelletization [J] . Kyushu Agricultural Research, 62: 19-24.

Yan Z, Liu X, Yuan Y, et al. 2013. Deodorization study of the swine [J]. Biotechnology and Bioprocess Engineering, 18, 135-143.

Zang B, Li S, Michel F, et al. 2016. Effects of mix ratio, moisture content and aeration rate on sulfur odor emissions during pig manure composting [J]. *Waste Manag*. 56, 498-505, doi: 10. 1016/j. wasman. 2016. 06. 026.

Zarra T, Galang MG, Ballesteros Jr F, et al. 2019. Environmental odour management by artificial neural network: a review [J] . Environment International, 133: 105189.

Zhang H, Li G, Gu J, et al. 2016. Influence of aeration on volatile sulfur compounds (VSCs) and NH_3 emissions during aerobic composting of kitchen waste [J] . *Waste Manag*. 58, 369-375, doi: 10. 1016/j. wasman. 2016. 08. 022.

Zhao Y, Guo T X, Chen ZY, et al. 2010. Simultaneous removal of SO_2 and NO using $M/NaClO_2$ complex absorbent [J] . *Chem. Eng. J*. 160, 42-47, doi: 10. 1016/j. cej. 2010. 02. 060.

第五章 以沼气为纽带的循环农业关键技术与示范

沼气工程是畜禽粪便进行无害化与资源化处理较为有效的技术之一，广泛应用于畜禽粪便处理与再利用，在解决大量畜禽养殖废弃物、作物秸秆和人类生活垃圾等环境污染物方面发挥了重要的作用（Bujoczek et al.，2000；Nasir et al.，2012）。畜禽养殖废弃物经过沼气工程厌氧发酵，不仅可以使养殖场畜禽粪便得到有效的处理，还能把其产物作为能源回收。经过20多年的发展，我国的沼气开发利用技术走在世界的前列（李军刚等，2012）。根据国家关于沼气工程的远景规划，到2020年我国农村地区中，适宜农户发展沼气工程的普及率有望达到70%（新华社，2010）。随着国家对农村地区的重视，相关政策和法律法规逐渐向农村地区倾斜，沼气工程在我国农业领域及社会主义新农村建设中发挥着越来越重要的作用。沼气工程的蓬勃发展，不仅能减少甚至避免畜禽粪便及生活污水等直接排放对环境造成的污染，而且产生的沼气作为一种可再生的清洁能源，能够有效缓解我国日益严重的能源危机。习近平总书记在中央财经委员会第十四次会议讲话中指出“今后畜禽养殖废弃物以沼气和生物天然气为主要处理方向，以就地就近用于农村能源和农用有机肥为主要使用方向”，汪洋副总理在全国畜禽养殖废弃物资源化利用会议中指出“抓好畜禽养殖废弃物资源化利用，全面推进畜禽养殖废弃物资源化利用”，表明了党和国家对于我国畜禽废弃物资源化利用的重视。而厌氧发酵技术在畜禽废弃物资源化利用方面具有特殊的优势，所以今后我国沼气工程建设势必会迎来新的发展阶段。

目前，我国沼肥年生产量达 4 亿 t，沼渣沼液中含有丰富的营养物质，具有较高的利用价值，包括氮、磷、钾等大量营养元素和钙、铜、铁、锌、锰等中、微量营养元素。沼渣沼液对于土壤有较好的改良作用，能够实现土壤中生态环境良性循环，有利于土壤中植被的生长。国内目前沼渣沼液的利用主要包括施肥、沼渣沼液浸种、病虫害防治、作为饲料等。

虽然沼渣沼液是一种很好的有机肥源，但由于不同发酵原料沼渣沼液养分差异大、缺乏合理的消纳技术和规程、沼渣沼液施用环境效益不明等问题，导致大量的沼渣沼液排放到环境中，不但造成了大量肥效的损失，而且引起了二次污染。国内外学者研究表明，畜禽粪污经厌氧消化处理后，沼液 COD、氨氮和总磷均未达到相关标准。高含量的氮磷养分是影响沼液排放及利用的重要障碍因素，在我国南方一些重点畜产区，传统的肥、药沼液利用方式已经无法满足源源不断的和日益增长的沼液处理需求，沼液的排放成为突出的水体富营养化威胁。在耕地富足地区，以区域环境承载力为约束，结合作物需肥需水特征合理限量施用沼液，减少排放控制对周边环境的污染风险。在耕地紧缺地区，运用“精细处理”实现畜禽粪污高值利用最为适宜。研发畜禽粪污沼液的氮磷回收技术，既能降低沼液的环境污染风险，又能实现养分循环利用。本章通过调研分析沼渣沼液理化性状，对沼渣沼液施用肥效及环境效益进行评估，以期得出解决方案。

沼肥是一种很好的有机肥源，这已得到了国内外的一致认可，但是目前沼肥利用率较低、施用技术不合理造成的环境污染问题也同样引发了人们的关注，此外沼渣沼液自身有毒有害物质不明、养分差异性大的问题同样也限制了沼渣沼液的工程化、精准化施用。

目前整体对沼肥的农田利用尚有较多的不足，主要体现在以下几个方面。

1. 沼渣沼液理化性状不明

（1）不同来源的沼渣沼液养分特征差异大　沼渣沼液中普遍富

含氮、磷、钾等大量营养元素和钙、铜、铁、锌、锰等中、微量营养元素，但是缺乏对沼渣沼液自身特性清晰认识，因为沼渣沼液是厌氧发酵产生物，而发酵原料特性、发酵工艺、滞留时间等对出流沼渣沼液影响很大，所以沼渣沼液中养分含量往往是千差万别，特别是氮、磷、钾等作物所需的大量元素，差异可达10倍以上。

（2）不同来源沼渣沼液物理性状不同　影响沼渣沼液施用肥效及农学效应的还包括pH、EC等，沼渣沼液pH影响养分分布特征、施肥后肥效、土壤pH等。EC代表沼渣沼液电导率，主要反映沼渣沼液中的离子浓度，影响施用后作物养分吸收。

（3）沼渣沼液中污染物风险不明　目前，人们对沼渣沼液施用环境安全性主要集中于重金属、抗生素、盐分等有毒有害物质，特别是对于目前集约化养殖容易出现的传染病、快速养殖的问题，导致有些养殖企业过量添加一些重金属、抗生素，此外，养殖种类、有毒有害物质添加量、发酵工艺、发酵温度、滞留时间等综合影响，导致沼渣沼液中重金属、抗生素、盐分差别较大，所以沼渣沼液的使用也受到了很大的限制。

2. 沼渣沼液储存过程中养分含量变化特征不明　作为处理农业废弃物的沼气工程，大都采用连续进出料，即每天都会有沼渣沼液产生，而作物需肥是有一定时间的，如播种前作为基肥、种植过程作追肥，这就造成了沼渣沼液产生与消纳的时间不匹配，所以沼渣沼液在施用前一般都会储存一段时间，一方面是为了配合作物施肥，一方面又可以进行再次发酵，降解有害物质含量。但是沼渣沼液储存过程中由于微生物分解以及氨挥发等原因，养分会有一定的损失，造成后续施肥量不同，但是目前沼渣沼液利用过程缺乏这方面的研究应用，所以了解沼渣沼液储存过程中养分含量变化特征，对于后续沼渣沼液合理施用具有重要的指导意义。

3. 沼渣沼液精准施用技术缺失　由于不同作物在不同生长阶段需肥规律不同，且同一作物在不同立地、气候条件、种植体系下需肥规律也不同，此外，不同沼渣沼液养分含量、养分有效性、养分平衡性不同，导致施用后自身肥效不同。不同沼渣沼液养分有效性和均衡性差异大，容易导致作物出现生长缓慢、土壤养分失衡问题。目前沼肥施用普遍是根据经验，对于沼渣沼液施用量及相应的综合施用技术缺乏科学理解，缺乏以作物产品、品质等为标准的精准施用技术，往往导致施用后效果不理想，甚至大量减产的现象。

4. 沼渣沼液农田施用后环境效益不明 沼渣沼液施用后的环境效益目前已经成为人们研究的热点，其直接影响沼渣沼液施用的可行性及具体技术方法。由于沼渣沼液自身含有包括氮磷、重金属、抗生素、盐分等物质，施用后对于土壤、水、大气环境均有一定的影响，但是目前实际应用过程中对于施用后综合环境效益研究较少，由于对沼渣沼液自身物质含量缺乏足够的认识以及不合理的施用技术，造成的环境污染问题屡有发生。所以综合研究沼渣沼液施用环境效益对于科学指导沼渣沼液施用具有重要意义。

随着农业产业化结构调整和新农村建设的实施，我国沼气工程建设在近十年得到了迅猛发展，为解决广大农村能源短缺、保护森林资源、改善农业生态环境、促进生态与经济系统良性循环提供了重要支撑。在沼气工程效益显现的同时产生了大量的沼气发酵副产物——沼渣、沼液。据估计我国目前每年的沼渣、沼液产量高达4亿t，然而利用率却不足30%。大部分沼气工程都没有处理沼渣沼液的相关工艺和设备，沼渣沼液被随意排放到环境中，不仅造成了资源的浪费，而且成为农村面源污染的主要来源。基于此，本研究以沼渣沼液为研究对象，开展沼渣沼液高效分离、转运、储存、利用技术集成，提高沼渣沼液施用的便捷性和安全性，减少施用过程中对环境的影响；研发高效沼液氮磷回收处理技术，建立沼渣沼液绿色综合安全利用技术体系和模式，提高沼渣沼液利用率，以及农作物的产量和品质，减少因沼渣沼液随意排放造成的农村面源污染风险；对沼渣沼液各种利用模式进行经济可行性分析，选取最佳利用模式，完善种植业、养殖业和沼气产业循环链条，为京津冀循环农业发展提供科技支撑。

我国沼气产业快速发展所产生的沼渣沼液造成生态环境污染问题突出，通过沼渣沼液绿色、高值利用技术、环境效应研究，建立沼液滴灌和管灌多种综合利用模式以及通过气体渗透膜实现沼肥养分的高效回收利用；对沼渣沼液农用安全控制技术体系进行研究，提出不同作物沼肥安全施用量和不同土壤类型上种植不同作物的沼肥承载力；综合评价长期施用沼渣沼液的环境效应，制定相关技术规程，研发沼液高效回收利用技术措施，并进行一定面积的示范推广，为区域沼渣沼液的综合利用提供技术支撑。

针对畜禽养殖厌氧消化沼液低含固率、高养分浓度以及沼液农用季节性、土地承载限制与其产生连续性相矛盾的问题，以氮磷养分的回收为首要目的，开展沼液中高浓度氮磷元素的回收技术研发，力求氮磷回收率达到85%以上，提高沼液处理率，在降低环境污染的同时增加畜禽养殖厌氧发酵附加值。

目前存在着对沼渣沼液性质认识不清、储存养分变化不明、精准施用技术缺失、施用环境效益不明的问题，通过对不同发酵原料沼渣沼液性质调研、储存养分变化研究、基于作物产量品质的精准施用技术以及施用环境效益开展研究，最终得出基于环境和农学效应的沼渣沼液精准施用技术。

第一节　沼渣沼液绿色综合利用及其对土壤肥力的影响

一、沼渣堆肥技术优化与沼渣堆肥配方软件研发

本试验以鲜牛粪沼泥为对照，另设6个处理，都以牛粪沼泥和玉米秸秆为主要原料，并分别添加沸石、腐殖酸、不同比例的菌剂等物质，通过研究堆肥过程中一些物理性状的变化，探究牛粪沼泥高温堆肥机理以及沸石等添加剂在堆肥中的作用，为日后有机肥配方优化，提高堆肥效率及堆肥质量、降低堆肥成本提供参考依据。

沼泥取自北京市密云区海华百利能源科技有限公司某奶牛场，由牛粪发酵而成的沼泥；玉米秸秆取自延庆康庄小丰营附近农田；沸石（CEC为48.4cmol/kg，pH为8.68）来源张家口独石口；腐殖酸为化学试剂。试验供试微生物菌剂一共两种（M_1、M_2），其

中菌剂 M_1 购于北京世纪阿姆斯生物技术有限公司；M_2 为北京市农林科学院植物营养与资源研究所机构自己培养，由芽孢杆菌、纤维素菌按一定比例混合制成。试验材料基本理化性质见表 5-1。

表 5-1　堆肥原料的基本性质

原料	全氮（%）	有机质（%）	水分（%）	全磷（P_2O_5）（%）	全钾（K_2O）（%）	C/N	有机碳（%）	pH
沼泥	1.83	66.16	73.96	1.786	0.808	22.6	—	—
玉米秸秆	0.97	—	—	0.25	0.76	—	37.6	7.18

试验于 2017 年 5 月 15 日至 6 月 29 日在北京市农林科学院内地下小温室进行。设 7 个处理，分别为：①沼泥（CK），②沼泥+秸秆（S），③沼泥+秸秆+10%沸石（S+10%Z），④沼泥+秸秆+2%腐殖酸（S+2%H），⑤沼泥+秸秆+2%腐殖酸+10%沸石（S+2%H+10%Z），⑥沼泥+秸秆+固体发酵菌剂 0.62%M_1（S+0.62%M_1），⑦沼泥+秸秆+液体菌剂 1.23%M_2（S+1.23%M_2）。以上百分比均指占沼泥和秸秆总鲜重的比例。

将玉米秸秆风干粉碎成粉末状，长度为 3mm 左右。各处理水分含量调至 60%左右：处理 1 通过晾晒调节水分，其余处理通过加秸秆调水分。各处理原料使用量：①晾过的沼泥 42.72kg，②沼泥鲜重 35kg+秸秆 5.5kg，③沼泥鲜重 35kg+秸秆 5.5kg+沸石 4.05kg，④沼泥鲜重 35kg+秸秆 5.5kg+腐殖酸 0.81kg，⑤沼泥鲜重35kg+秸秆 5.5kg+沸石 4.05kg+腐殖酸 0.81kg，⑥沼泥鲜重 35kg+秸秆 5.5kg+M_1 0.25kg，⑦沼泥鲜重 35kg+秸秆 5.5kg+M_2 500ml（表 5-2）。

表 5-2　处理方案

序号	处理	沼泥（kg）	秸秆（kg）	外源添加（kg）	装箱后重量（含箱子）（kg）	箱子重量（kg）
1	CK	35	0	0	52.08	9.36
2	S	35	5.5	0	49.42	9.36
3	S+10%Z	35	5.5	4.05	53.26	9.36

（续）

序号	处理	沼泥 (kg)	秸秆 (kg)	外源添加 (kg)	装箱后重量（含箱子）(kg)	箱子重量 (kg)
4	S+2%H	35	5.5	0.81	50.52	9.36
5	S+2%H+10%Z	35	5.5	4.86	55.12	9.36
6	S+0.62%M_1	35	5.5	0.25	50.32	9.36
7	S+1.23%M_2	35	5.5	0.50	51.74	9.36

将各处理的材料混合均匀后分别于 110L（72cm×52cm×55cm）保温箱内堆制，箱与堆体总重均在 50kg 左右，箱子重量为 9.36kg。在堆肥第 4d、11d、17d、32d 进行人工翻堆。

（一）堆体外观的变化

通常堆肥原料会产生令人不快的恶臭气体，如硫醚、硫醇类，及低分子挥发性脂肪酸等。堆肥系统运行良好时，这种气味逐渐减弱并在堆肥腐熟后消失，取而代之的是由真菌和放线菌产生的土臭味素所散发出的潮湿的泥土气息。同时，随着堆肥不断发酵，堆料颗粒慢慢变得细小均匀，不再具有黏性，呈疏松的团粒结构，不再招引蚊蝇，腐熟后呈黑褐色或黑色。Sugahara 提出一种简单的方法用于检测堆肥产品的色度，并回归出如下关系式：

$$Y=0.388\,(C/N)+8.13 \qquad (R^2=0.749) \tag{5-1}$$

式中，Y 值为 11～13 的堆肥产品是腐熟的，使用这种方法判定腐熟时需要特别注意取样的代表性，但堆肥的色度易受其原料成分的影响，因而很难建立起统一的色度标准来辨别各种堆肥的腐熟程度。在本试验中，堆肥第 33d 各处理外观情况见表 5-3。

表 5-3　堆肥第 33d 各处理外观情况

序号	处理	外观
1	CK	无臭无蝇，浅褐色，体积减少 10%
2	S	无臭无蝇，黑褐色，体积减少 40%，疏松

（续）

序号	处理	外观
3	S+10%Z	无臭无蝇，黄色，体积减少5%
4	S+2%H	无臭无蝇，黑褐色，体积减少35%，疏松
5	S+2%H+10%Z	无臭无蝇，浅灰色，体积减少20%
6	S+0.62%M_1	无臭无蝇，褐色，体积减少35%，疏松
7	S+1.23%M_2	泥土气味，黑褐色，体积减少50%，疏松

堆肥开始时，各堆体介于黄色与褐色之间，以小块状或团粒状存在，散发着较浓的臭味，吸引蚊蝇。高温期，各堆体散发着不同程度的NH_3气味；随着堆肥发酵，各处理堆料的臭味逐渐减少，蚊蝇减少，NH_3的气味逐渐消失。除了处理1和处理3，其他处理在堆肥期间出现过菌丝。堆肥第33d时，各处理的堆料均无臭无蝇，其中处理7、处理2、处理4和处理6的堆料表观性状较好，呈黑褐色或褐色蓬松团粒结构，体积分别减少50%、40%、35%、35%；发酵最好的是处理7，处理2、处理4和处理6差不多，表明添加腐殖酸和少量菌剂对堆肥发酵进程无明显影响，添加适量的菌剂能使有机质分解得更多更彻底，堆肥发酵更完全。处理5体积减少较少，为20%，颜色为浅灰色；处理3效果最差，颜色为黄色，体积减少最少，只有5%；考虑到处理3和处理5都添加了比较多的沸石，大约有4kg，占沼泥和秸秆总鲜重的10%，故沸石所占体积和自身的颜色会影响堆肥最后的体积及颜色；但处理3与处理2相比，堆肥体积减少量明显小于处理2，说明在牛粪沼泥高温堆肥中，添加沸石会减少有机物的分解，堆肥发酵缓慢。处理1堆肥原料只有沼泥，发酵进程慢，体积减少不多，由处理1和处理2可知，添加秸秆等辅料能促进畜禽粪便高温堆肥发酵腐熟。

（二）堆体温度的变化

堆体温度是堆肥化过程中最重要的参数之一，是影响微生物活动和堆肥工艺过程的重要因素。堆肥过程中，温度是作为堆肥无害化和稳定化的重要指标，其变化也反映了堆肥微生物的活性变化和堆肥过程所处的状态，有机物质被微生物氧化分解越快，热量释放越多，堆体温度也就会越高。堆肥适合的温度范围为 40～65℃左右。

1. 堆体温度变化　一般堆肥的温度变化会历经 4 个时期：升温期、高温期、降温期和腐熟稳定期，由图 5－1 和表 5－4 可知，除了处理 1（CK），其他处理在第 4d 均已经处于高温期（≥50℃），且堆体温度都在第 5d 达到最大值，依次为 59.1℃、60℃、64.4℃、63.8℃、57.1℃和 63.5℃。处理 1 堆体温度总体上表现为先上升后下降的趋势，最高温度为 49.3℃，仍小于 50℃；随后温度逐渐下降，在第 21d 时，温度降至室温附近，堆温逐渐稳定。在处理 2 与处理 3 中，堆体温度高温期分别持续 14d 和 5d，随后温度下降，分别在第 26d 和 25d 时，温度降至室温附近，堆肥进入稳定期。在处理 4 与处理 5 中，堆体高温期分别持续 14d 和 15d，随后温度下降，分别在第 27d 和 28d 时，温度降至室温附近，堆肥基本稳定。在处理 6 与处理 7 中，堆体高温期分别持续 11d 和 12d，随后温度下降，分别在第 28d 和 29d 时，温度降至室温附近，堆肥基本稳定。

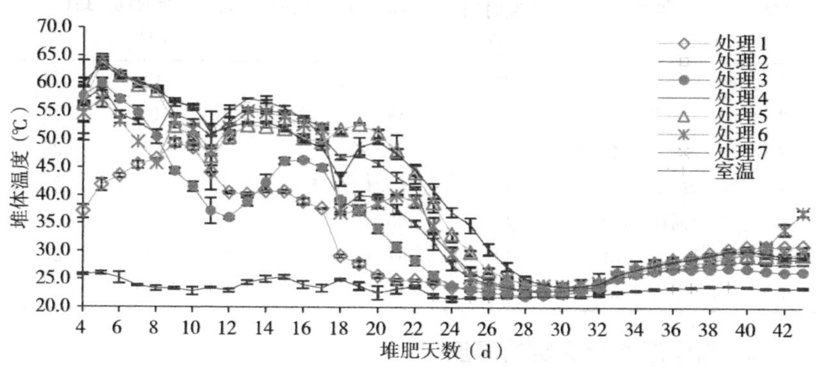

图 5－1　堆肥过程中温度的变化

在图 5－1 中还可以看出，前 3 次堆肥每次翻堆（第 4d、11d、17d）后，除处理 1，其他处理堆温均会上升一小段时间，可能由于翻堆后重新调节堆体水分和氧气，给堆体供氧而使微生物活性增强，促使有机物分解，产生 CO_2、H_2O 和热量。而在第四次翻堆即堆肥第 32d 时，由于堆肥已进入腐熟稳定期，堆温便不会有明显变化。

根据我国粪便堆肥无害化卫生标准有关规定，当堆体温度在 60℃保持 5d 以上（或 50℃以上至少保持 10d）是杀灭堆料中所含致病微生物、寄生虫和虫卵，破坏杂草种子，保证堆肥卫生合格和堆肥腐熟的重要条件。从表 5－4 可以看出，处理 1 堆温从未达到高温状态；处理 2 和处理 3 堆温在 50℃以上分别维持 14d 和 5d，60℃以上分别维持 0d 和 1d；处理 4 和处理 5 堆温在 50℃以上分别维持 14d 和 15d，60℃以上分别维持 3d 和 2d；处理 6 和处理 7 堆温在 50℃以上分别维持 11d 和 12d，60℃以上分别维持 0d 和 4d。堆体温度监测结果表明，处理 2、处理 4、处理 5、处理 6 和处理 7 堆体高温期维持时间都超过 10d，满足堆肥无害化卫生标准的要求；处理 3 和处理 1 高温期过短，未达到堆肥无害化的卫生标准要求。

表 5－4　不同堆肥处理温度变化特征（温室娃娃）

序号	处理	高温期（≥50℃）（从堆肥第4d 开始算）			降温期持续时间（d）	稳定期到达时间（d）
		持续时间（d）	最高温度（℃）	≥60℃时间（d）		
1	CK	0			12	21
2	S	14	59.1	0	9	26
3	S+10%Z	5	60	1	17	25
4	S+2%H	14	64.4	3	10	27
5	S+2%H+10%Z	15	63.8	2	8	28
6	S+0.62%M_1	11	57.1	0	11	28
7	S+1.23%M_2	12	63.5	4	14	29

2. 酒精温度计测定的温度

（1）不同处理在同一深度处的温度（5cm、10cm、20cm、40cm）　由图 5－2 和表 5－5 可知，在 5cm 处，处理 1 堆温总体呈先升高后下降趋势，最高温度为 40.7℃，未达到高温状态，在第 19d 时，温度降至室温附近，堆温逐渐稳定。处理 2 至处理 5 堆温也呈先升高后下降趋势，最高温度均达到高温，分别为 52.6℃、50℃、52.6℃、53.3℃。在处理 2 与处理 3 中，添加沸石的处理到达高温需 96h，比不添加晚了 13h；最高温度为 50℃，比不添加低了 2.6℃；且处理 3 在第 21d 温度降至室温附近，降温速率达 1.45℃/d，处理 2 降温时间长一些，在第 24d 堆温进入稳定状态，降温速率为 1.48℃/d。由此可见，添加沸石可能会延迟堆肥到达高温的时间，并减小最高温度，同时提前堆肥到达腐熟的时间。在处理 4 与处理 5 中，两者均在 78h 到达高温；最高温度分别为 52.6℃和 53.3℃，处理 5 比处理 4 高 0.7℃；处理 5 降温时间和到达稳定时间均比处理 4 多 1d，处理 5 降温速率为 1.49℃/d，处理 4 降温速率为 1.52℃/d。综上所述，由处理 2 和处理 4 可知，添加腐殖酸可能会稍微提前堆肥到达高温的时间，对最高温度和堆肥到达腐熟的时间无明显影响；由处理 2 和处理 5 可知，腐殖酸和沸石同时添加，可能会稍微提前堆肥到达高温的时间，增大最高温度值，稍微延迟堆肥到达腐熟的时间。

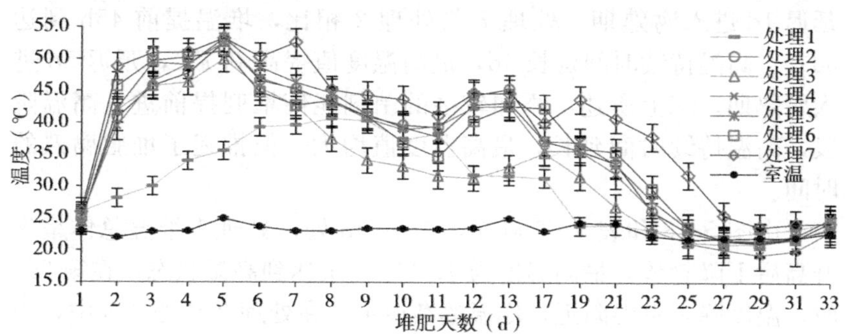

图 5-2　5cm 处温度的变化

表 5-5　不同堆肥处理在 5cm 处温度变化特征

序号	处理	高温期（≥50℃）				降温期	稳定期
		到达时间（h）	持续时间（d）	最高温度（℃）	≥60℃时间（d）	持续时间（d）	到达时间（d）
1	CK					11	19

（续）

序号	处理	高温期（≥50℃）				降温期	稳定期
		到达时间（h）	持续时间（d）	最高温度（℃）	≥60℃时间（d）	持续时间（d）	到达时间（d）
2	S	83	1	52.6	0	19	24
3	S+10%Z	96	1	50	0	16	21
4	S+2%H	78	1	52.6	0	19	24
5	S+2%H+10%Z	78	1	53.3	0	20	25
6	S+0.62%M_1	72	2	51.3	0	20	25
7	S+1.23%M_2	38	5	53.3	0	22	29

处理6与处理7分别在72h和38h到达高温阶段，高温时间持续2d和5d，最高温度分别为51.3℃和53.3℃；随后温度逐渐下降，分别在第25d和第29d，温度降至室温附近，堆肥基本稳定，降温速率分别为1.38℃/d和1.31℃/d。处理6与处理2相比，堆温提前11h到达50℃，高温持续时间延长1d，最高温度差别不大，延迟1d进入腐熟期；处理7与处理2相比，堆温提前45h到达50℃，高温持续时间延长4d，最高温度值提高0.7℃，延迟5d进入腐熟期。综上所述，添加较多的菌剂能使堆肥提前进入高温阶段，高温持续时间延长，最高温度值增大，但推迟了堆肥腐熟的时间。

由图5-3和表5-6可知，在10cm处，处理1堆温总体呈先升高后下降趋势，最高温度为47.3℃，未达到高温状态，在第20d时，温度降至室温附近，堆温逐渐稳定。在处理2与处理3中，添加沸石的处理到达高温需36h，比不添加晚了3h；最高温度为57.9℃，比不添加低了0.6℃；高温持续时间为5d，比不添加短2d；随后降温，处理3在第23d温度降至室温附近，降温速率达1.66℃/d，处理2在第25d堆温进入稳定状态，降温速率为2.2℃/d。由此可见，添加沸石可能会缩短高温持续时间，并稍微减小最高温度，同时提前堆肥到达腐熟的时间。在处理4与处理5中，两者分别在35h和27h到达高温；最高温度分别为57℃和

60.9℃，处理5比处理4高3.9℃，高温持续期比处理4多1d；处理5在第26d开始进入稳定期，比处理4晚1d，处理5降温速率为1.53℃/d，处理4降温速率为2.2℃/d。综上所述，由处理2和处理4可知，添加腐殖酸可能会稍微缩短高温持续时间，对堆肥到达高温的时间、最高温度和到达腐熟的时间无明显影响；由处理2和处理5可知，腐殖酸和沸石同时添加，可能会稍微提前堆肥到达高温的时间，增大最高温度值，稍微延迟堆肥到达腐熟的时间。

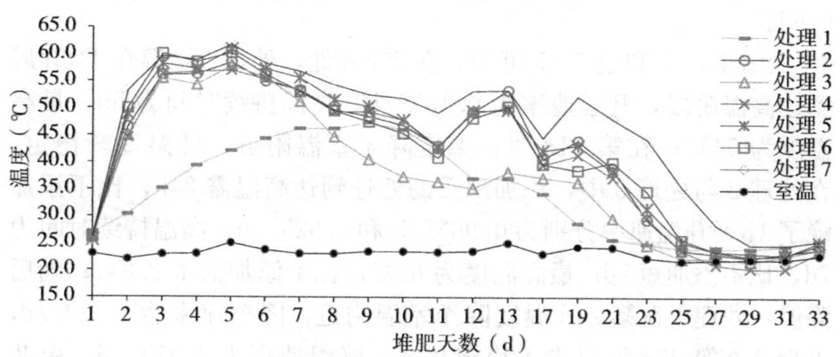

图5-3　10cm处温度的变化

表5-6　不同堆肥处理在10cm处温度变化特征

序号	处理	高温期（≥50℃）到达时间（h）	高温期（≥50℃）持续时间（d）	高温期（≥50℃）最高温度（℃）	高温期（≥50℃）≥60℃时间（d）	降温期持续时间（d）	稳定期到达时间（d）
1	CK					11	20
2	S	33	7	58.5	0	12	25
3	S+10%Z	36	5	57.9	0	16	23
4	S+2%H	35	6	57.0	0	12	25
5	S+2%H+10%Z	27	7	60.9	1	17	26
6	S+0.62%M_1	24	7	60.3	2	13	26
7	S+1.23%M_2	22	13	61.8	1	9	29

处理6与处理7分别在24h和22h到达高温阶段，高温时间持续7d和13d，最高温度分别为60.3℃和61.8℃；随后温度逐渐下

降，分别在第 26d 和第 29d，温度降至室温附近，堆肥基本稳定，降温速率分别为 1.98℃/d 和 2.82℃/d。处理 6 与处理 2 相比，堆温提前 9h 到达 50℃，高温持续时间一样，最高温度差别不大，延迟 1d 进入腐熟期；处理 7 与处理 2 相比，堆温提前 11h 到达 50℃，高温持续时间延长 6d，最高温度值提高 3.3℃，延迟 4d 进入腐熟期。综上所述，添加较多的菌剂能使堆肥提前进入高温阶段，高温持续时间延长，最高温度值增大，但推迟了堆肥腐熟的时间。

由图 5－4 和表 5－7 可知，在 20cm 处，处理 1 堆温在 116h 后到达高温阶段，升温速率为 0.19℃/h，高温持续时间为 5d，最高温度为 54℃；在第 21d 时，温度降至室温附近，堆温逐渐稳定。在处理 2 与处理 3 中，添加沸石的处理到达高温需 24h，比不添加晚了 1h，升温速率分别为 0.96℃/h 和 0.92℃/h；高温持续时间为 7d，比不添加短 7d；最高温度为 61℃，比不添加低了 2.8℃；随后降温，处理 3 在第 24d 温度降至室温附近，降温速率达 1.72℃/d，处理 2 在第 25d 堆温进入稳定状态，降温速率为 4.37℃/d。由此可见，添加沸石会缩短高温持续时间，并减小最高温度，同时稍微提前堆肥到达腐熟的时间。在处理 4 与处理 5 中，两者分别在 27h 和 25h 到达高温，升温速率分别为 0.81℃/h 和 0.88℃/h；高温持

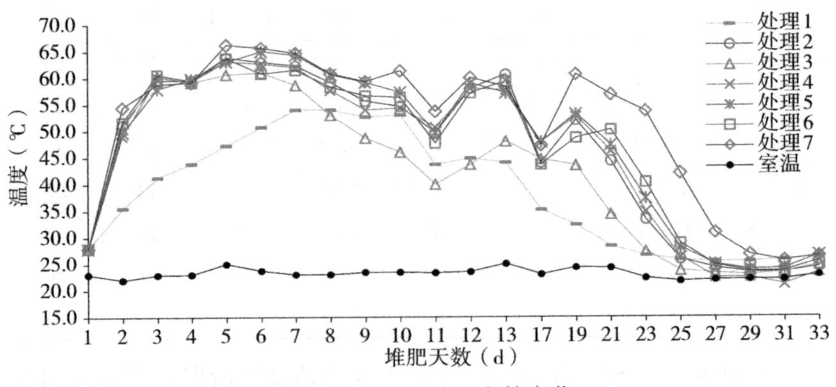

图 5－4　20cm 处温度的变化

续时间比处理 4 少 1d，为 15d；最高温度分别为 63.1℃和 65℃，处理 5 比处理 4 高 1.9℃；处理 5 在第 27d 开始进入稳定期，比处理 4 晚 1d，处理 5 降温速率为 3.64℃/d，处理 4 降温速率为 4.06℃/d。综上所述，由处理 2 和处理 4 可知，添加腐殖酸可能会稍微延长高温持续时间，对到达高温的时间、最高温度和堆肥到达腐熟的时间无明显影响；由处理 2 和处理 5 可知，腐殖酸和沸石同时添加，对到达高温的时间无明显影响，但会稍微延长高温期，增大最高温度值，稍微延迟堆肥到达腐熟的时间。

表 5-7　不同堆肥处理在 20cm 处温度变化特征

序号	处理	高温期（≥50℃）				降温期	稳定期
		到达时间（h）	持续时间（d）	最高温度（℃）	≥60℃时间（d）	持续时间（d）	到达时间（d）
1	CK	116	5	54	0	11	21
2	S	23	14	63.8	4	6	25
3	S+10%Z	24	7	61	3	16	24
4	S+2%H	27	16	63.1	4	7	26
5	S+2%H+10%Z	25	15	65	4	7	27
6	S+0.62%M_1	23	14	63.7	4	6	27
7	S+1.23%M_2	20	20	66.2	7	7	30

处理 6 与处理 7 分别在 23h 和 20h 到达高温阶段，升温速率分别为 0.96℃/h 和 1.1℃/h；高温持续时间分别 14d 和 20d，最高温度分别为 63.7℃和 66.2℃；随后温度逐渐下降，分别在第 27d 和第 30d，温度降至室温附近，堆肥基本稳定，降温速率分别为 4.25℃/d 和 3.94℃/d。处理 6 与处理 2 相比，堆温都在 23h 到达 50℃，高温持续时间一样为 14d，最高温度差别不大，延迟 2d 进入腐熟期；处理 7 与处理 2 相比，堆温提前 3h 到达 50℃，高温持续时间延长 6d，最高温度值提高 2.4℃，延迟 5d 进入腐熟期。综上所述，添加较多的菌剂能使堆肥高温持续时间延长，最高温度值增大，但推迟了堆肥腐熟的时间。

由图 5-5 和表 5-8 可知，在 40cm 处，处理 1 堆温总体呈先升高后下降趋势，最高温度为 50℃，在第 21d 时温度降至室温附近，堆温逐渐稳定。在处理 2 与处理 3 中，处理 3 堆温总体也呈先升高后下降趋势，但最高温度为 48.8℃，未达高温状态，在第 24d 时，温度降至室温附近，堆温逐渐稳定；处理 2 堆温在 115h 后到达高温阶段，升温速率为 0.19℃/h，高温持续时间为 6d，最高温度为 52℃；随后降温，降温速率为 2.13℃/d，在第 25d 时，堆肥进入腐熟稳定期。由此可见，添加沸石会缩短高温持续时间，并减小最高温度，同时稍微提前堆肥到达腐熟的时间。在处理 4 与处理 5 中，两者都在 115h 到达高温阶段，升温速率为 0.19℃/h，并持续 7d 的高温时间，最高温度都为 52℃；随后降温，降温速率分别为 2.04℃/d 和 1.98℃/d，处理 4 堆温在第 26d 基本稳定，处理 5 晚 1d 到达腐熟。综上所述，由处理 2 和处理 4 可知，添加腐殖酸可能对堆肥到达高温的时间无影响，但稍微延长高温持续时间，对最高温度和堆肥到达腐熟的时间无明显影响；由处理 2 和处理 5 可知，腐殖酸和沸石同时添加，对到达高温的时间无明显影响，最高温度值差异不大，稍微延长高温期和稍微延迟堆肥到达腐熟的时间。

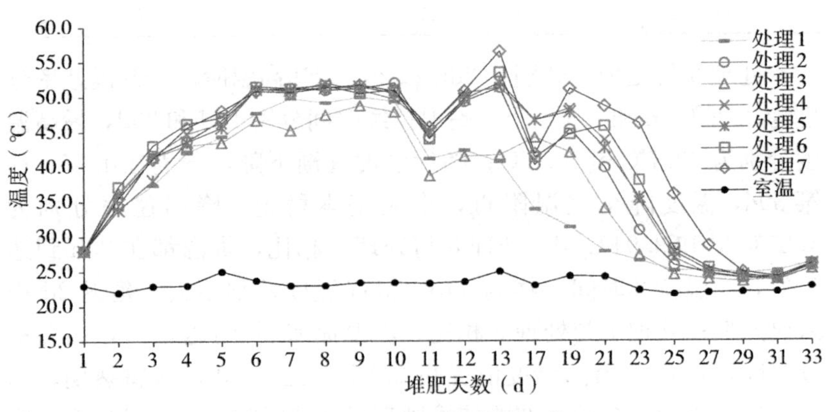

图 5-5　40cm 处温度的变化

表 5-8　不同堆肥处理在 40cm 处温度变化特征

序号	处理	高温期（≥50℃）				降温期	稳定期
		到达时间（h）	持续时间（d）	最高温度（℃）	≥60℃时间（d）	持续时间（d）	到达时间（d）
1	CK	192	1	50	0	12	21
2	S	115	6	52	0	12	25
3	S+10%Z					15	24
4	S+2%H	115	7	52	0	12	26
5	S+2%H+10%Z	115	7	52	0	13	27
6	S+0.62%M_1	112	7	53.5	0	13	27
7	S+1.23%M_2	114	9	56.5	0	10	29

处理 6 与处理 7 分别在 112h 和 114h 到达高温阶段，升温速率分别为 0.2℃/h 和 0.19℃/h；高温持续时间分别 7d 和 9d，最高温度分别为 53.5℃和 56.5℃；随后温度逐渐下降，降温速率分别为 1.92℃/d 和 2.64℃/d，分别在第 27d 和第 29d，温度降至室温附近，堆肥基本稳定。处理 6 与处理 2 相比，堆温到达 50℃所用时间差不多，高温持续时间比处理 2 多 1d，最高温度比处理 2 高 1.5℃，延迟 2d 进入腐熟期；处理 7 与处理 2 相比，堆温到达 50℃的时间基本一样，高温持续时间延长 3d，最高温度值提高 4.5℃，延迟 4d 进入腐熟期。综上所述，添加较多的菌剂能使堆肥高温持续时间延长，最高温度值增大，但推迟了堆肥腐熟的时间。

综上，酒精温度计测的 20cm 处各处理温度的变化与温室娃娃测的结果最接近，而温室娃娃测的也正是 20cm 处的温度。处理 2、处理 4、处理 5、处理 6 和处理 7 高温持续时间均超过 10d，满足堆肥无害化的卫生标准要求；而处理 1 和处理 3 堆温在 50℃以上分别为 5d 和 7d，在 60℃以上分别为 0d 和 3d，故处理 1 和处理 3 均达不到堆肥无害化的卫生标准，该结果也与温室娃娃的一致。在牛粪沼泥高温堆肥中，添加沸石可能会缩短高温持续时间，并减小最高温度，同时稍微提前堆肥到达腐熟的时间；腐殖酸对堆肥温度特征无明显影响；腐殖酸和沸石同时添加，会稍微延长高温期，增大最高温度值，稍微延迟堆肥到达腐熟的时间；添加少量菌剂对堆肥温度影响不大，添加较多的菌剂能使堆肥高温持续时间延长，最高温度值增大，但推迟了堆肥腐熟的时间。

（2）各处理内不同层次的温度变化　由图 5－6、图 5－7 可知，同一处理不同层次温度变化差异较大，说明堆肥过程中温度分布是不均匀的，需要翻堆来达到堆肥无害化。堆肥各层温度均是中层温度（20cm）最高，在 5%的显著水平下，处理 1 的 5cm 和 40cm 温度差异显著，处理 2 至处理 7 的 5cm 和 40cm 温度差异不显著。处理 2 至处理 7 在 5cm 处升温速率分别为 0.3℃/h、0.27℃/h、0.32℃/h、0.33℃/h、0.35℃/h 和 0.63℃/h；在 10cm 处升温速率分别为 0.72℃/h、0.67℃/h、0.67℃/h、0.91℃/h、0.99℃/h 和 1.13℃/h；在 20cm 处升温速率分别为 0.96℃/h、0.92℃/h、0.81℃/h、0.88℃/h、0.96℃/h 和 1.1℃/h；在 40cm 处升温速率分别为 0.19℃/h、0.11℃/h、0.19℃/h、0.19℃/h、0.2℃/h 和 0.19℃/h。就各处理不同层次比较，升温速率由高到低的顺序为：20cm 或 10cm→5cm→40cm。处理 2、处理 3 和处理 4 堆温在 10cm 处＜20cm，而处理 5、处理 6、处理 7 在 20cm 处堆温略小于 10cm 处，导致堆体内部各层次温度分布差异的主要原因是堆体内部氧浓度分布不均匀。

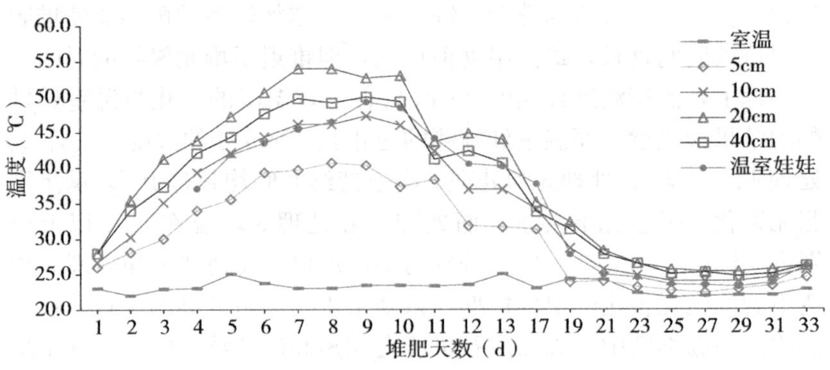

图 5－6　处理 1 堆体温度变化趋势

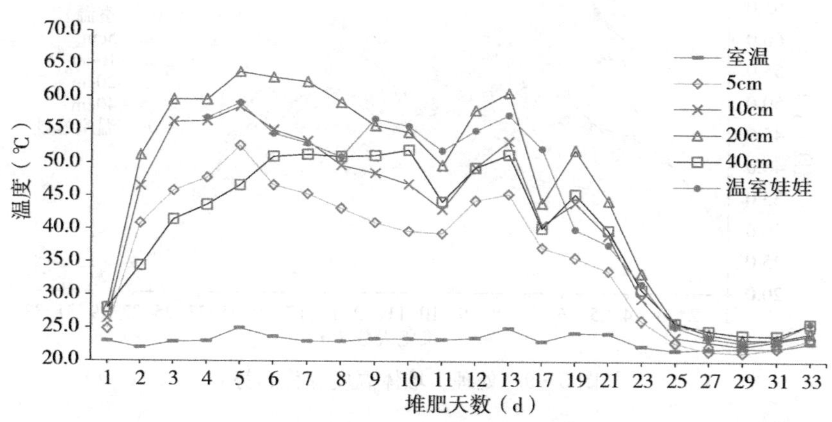

图 5-7　处理 2 堆体温度变化趋势

而处理 2 至处理 7 在 4 个层次的各个层次降温速率差异都不大（图 5-7 至图 5-12）。这是因为，在降温期堆肥处于二次发酵阶段，在一次发酵中尚未分解的易分解有机物和较难分解有机物在此阶段进一步分解，使之变成腐殖酸、氨基酸等比较稳定的有机物，由于大部分有机物在一次发酵已被降解，因此堆肥不再有新的能量积累，堆肥温度逐渐下降。影响降温速率的主要因素为环境温度和降温的初始温度，故处理 2 至处理 7 在各个层次的降温速率差异不大。

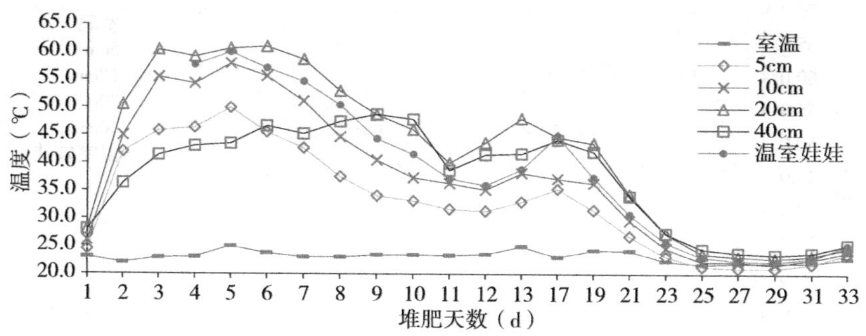

图 5-8　处理 3 堆体温度变化趋势

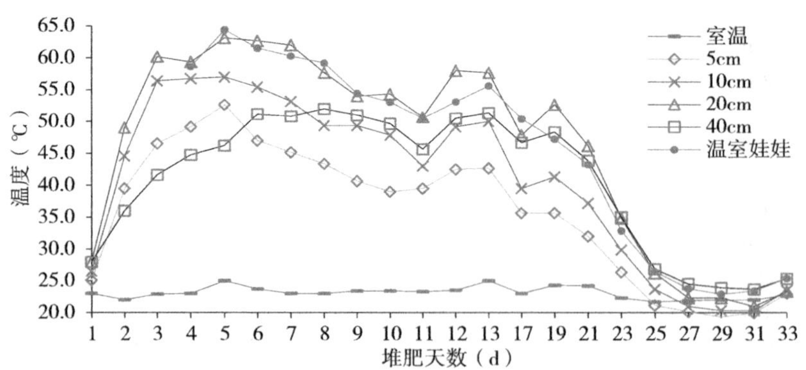

图 5-9　处理 4 堆体温度变化趋势

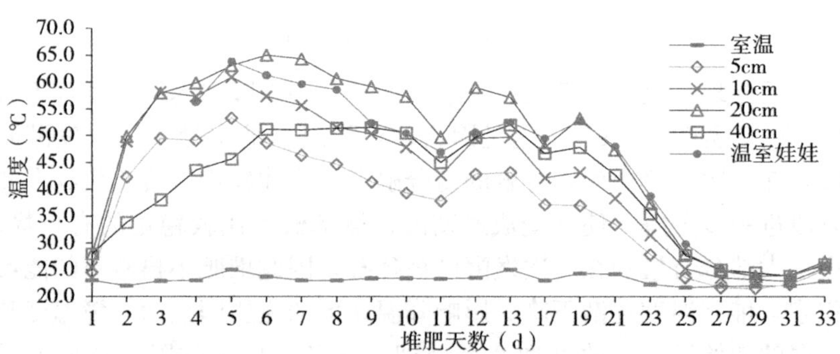

图 5-10　处理 5 堆体温度变化趋势

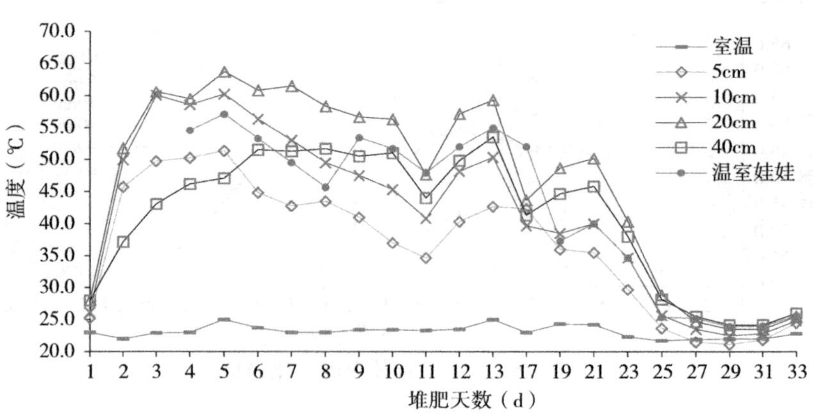

图 5-11　处理 6 堆体温度变化趋势

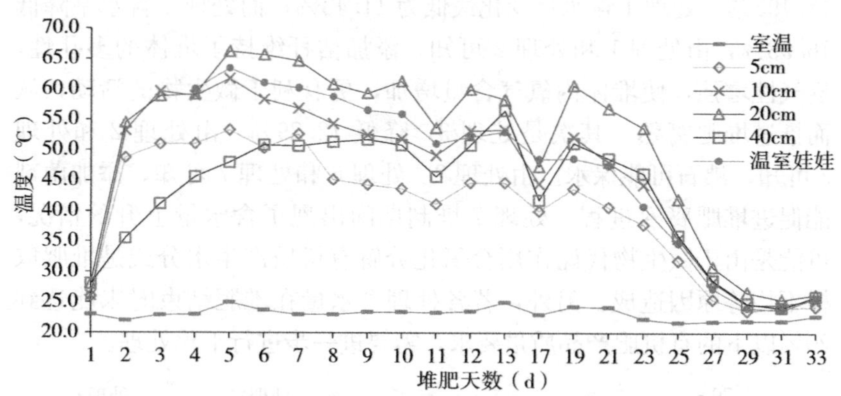

图 5－12　处理 7 堆体温度变化趋势
（在 5％显著水平下，各处理温室娃娃的温度与 20cm 处温度差异不显著。）

（三）堆体水分的变化

1. 质量含水量的变化　由于微生物摄取养料及产生化学反应都在水溶液中进行，所以含水量是影响堆肥发酵速度和堆料腐熟程度的直接因素，是堆肥过程的一个非常重要的控制参数。堆肥中水分的主要作用在于溶解有机物，参与微生物的新陈代谢；水分蒸发时带走热量，起到调节堆肥温度的作用。通常认为的堆肥最佳水分含量为 55％～65％，但也有报道认为含水率在 60％～70％时微生物活性最大，因此堆肥最适含水率也会因堆肥原料的差异，堆肥工艺及堆肥时间的变化而有很大的差异。湿度太高，会导致堆料的压实度增加、自由空域（FAS）减少、透气性能降低，从而导致堆体内氧气供应不足、堆肥升温缓慢、有机物降解变慢、堆肥周期变长；湿度过低，会使微生物的活性下降，新陈代谢受限，堆肥难腐熟。

从图 5－13 可以看出，7 个处理初始含水量分别为 59.07％、64.60％、55.66％、63.69％、57.83％、63.35％和 65.77％，处理 3 最低，处理 7 最高。随着堆肥的进程，各处理含水量也不断降低。经过 4 次翻堆，含水量变化最多的为处理 7，降低了 20.09％，最后含水量为 45.68％。处理 4 和处理 5 其次，分别降低 18.64％、

18.495%。处理 1 含水量变化最低为 11.43%，而处理 2 含水率降低 16.93%，由处理 1 和处理 2 可知，添加秸秆维持了堆体的多孔性，透气性增强，使堆体内氧气含量增加，更有利于微生物的活动，从而推进堆肥腐熟。其次是处理 3，降低 12.29%，由处理 2 和处理 3 可知，沸石可能保水。由处理 2、处理 6 和处理 7 可知，添加菌剂能促进堆肥腐熟进程。处理 7 堆制期间出现了含水量上升的情况，可能是由于微生物代谢作用会氧化分解有机质产生水分或是堆肥取样不均等原因造成。另外，若各处理含水量在堆肥结束时未能达到 20%以下的有机肥产品质量要求，需要进一步进行干化处理。

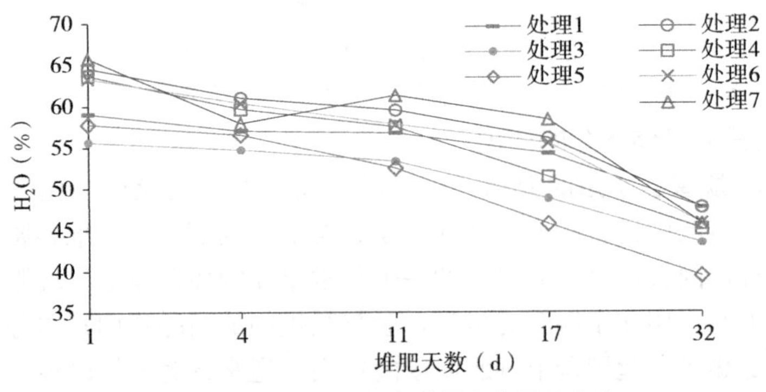

图 5-13　堆肥过程中质量含水量的变化

2. 体积含水量的变化　堆肥第 4d，处理 3 体积含水量最低，为 7.82%；处理 7 最高，为 15.92%。经过 4 次翻堆，含水量变化最多的为处理 7，降低了 12.42%，最后含水量为 3.5%。其次是处理 6，降低 9.28%。处理 2 变化最低，为 4.42%，处理 3 与之差不多，降低 4.62%。处理 2 至处理 7 都加了粉碎的玉米秸秆，以秸秆作为调理剂的堆料孔隙度较高，容重也相对较小，而处理 1 为纯鲜牛粪沼泥，故容重较大；体积含水量与容重有一定关系，在此试验中，体积含水量的大小与堆料的质量含水量的大小和秸秆的含量有关，而 7 个处理体积含水量和质量含水量的相关系数分别为 0.83、0.96、0.80、0.88、0.96、0.67 和 0.61，相关性都较大。随着堆肥过程的进行，秸秆腐解，堆料孔隙率下降，容重本应增加，但同时由于消

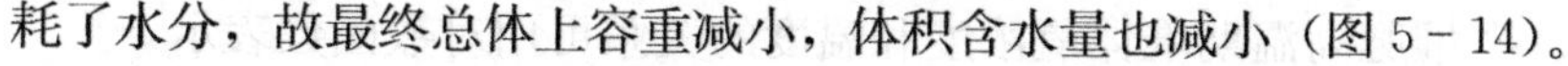

耗了水分，故最终总体上容重减小，体积含水量也减小（图 5－14）。

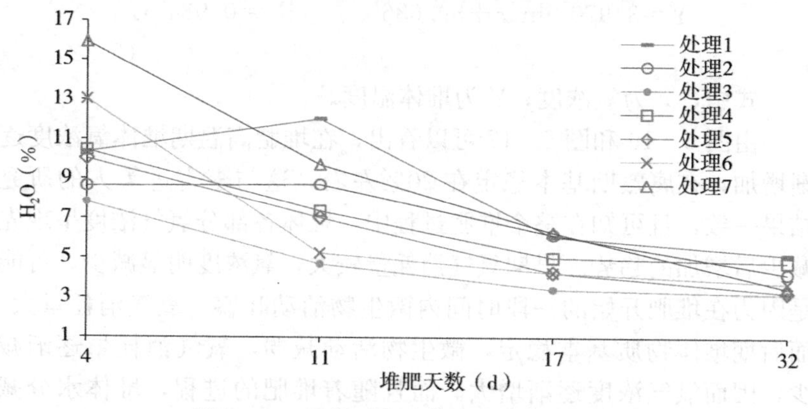

图 5－14　堆肥过程中体积含水量的变化

（四）堆体氧气浓度的变化

从图 5－15 可以看出，堆肥高温期堆体氧气浓度与温度有着密切的关系，在离堆体表面 10～40cm 范围内，随着深度的增加，氧浓度逐渐降低，温度也逐渐降低，因为仅靠堆体表面空气扩散，堆体内部氧浓度会达不到微生物需要，因此需要在堆肥过程中进行翻堆，以通风供氧，满足微生物对氧的需求，加快堆肥进程。至于堆体表层 0～10cm，尽管氧浓度很高，但表层热量扩散快，因而温度仍较低。

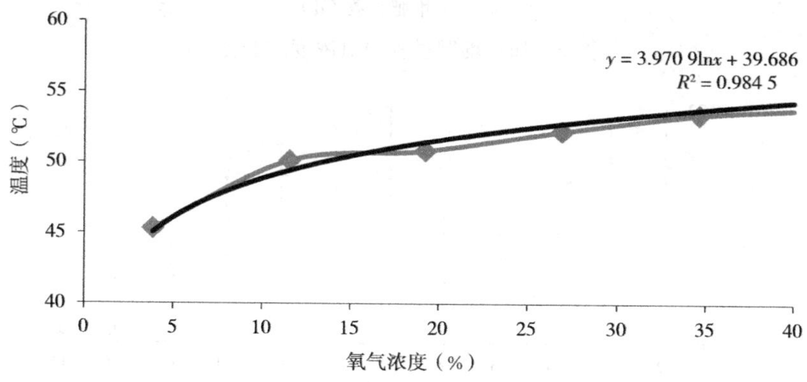

图 5－15　堆肥高温期堆体氧浓度与温度的关系

堆肥高温期堆体氧浓度和温度的关系可用对数函数表示：

$$Y=3.9709\ln x+39.686 \qquad (R^2=0.9845) \tag{5-2}$$

式中，x 为氧浓度；Y 为堆体温度。

由图 5－16 和图 5－17 可以看出，在堆肥高温期堆体氧浓度逐渐增加，在腐熟期基本稳定在 20%左右，这与李吉进等人的研究结果一致，且可知在整个堆肥过程中，堆体各部分氧气浓度呈现先减少后增加的趋势。早期氧气消耗量较大，氧浓度明显减少，可能是因为在堆肥开始的一段时间内微生物活动旺盛，氧气消耗量大；而后期堆体物质基本稳定，微生物活动减弱，氧气消耗量逐渐减少，因而氧气浓度逐渐增大。而且随着堆肥的进程，堆体水分减少，物料变得疏松，也使氧浓度提高并在后期基本保持不变。

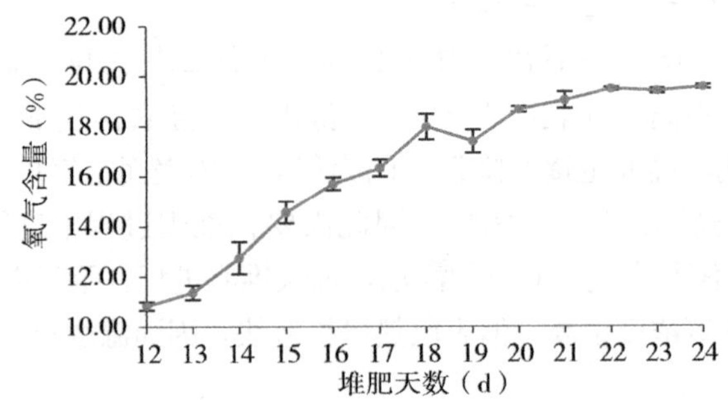

图 5－16　堆肥过程中氧浓度的变化

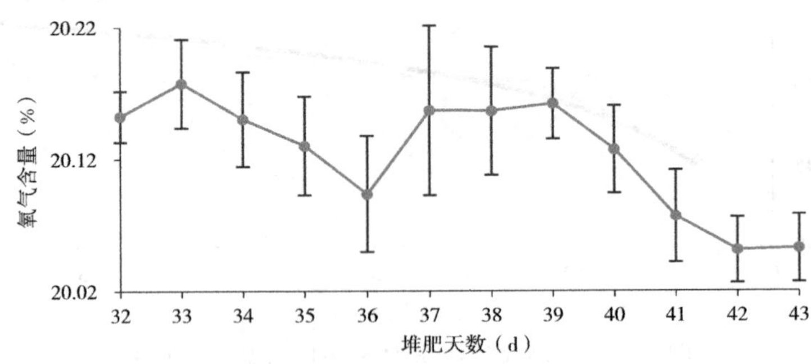

图 5－17　堆肥过程中氧浓度的变化

综上，7个处理中，处理1为对照，只有鲜牛粪沼泥，其余6个处理以秸秆作为调理剂，并分别添加沸石、腐殖酸、菌剂等物质，通过研究堆肥过程中一些物理性状的变化，可以探究牛粪沼泥高温堆肥机理以及沸石等物质在堆肥中的作用，为日后提高堆肥效率及堆肥质量、降低堆肥成本提供参考依据。

在堆体外观的变化上，添加秸秆等辅料确实能显著促进畜禽粪便高温堆肥发酵腐熟；添加腐殖酸和0.62%菌剂对堆肥发酵进程无明显影响；添加1.23%菌剂能使有机质分解得更多更彻底，堆肥发酵更完全；添加沸石会减少有机物的分解，堆肥发酵缓慢；而10%沸石和2%的腐殖酸同时添加对堆肥外观性状上无明显影响。在堆体温度的变化上，可以得知：①处理2、处理4、处理5、处理6和处理7满足堆肥无害化的卫生标准要求，而处理1和处理3达不到堆肥无害化的卫生标准。②同一处理内升温速率由高到低的顺序为：20cm或10cm→5cm→40cm；由于各处理处于同一环境下，环境温度相同，因此各个处理降温速率差异不大。③在牛粪沼泥高温堆肥中，添加沸石可能会缩短高温持续时间，并减小最高温度，同时稍微提前堆肥到达腐熟的时间；腐殖酸对堆肥温度特征无明显影响；腐殖酸和沸石同时添加，会稍微延长高温期，增大最高温度值，稍微延迟堆肥到达腐熟的时间；添加0.62%菌剂对堆肥温度影响不大，添加1.23%菌剂能使堆肥高温持续时间延长，最高温度值增大，但推迟了堆肥腐熟的时间。④5%的显著水平下，各处理温室娃娃测的温度与酒精温度计测的20cm处温度差异不显著；处理1的5cm和40cm温度差异显著，处理2至处理7的5cm和40cm温度差异不显著。

在堆体含水量的变化上，可以得知：①添加秸秆维持了堆体的多孔性，透气性增强，使堆体内氧气含量增加，更有利于微生物的活动，含水量下降较多，提高堆肥腐熟质量；添加沸石的处理含水量下降较少，沸石可能保水；添加0.62%菌剂的处理含水量减少情况与不添加的差不多，而添加1.23%菌剂的处理明显要降低更多，则添加较多菌剂能促进堆肥腐熟质量。②在本试验中，由于各处理堆肥主料都为沼泥和秸秆，因此堆体的体积含水量和质量含水量存在较大的相关性，相关系数为 0.61～0.96。在堆体氧气含量的变化上，可以得知：①堆肥堆体氧气浓度与温度有着密切的关系。②本试验条件下，同一堆肥时间氧浓度随深度的增加而减小；同一堆肥深度随堆肥进程的进行氧浓度先降后升。

处理 5 和处理 7 堆肥效果最好，添加沸石和菌剂促进了好氧发酵的进行。另外，堆肥过程中，堆体温度、氧浓度、水分三者是相互作用相互制约的；适当的翻堆时间和次数是调控堆体温度、氧浓度、水分的重要手段，调节三者至适宜水平，可以加快堆肥进程，提高堆肥质量。

（五）堆肥配方软件研发

堆肥配方软件围绕“标准选择—原料选择—配方计算”这 3 个自动配方计算思路，设置了配方计算、原料配置、标准配置、原料数据库、肥料标准库和系统配置等功能模块（图 5－18），各模块的参数解释、功能描述、实现方法及操作流程在下文会有介绍。

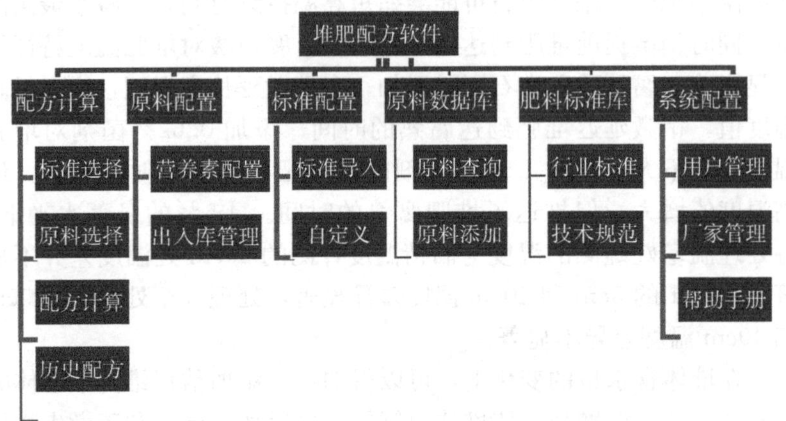

图 5－18　堆肥配方软件功能结构

1. 模块参数

（1）配方计算

①标准选择。选择引入定义好的标准作为配方目标，显示数据

项包括：养分名称、单位、标准最小值、标准最大值。

②原料选择。选择使用定义好的原料作为配方依据，显示数据项包括：参配原料、编号、价格、最小限量、最大限量。

③配方计算。根据优化模型进行配方，根据算法实现满足标准，价格最低的配方结果，配方结果生成配方报告，配方报告包含以下内容：

原料A：给定配方结果范围，给出最优值。

原料B：给定配方结果范围，给出最优值。

添加剂：不同添加剂的比例分别如下：沸石添加量为（原料A+原料B）×10%，腐殖酸添加量为（原料A+原料B）×3%，磷石膏或过磷酸钙添加量为（原料A+原料B）×2%；

预计堆肥产量：[原料A×（1－水%）＋原料B×（1－水%）]/（1－30%）或者（原料A+原料B）×0.66%。

预计养分含量：N%、P_2O_5%、K_2O%含量值。

④堆肥工艺参数选择。

a. 条垛式：C/N：20～30；含水量：50%～60%；翻堆频率：第1、3、7、14d。堆肥周期：一次发酵20d，陈化15d。

b. 槽式发酵：C/N：20～30；含水量：50%～60%；曝气频率：曝1h，停30min。通风量：0.05～0.2m^3/min；翻堆频率：每天翻1次。堆肥周期：一次发酵10～15d，陈化15d。

c. 发酵罐：C/N：20～30；含水量：50%～60%；曝气频率：曝8min，停10min。通风量：0.05～0.2m^3/min。堆肥周期：一次发酵7～10d，陈化15d。

d. 历史配方：保存历史配方记录以供后续查询和重复使用。

（2）标准配置

①国标导入：将国家、省级、行业、企业通用或者常用配方进行导入。

②自定义配置：自定义配方标准，包含数据项：编号、名称、清单（参配养分、单位、最小值、最大值）。

（3）原料配置

①养分配置：配置养分类别，即养分字典，包含数据项：编号、名称、缩写、单位、最大值、最小值、备注信息。

②原料养分：可批量导入或者自定义原料的养分构成，包含数据项：配置编号、原料名称、养分、含量、单位、价格、库存、厂家、有害物质等。

③原料出入库：进行原料库存管理，记录原料出入库信息，包含数据项：原料名称、类型（出库/入库）、数量、单位、时间、操作人。

（4）原料数据库　默认包含牛粪、猪粪、羊粪、鸡粪、鸭粪等32类堆肥配方原料，每种原料包含数据来源、取样地点、废弃物种类、取样地点、水分（%）、有机质（%）、有机碳（%）、全氮（%）、全磷（P_2O_5%）、全钾（K_2O %）、pH、C/N等信息。

用户可通过类别筛选查询相应数据，通过相关按钮新增原料数据。

（5）肥料标准库

①行业标准：提供堆肥配方相关国家、地方、企业相关行业标准，如生物有机肥料国家标准、中华人民共和国国家有机无机复混肥料标准等。

②技术规范：提供堆肥配方相关国家、地方、企业相关技术规范，如畜禽粪便堆肥技术规范等。

（6）系统管理

①用户管理：管理软件中用户信息，包含用户名、密码、电话、备注信息等内容。

②厂家管理：管理软件中厂家信息，包含名称、地址、电话、联系人等内容。

（7）计算方法

①堆肥配方满足的条件：C/N：20～30之间；水分含量：55%～60%；堆肥前期氧气含量：10%～20%。

②堆肥配方C/N计算方法：

$$C/N=\frac{\text{主料鲜重}\times(1-\text{含水量})\times\text{有机碳含量}+\text{辅料鲜重}\times(1-\text{含水量})\times\text{有机碳含量}}{\text{主料鲜重}\times(1-\text{含水量})\times\text{全氮含量}+\text{辅料鲜重}\times(1-\text{含水量})\times\text{全氮含量}} \tag{5-3}$$

式中，主料为畜禽粪便类，辅料为秸秆或蘑菇渣类，有机碳含量＝有机质/1.724。

③堆肥成品要求：氮磷钾总量≥5%；含水量≤30%；有机质含量≥45%。

④两种堆肥原料计算方法：

预期水分含量下，单位重量原料 b 所需原料 a 的重量为：

$$W_a=(M_b-M)\ (M-M_a) \tag{5-4}$$

预期 C/N 比下，单位重量原料 b 所需原料 a 的重量为：

$$W_a=(1-M_b)\times(C_b-R\times N_b)/(1-M_a)\times(R\times N_a-C_a) \tag{5-5}$$

式中，W_a 为单位重量原料 b 所需原料 a 的重量；M 为预期混合物料水分含量；M_a 为原料 a 水分含量；M_b 为原料 b 水分含量；N_a 为原料 a 的氮含量；N_b 为原料 b 的氮含量；R 为预期混合物料的 C/N；C_a 为原料 a 的 C/N；C_b 为原料 b 的 C/N。

⑤两种以上堆肥原料计算方法：针对两种以上堆肥原料的配方算法，采用普通线性规划的单目标优化方法，转化为以最低成本（Z）为目标的配方优化问题，其数学模型表达为：

目标函数：

$$\min Z=c_1x_1+c_2x_2+\cdots\cdots+c_nx_n \tag{5-6}$$

约束条件：

$$a_{11}x_1+a_{12}x_2+\cdots\cdots+a_{1n}x_n\geqslant b_1\ (=,\ \leqslant b_1) \tag{5-7}$$

$$a_{21}x_1+a_{22}x_2+\cdots\cdots+a_{2n}x_n\geqslant b_2\ (=,\ \leqslant b_2) \tag{5-8}$$

……

$$a_{m1}x_1+a_{m2}x_2+\cdots\cdots+a_{mn}x_n\geqslant b_m\ (=,\ \leqslant b_m) \tag{5-9}$$

式中，x_j 为决策变量，即各种原料在配方中的量；a_{ij}（$i=1$，$2\cdots$，m；$j=1$，$2\cdots$，n）为各种原料相应营养成分含量；b_i 为配方中应满足的各项营养指标或重量指标的常数值项，n 为原料个数，m 为约束方程数，c_j 为原料的价格。

2. 对外接口 为了实现更加灵活的架构并满足未来移动端HTML5动态页面、独立APP等开发需求，需要将配方计算、原料数据库等通过接口对外开放，堆肥配方软件采用的接口技术为Web Service技术。系统接口所采用的Web Service技术是一个平台独立的、低耦合的、自包含的、基于可编程的Web应用程序，可使用开放的XML（可扩展标记语言）标准来描述、发布、发现、协调和配置应用程序，用于开发分布式的互操作应用程序。所对接的不同应用无须借助附加的、专门的第三方软件或硬件，便可相互交换数据或集成。同时采用Web Service技术可以实现多技术平台互通融合，即无论它们所使用的语言、平台或内部协议是什么，都可以相互交换数据，这就为堆肥配方软件进一步提供细化接口，满足对外数据调取需求提供了可能。此外，Web Service是自描述、自包含的可用网络模块，可执行具体的业务功能，该技术基于部分常规产业标准及已有技术，诸如标准通用标记语言下的子集XML、HTTP等实现快速部署与应用。其中，简单对象访问协议（Simple Object Access Protocol，SOAP）是Web Service技术的主体，通过HTTP或者SMTP等应用层协议进行通信，利用XML文件来描述程序的函数方法和参数信息，从而完成不同主机异构系统间的计算服务处理。而WSDL（Web Services Description Language）Web服务描述语言是一个XML文档，它通过HTTP向公众发布，公告客户端程序关于某个具体的Web Service服务URL信息、方法的命名、参数和返回值等。堆肥配方软件利用Web Service在接口技术上实现业务流程的通用集成机制。

在上述研究的基础上，根据基地堆肥工程实际情况，优化了沼渣好氧发酵原料配方与工艺参数，建立高效农业有机废弃物好氧发酵技术体系（图5-19、图5-20），优化沼渣堆肥工艺流程，完善沼渣高温堆肥生产线，研发筛选生物菌剂和传感器（图 5－21、图 5－22），实现自动化智能化高效生产，生产效率提高 20%。缩短堆肥进程，提高堆肥质量。

图 5－19　高效固液分离

图 5－20　高温发酵

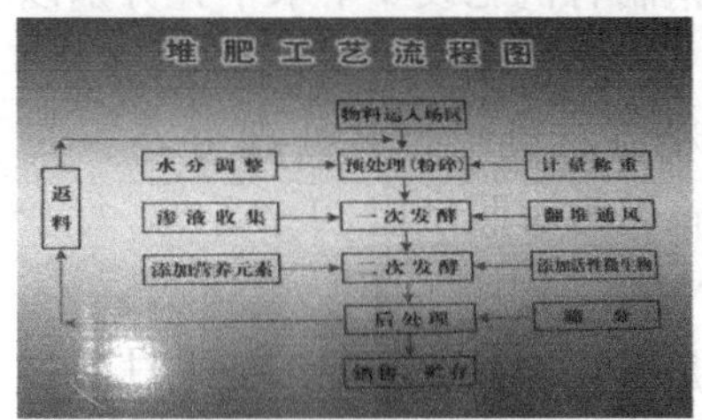

图 5－21　堆肥工艺流程

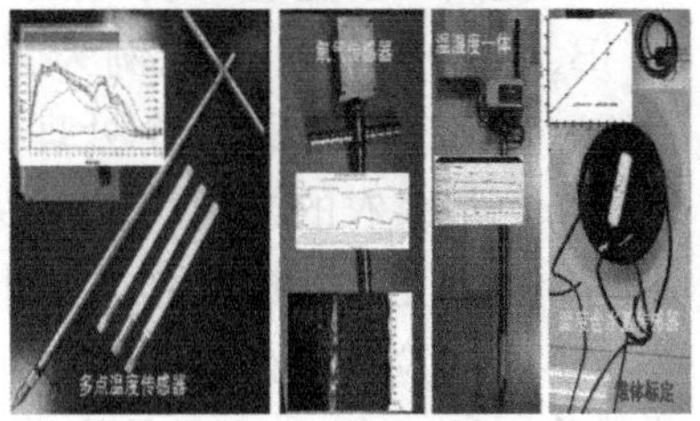

图 5－22　精准传感器

二、沼渣及有机肥在蔬菜种植中的农学和环境效应

试验安排在北京市大兴区长子营镇留民营生态农场的新建蔬菜大棚内进行，大棚为钢架塑料大棚 12m×58m（696m^2），土壤基本理化性质见表 5－9。

表 5－9　土壤基本理化性质

土壤类型	有机质 (g/kg)	全氮 (g/kg)	碱解氮 (mg/kg)	有效磷 (mg/kg)	速效钾 (mg/kg)	pH
潮土	18.95	1.34	116	108	183	7.57

供试肥料包括精制有机肥（鸡粪堆肥），原料来源于农场内养鸡场；普通有机肥，系用鸡粪、牛粪、猪粪、秸秆等沤制，原料来

源于畜牧场；沼渣，原料来源于留民营沼气站。供试有机肥料养分状况见表 5－10。供试蔬菜：番茄（*Lycopersicon esculentum* Mill.）品种为以色列 1420，芹菜（*Apium graveolens* L.）品种为加州芹菜。

表 5－10　有机肥养分含量

肥料种类	编号	有机质（%）	全氮（N，%）	全磷（P_2O_5，%）	全钾（K_2O，%）	全镉（mg/kg）
精制有机肥	ABC	40.4	2.01	2.36	2.02	7.31
普通有机肥	P	35.6	1.22	2.31	1.37	6.56
沼渣	Z	31.8	1.36	5.1	0.9	5.33

试验共 6 个处理（表 5－11），精制有机肥设 3 个水平，分别以 A、B、C 表示，施 N 比例为 1∶2∶3。普通有机肥（以 P 表示）沼渣（以 Z 表示）设 1 个处理，与精制有机肥的 B 处理为等 N 量设计，也是菜农的常规用量。以不施肥为对照（以 O 表示）。每个处理 3 次重复，随机排列。共 18 个小区。小区面积为 $33m^2$。

小区试验共进行 3 茬作物，试验安排为：2006 年 4～7 月为番茄试验；2006 年 9～11 月为芹菜试验；2007 年 4～8 月为番茄试验。每季施肥量均相同，均为一次性底肥施入。

表 5－11　小区试验方案设计

处理	肥料	施肥量（t/hm）	小区施肥量（kg）
O	空白	0	0
P	普通有机肥	112.5	371
Z	沼渣	112.5	371
A	精制有机肥	22.5	74.2
B	精制有机肥	45	148.4
C	精制有机肥	67.5	222.6

注：①P、Z、B 之间换算是基于等氮关系。

②小区面积为 $33m^3$。

番茄试验：在番茄生长期，测定番茄株高、茎粗、叶绿素、开花数、株干重等指标。植株样品按根、叶、茎、果等植株部位烘干后，测定养分含量。果实分次采收累计统计产量。土壤样品测定土壤 pH、电导率、全氮、有机质、有效磷、速效钾、铵态氮和硝态氮等。

芹菜试验：测定叶绿素、植株养分、硝酸盐及重金属含量。土壤测定项目同番茄试验。

(一) 不同有机肥的养分平衡指数与肥料利用率

1. 番茄 NPK 养分吸收分配特点及养分平衡指数　从图 5－23 与图 5－24 可见，有机番茄植株 N、P、K 养分含量的显著特点之一是茎和果实内钾的含量超过了氮和磷的含量，也高于叶片中钾的含量。同时，拉秧时番茄叶片中 N 含量都高于茎和果实，这与番茄有机栽培方式有关。植物体内 N 主要存在于蛋白质和叶绿素中。一般在营养生长阶段，N 大部分集中在茎叶等幼嫩的器官中，生殖生长期以后，叶片中 N 逐步向果实转移。有机番茄栽培方式优点是种植茬口密，人工管理生育期内蘸花、蔬果，提高坐果率、成品率，且养分供应充足。到完成采收拉秧时植株仍较绿，尚未到达自然衰老阶段，因此，叶片 N 含量到拉秧期仍较高。

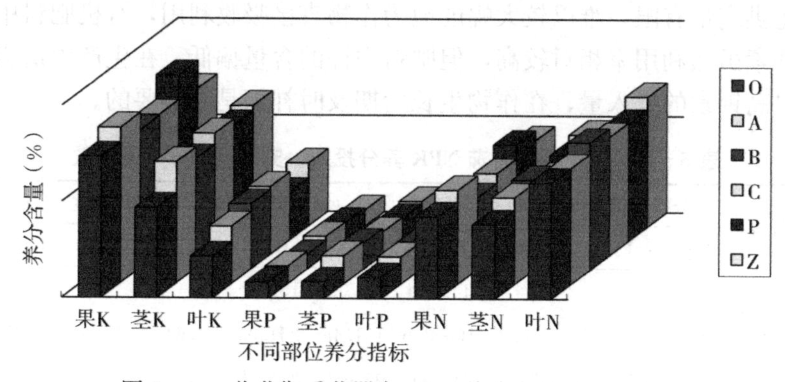

图 5－23　收获期番茄器官 NPK 养分含量（2006 年）

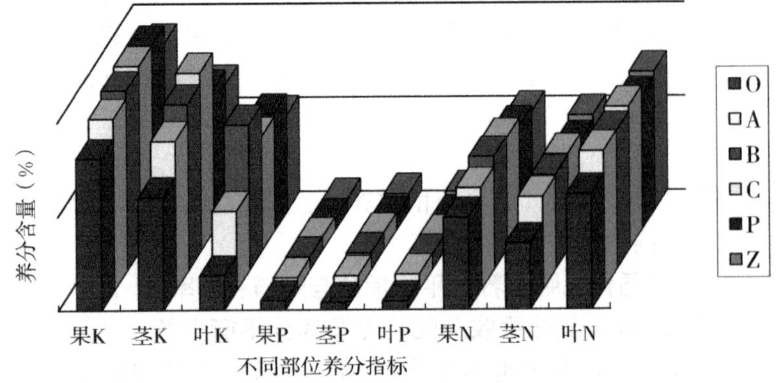

图 5-24　收获期番茄器官 NPK 养分含量（2007 年）

$$K=\frac{\text{养分投入量（纯量）}}{\text{农作物养分吸收量（纯量）}}$$

不同有机肥投入条件下番茄养分吸收量出现了较大的差异（表 5-12）。以养分平衡指数来评价各施肥处理的效果，可以看出，氮磷养分平衡指数要远高于钾的平衡指数，反映了以有机肥为唯一肥源的条件下氮磷的吸收利用率相对偏低，而钾则相对较高，这一点在肥料养分表观利用率的计算结果中也可得到证实（表 5-13）。以上现象表明，有机肥料氮、磷养分大部分为有机态，其当季的矿化供应量有限，难以较大幅度地为作物直接吸收利用，有机肥料中钾素虽然利用率相对较高，但肥料中钾的含量偏低，在生产中适当提高钾素的投入量、在作物生长后期及时补钾是有必要的。

表 5-12　不同处理番茄 NPK 养分投入、支出及养分平衡指数

处理	养分投入量（kg/hm²）			作物吸收量（kg/hm²）			养分平衡指数（K）		
	N	P_2O_5	K_2O	N	P_2O_5	K_2O	N	P_2O_5	K_2O
O	—	—	—	142.1d	63.0d	181.6c	—	—	—
A	316.6	371.7	318.2	192.8ab	101.4a	261.0a	1.64	3.66	1.22
B	633.2	743.4	636.3	188.8b	95.6ab	241.3b	3.35	7.77	2.64
C	949.7	1 115.1	954.5	170.2c	84.1c	237.5b	5.58	13.25	4.02

（续）

处理	养分投入量（kg/hm²）			作物吸收量（kg/hm²）			养分平衡指数（K）		
	N	P_2O_5	K_2O	N	P_2O_5	K_2O	N	P_2O_5	K_2O
P	631.4	1 195.4	709.0	190.0b	90.9bc	246.1b	3.32	13.15	2.88
Z	632.0	2 295.0	405.0	200.3a	97.0ab	243.7b	3.06	23.65	1.66

表 5-13　不同施肥处理番茄肥料表观利用率

（2006 年）

处理	N 利用率（%）	P 利用率（%）	K 利用率（%）
O	—	—	—
A	16.01	10.36	24.96
B	7.37	4.39	9.38
C	2.96	1.90	5.86
P	7.59	2.34	9.10
Z	9.51	1.49	15.32

2. 不同处理对肥料利用率的影响　表 5-13 是 2006 年不同施肥处理番茄肥料表观利用率。可以看出第一茬番茄各处理有机肥氮磷钾养分利用率均不高，其中氮磷养分利用率更低，这主要是土壤肥力较高的表现，土壤养分提供量在番茄养分吸收中发挥了主导性的作用，对比图 5-12 中空白处理番茄氮磷钾吸收量和其他各施肥处理的吸收量差异就能够证实这一点。精制有机肥处理随着施肥量的增加，养分利用率急剧下降。等氮量的 B、P、Z 处理，氮素利用率与钾素利用率都以沼渣处理为最高，处理 B 与处理 P 相差不大。而磷素利用率则是处理 B 最高，处理 P 次之，处理 C 最低。番茄为喜钾作物，对钾的需求相对较高，同时由于有机肥中钾的有效性较好，因而表现出有机肥钾的利用率相对较高，在番茄生育后期，随着果实产量的增加，吸钾量也越高。

图 5-25 是根据三茬蔬菜的肥料表观利用率绘制的。图中以 1N、2N、3N 分别代表第一茬、第二茬、第三茬的氮素利用率，1P、2P、3P 与 1K、2K、3K 的代表含义类同。从图中可以看出，

有机肥的连续施用对肥料的表观利用率有明显的影响。3 种元素中以钾素的表观利用率为最高，氮素次之，磷素最低。由于作物品种的原因，第二茬芹菜的各种养分利用率低于 2 茬番茄。

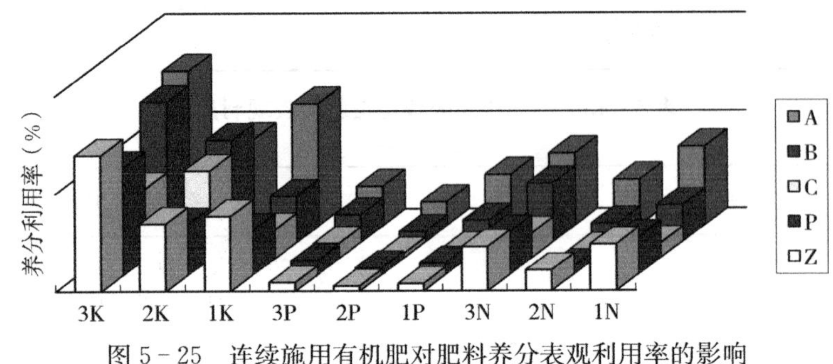

图 5-25　连续施用有机肥对肥料养分表观利用率的影响

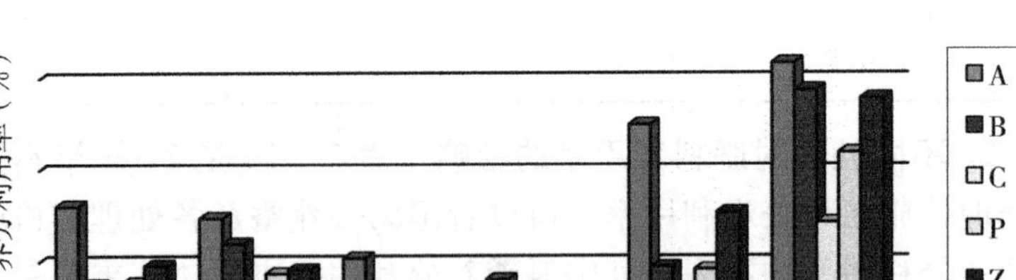

图 5-26　连续施用有机肥对番茄肥料养分表观利用率的影响

图 5-26 比较了 2 茬番茄的肥料养分表观利用率。可以看出有机肥的施肥水平对养分表观利用率有明显影响，精制有机肥的所有养分表观利用率都是随着施肥量的增加而降低。连续施用有机肥的情况下，各施肥水平钾素的养分表观利用率都有提高；磷素与氮素养分表观利用率在低施肥水平时降低，中高水平时升高，主要是中高水平时产量提高所致。等 N 量投入的 3 个处理之间对比后可以看出，精制有机肥处理 B 除了第一茬的氮素利用率低于普通有机肥处理 P 与沼渣处理 Z，钾素利用率低于沼渣处理 Z 外，其余都好于沼渣处理 Z 与普通有机肥处理 P。研究结果表明，精制有机肥在

提高肥料利用率上优于沼渣与普通有机肥。

3. 有机肥对番茄、芹菜生长发育的影响　表 5－14 为 2006 年田间调查的番茄株高，从分析结果可以看出施肥对各处理有显著的影响。其中空白处理一直表现最差，而处理 C 与处理 P 的株高一直好于其他处理，处理 Z 在前期表现稍差，但后期又生长比较快，达到最高值 167.4cm。株高方面，施肥处理各个阶段株高均显著高于对照处理。各精制有机肥施肥处理相比，A、B 中低肥量处理没有差异，且均低于高肥量 C 处理。而 C 与 P、Z 比较，前期差异不大，后期 Z 要优于 P、C 处理，初步分析这可能与沼渣肥料特性有关。

表 5－14　不同有机肥料对番茄株高的影响（cm）

（2006 年）

处理	4 月 2 日	4 月 12 日	4 月 27 日	5 月 12 日	6 月 13 日
O	20.0d	34.3c	53.8e	88.1d	154.6e
A	20.9c	36.4b	57.5c	92.3ab	159.3c
B	20.3cd	36.2b	55.1d	91.1bc	156.5d
C	22.7b	37.3a	59.2b	92.5a	161.0b
P	23.6a	36.4b	57.3c	91.3abc	160.5bc
Z	20.9c	36.6b	61.4a	90.5c	167.4a

注：数据经 LSD 差异检验，小写字母为差异达显著水平（$P=0.05$），下同。

2007 年番茄株高测定结果规律与 2006 年相似，表 5－15 选取了两次 2007 年田间调查的番茄株高数据，从结果可以看出施肥对各处理同样有显著的影响。其中空白处理与 2006 年相同，一直最差，但最好的处理与 2006 年不同，为处理 A 与处理 B。结果说明，土壤在连续施用有机肥的情况下肥力有所提高，在中低施肥量时具有促进株高的作用，在高施肥量时反而不利于株高发育。土壤在连续施用有机肥的情况下对土壤肥力与番茄植株有促进作用。图 5－27 为两茬番茄定植 50d 的株高比较，可以看出施肥处理第二茬番茄株高要明显高于第一茬，并且以精肥的中低施肥处理差异最为明显。

表 5-15 不同肥料处理对番茄株高的影响（cm）

（2007 年）

处理	定植天数	
	20d	50d
O	33.13	87.96c
A	36.92	100.96a
B	36.96	101.38a
C	35.18	96.96b
P	35.54	95.92b
Z	34.41	97.88ab

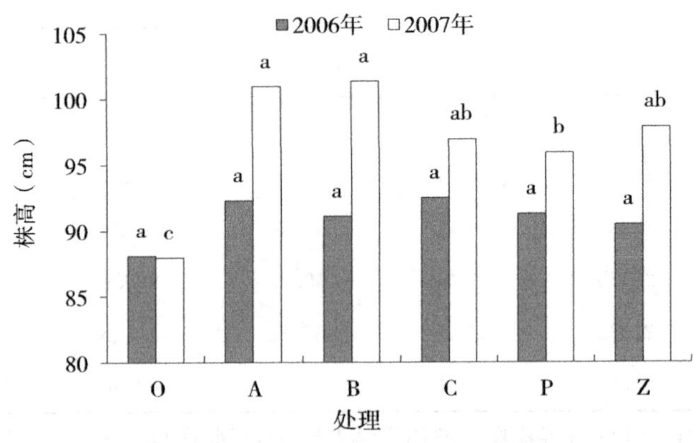

图 5-27 番茄同时期株高的比较

表 5-16 为 2006 年田间调查的番茄茎粗，从分析结果可以看出施肥对各处理有显著的影响。其中空白处理前期表现最差，处理 O 与处理 C 的茎粗后期数值最小；而处理 A 与处理 B 一直表现良好，分别达到最高值 16.4mm 与 16.7mm。精肥的高肥量处理 C 要显著低于其他施肥处理，这是因为肥料用量过高，而使番茄植株生长受迫害，长势细高。其他施肥处理均显著高于对照处理。等氮投入的 B、P、Z 处理比较，处理 B 要稍优于其他两个处理。通过分析，综合比较各施肥处理对番茄生长的影响顺序为：B>A>Z>P>C>O。

表 5-16　不同肥料处理对番茄不同时期茎粗的影响（mm）

（2006 年）

处理	取样时间				
	4 月 2 日	4 月 12 日	4 月 27 日	5 月 12 日	6 月 13 日
O	3.8c	6.8c	13.6d	14.4b	15.0d
A	4.2ab	7.7a	14.9ab	15.4a	16.4ab
B	4.4a	7.9a	15.1a	15.5a	16.7a
C	4.2ab	7.0bc	13.6d	14.4b	14.8d
P	3.9bc	7.7a	14.7bc	15.3a	16.2bc
Z	3.8c	7.2b	14.4c	15.2a	15.9c

在盛花期对小区试验进行各处理开花数统计，各处理番茄普遍达到三穗花。施肥均能显著增加番茄的开花数。从图 5-28 可以看出 B 处理开花数最多，比空白处理增加 68.75%；精制有机肥处理普遍高于普通有机肥处理 P 和沼渣处理 Z。精制有机肥处理高肥处理 C 与低肥处理 A 增花效果差异不明显，差异不到 1%，沼渣处理 Z 比空白增加 17%，低于普通有机肥处理 7%的增加幅度。

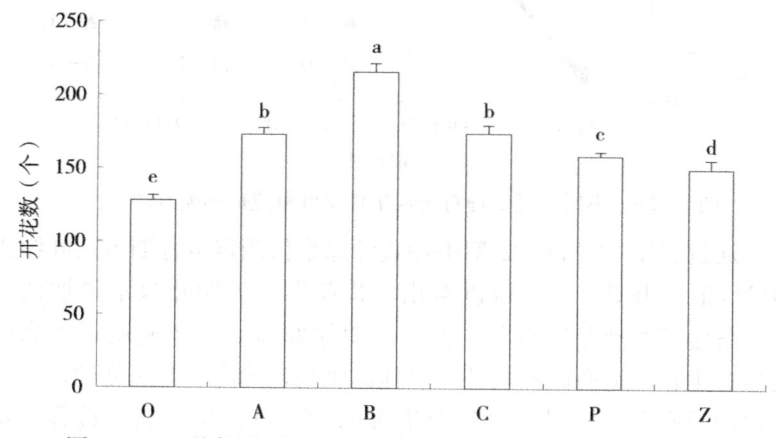

图 5-28　不同施肥处理对盛花期番茄开花数的影响（2006 年）

番茄在生长时期的生物量与番茄产量存在着一定联系。由图 5-29 可以看出，生育前期是番茄生长发育最快的时期，植株茎叶鲜重快速增加，之后随着果实的不断膨大和结果数量的不断增加，番茄植株茎叶增长减缓，这时主要养分都供给番茄果实。整个生育期期间，各施肥处理的茎叶鲜重均高于对照处理。生育前期由于需求养分少，土壤本身养分足够，所以处理间差异不大。后期不同施肥处理表现出差异，在图中可以看出高精肥量 C 处理茎叶鲜重低于其他施肥处理，这时因为 C 处理茎粗的影响而使茎叶鲜重降低。其他施肥处理 A、B 表现最好，分别达到最高值 1 227g 与 1 193g。说明一定的施肥处理可以提高番茄植株有机物质积累，为提高番茄品质和产量提供条件。

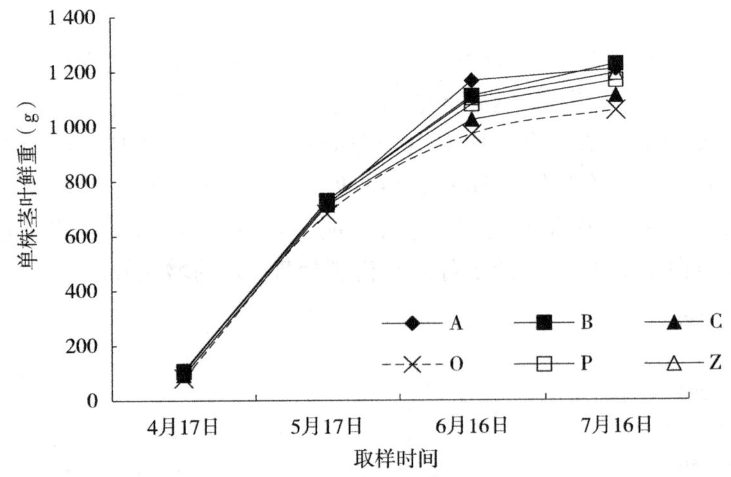

图 5－29　不同施肥处理对番茄单株茎叶鲜重的影响（2006 年）

通过利用 SPAD-502 型手持式叶绿素仪测定生育期番茄叶绿素 SPAD 值，由图 5－30 可以看出，番茄生长前期叶绿素增加比较快，各施肥处理差异不大。生育后期除处理 C 由于施肥量太高而使植株生长压迫而较低之外，其他施肥处理均高于对照处理，但处理之间没有差异。另外，整个生育期 SPAD 值是增加的过程，这是因为有机栽培的方式作物种植茬口密，所以拉秧时番茄植株叶片还比较绿，所以生长后期叶绿素 SPAD 值没有下降。图 5－31 为 2007 年番茄果实膨大期测定的番茄叶片 SPAD 值，由于这个时期随着果实的膨大，对肥料的需求量较大，所以随着施肥量的增加，叶绿素呈增加趋势。3 个等氮处理中，沼渣处理要稍好一些，这与图 5－30 中规律一致。

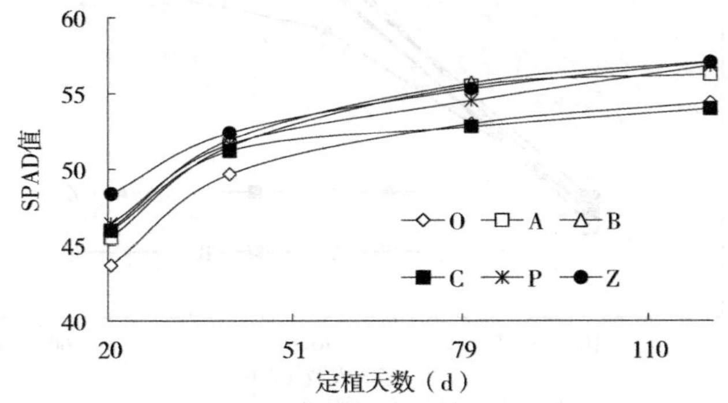

图 5－30　施肥后不同天数番茄叶绿素 SPAD 值变化（2006 年）

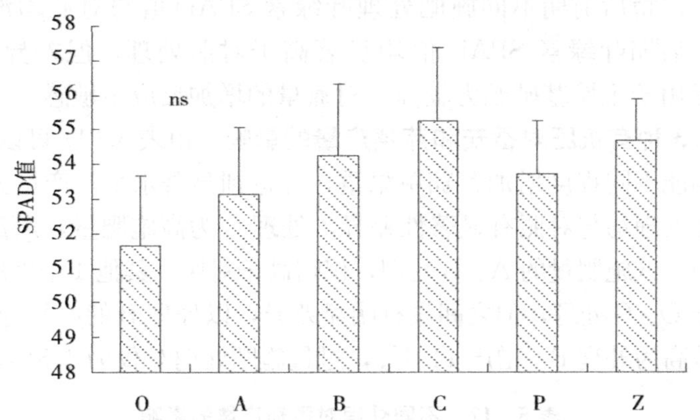

图 5－31　施肥对果实膨大期番茄叶绿素 SPAD 值的影响（2007 年）

图 5－32 是测定的不同施肥处理芹菜叶绿素 SPAD 值。从本试验测定结果可以看出，定植后前期不同施肥处理芹菜叶绿素 SPAD 值与对照没有差异，中后期叶绿素 SPAD 值均显著高于对照处理，但差异不大。其中施肥处理中又以沼渣 Z 处理表现为最好。

一般认为叶绿素的高低与施氮量成正比，施肥量越高叶绿素值越大。对以上连续 3 茬作物的综合分析可以看出，不管是芹菜还是

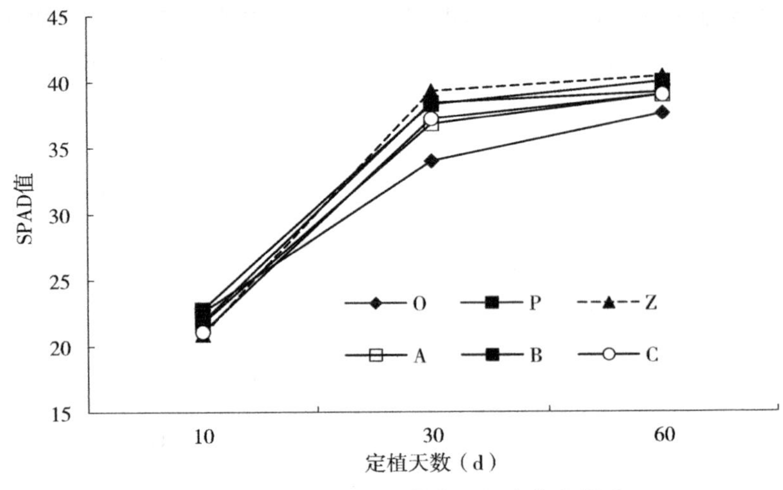

图 5－32　不同处理对芹菜叶绿素值的影响

番茄，定植后前期不同施肥处理叶绿素 SPAD 值与对照均没有差异，中后期叶绿素 SPAD 值均显著高于对照处理，但差异不大。可能是由于土壤基础肥力较高，对氮量的增加反应不敏感。

4.3 种有机肥对番茄和芹菜产量的影响　由表 5－17 可以看出，施肥均能不同程度增加番茄单果重，并达到显著水平。产量方面不同施肥处理均与对照有显著性差异，处理 C 为高施肥量，产量显著低于中、低施肥量的 A、B 处理，仅略高于对照。其他 4 个处理均显著高于 O、C 处理，但之间没有明显差异，以处理 B 的产量为最高。增产最高为处理 B，增产 14.4%，过量施肥处理 C 仅为 4.8%。

表 5－17　不同处理对番茄产量的影响

（2006 年）

处理	单果重（g）	小区[①]产量（kg）	每公顷产量（t/hm^2）	较对照 O 增加（%）
O	97.9c	235.8d	70.7	—
A	108.6a	255.6b	76.7	8.5
B	109.5a	269.8a	80.9	14.4
C	102.4bc	247.0c	74.1	4.8

（续）

处理	单果重（g）	小区①产量（kg）	每公顷产量（t/hm²）	较对照O增加（%）
P	110.7a	257.3b	77.2	9.2
Z	107.4ab	258.5b	77.6	9.8

注：①小区面积为 33m²。

从表 5－18 可以看出，2007 年番茄试验的各施肥处理无论是单株果重还是产量均显著高于对照，增产率达 10%以上。不同施肥处理间产量差异不大，但以处理 B 为最好，达到 112.7t/hm²。施肥量最大的处理 C 在所有施肥处理中产量最低，说明有机肥施用量过高的情况下会造成蔬菜减产。等 N 量的 3 个施肥处理比较，2006 年与 2007 年的结果相同，产量差异都不显著。

表 5－18　不同处理对番茄单株果重及产量的影响

（2007 年）

处理	单株果重（kg）	小区①产量（kg）	每公顷产量（t/hm²）	较对照O增加（%）
O	3.02c	325c	97.6	—
A	3.66ab	369ab	110.8	13.5
B	4.06a	375a	112.7	15.4
C	3.62ab	351b	105.5	8.1
P	3.59b	368ab	110.6	13.3
Z	3.84ab	376a	113	15.7

注：①小区面积为 33m²。

由表 5－19 可以看出，施肥处理芹菜单株重、产量均高于对照处理，但施肥处理间差异不显著。分析原因是芹菜生物产量低，携带养分量少，故在养分充足的情况下差异不明显，与番茄试验结果相同。

表 5－19　不同处理对芹菜产量的影响

处理	单株重（kg）	产量（t/hm²）
O	0.7	63c

（续）

处理	单株重（kg）	产量（t/hm²）
A	0.74	66.4b
B	0.76	68.3a
C	0.75	67.9ab
P	0.75	67.8ab
Z	0.76	68a

5. 有机肥施用对土壤环境的影响 图 5－33 为有机肥连续施用 3 茬蔬菜收获后测定的土壤剖面 0～30cm 与 30～60cm 两个层次中的硝态氮含量。图例中Ⅰ、Ⅱ、Ⅲ分别代表第一茬、第二茬与第三茬蔬菜。从图中可以看出，第一茬、第三茬测得的土壤表层硝态氮含量都高于第二层的土壤硝态氮含量。而第二茬测得的土壤表层硝态氮含量除了处理 C 外都低于第二层的土壤硝态氮含量。这可能是因为第二茬芹菜是富硝酸盐作物，对表层土壤硝态氮大量吸收所造成。相比之下，第一茬、第三茬的番茄则根系分布较深，对第二层 30～60cm 土壤中的硝态氮吸收较多。另外，因为受前茬作物的影响，第一茬表层各处理的土壤硝态氮含量与其他测定值相比要高许多。

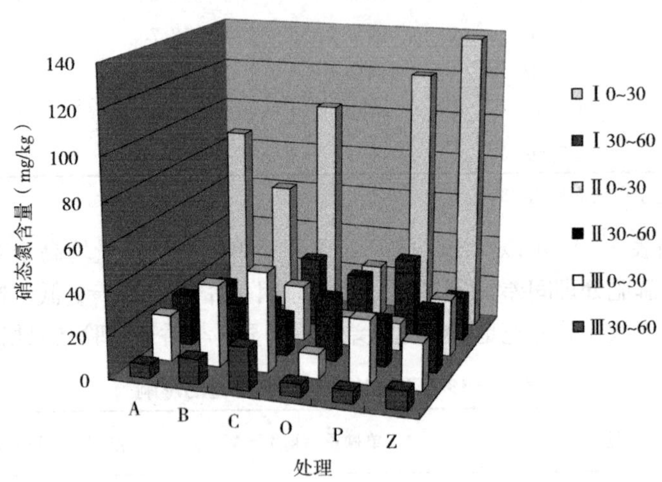

图 5－33　连续施用有机肥对土壤剖面上部硝态氮含量的影响

与对照相比各施肥处理的土壤剖面硝态氮含量显著增加，但是随着有机肥的连续投入，土壤剖面硝态氮含量呈持续下降趋势。各处理间的差异规律性不明显（图 5 - 34）。

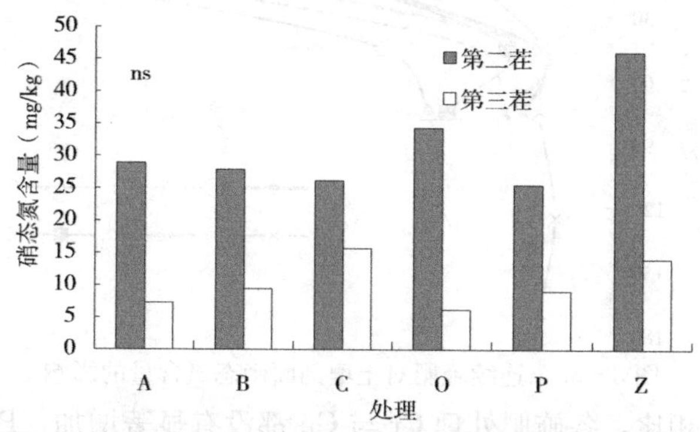

图 5 - 34　连续施用有机肥对深层土壤硝态氮含量的影响

图 5 - 35 为有机肥连续施用 3 茬后对土壤剖面硝态氮含量的影响。结果表明，与对照相比各施肥处理都显著增加了土壤剖面硝态氮的含量，其差异在土壤上部剖面（0～30cm）比较明显，后随着深度的延伸差异缩小。可以看出，因为作物吸收养分的原因，影响了土壤剖面硝态氮向下的淋移。在表层土壤剖面硝态氮含量的大小排序为：C>B>P>A、Z>O。在 90cm 处土壤剖面硝态氮含量大小排序为：C>Z>P、B>A>O。等 N 量投入的 3 个处理相比较，在表层土壤是精制有机肥处理 B 的硝态氮含量最高，普通有机肥处理次之，沼渣最低，但是在 90cm 处，则是沼渣处理的最高，普通有机肥与精制有机肥处理 B 土壤硝态氮含量已经比较接近。精制有机肥 3 个处理水平相比较，土壤剖面硝态氮含量随着有机肥施用量的增加而提高。在 180cm 处测定的最高施肥量处理 C 的土壤硝态氮含量为 17mg/kg，已经很低，说明连续施用有机肥不会造成土壤剖面硝态氮的大量累积与淋洗。

表 5 - 20 为收获芹菜后测得的土壤重金属 Cr、Cd、Zn、Pb、Cu 的含量。结果表明，有机肥都不同程度地影响了土壤重金属的含量，沼渣对土壤中重金属的影响最低，精制有机肥影响最大。与

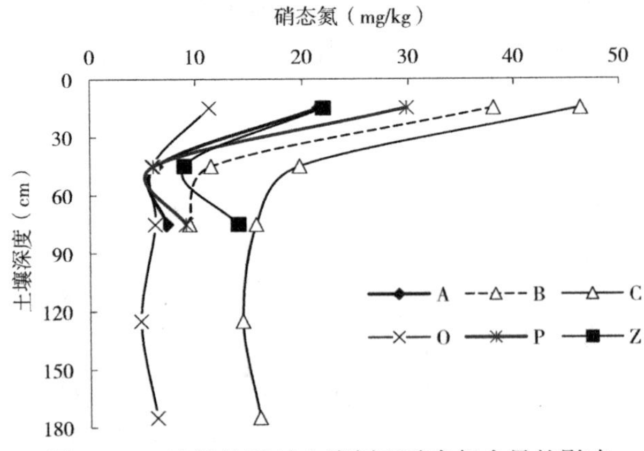

图 5-35　连续施肥对土壤剖面硝态氮含量的影响

基础土壤相比，各施肥处理 Cr 与 Cu 都没有显著增加，Pb 的含量只有处理 P 与处理 C 差异显著，而 Cd 与 Zn 的含量则所有处理都差异显著。经分析表明，土壤中 Cd 均因施用有机肥而有所增加，并且随施肥量的增加（处理 A、B、C）显著增加，Zn 的含量所有处理都达到极显著水平，说明芹菜对土壤中锌的吸收量比较大，而施肥处理对土壤中锌的补充量高于吸收量，因而各处理土壤中锌的含量增加。与表 5-21 中 GB 土壤环境质量标准相比可以看出所有处理的土壤中 5 种重金属含量都低于该标准，说明试验所用的 3 种有机肥在有机蔬菜生产中可以连续施用。

表 5-20　不同处理对土壤重金属含量的影响（mg/kg）

处理	Cd	Cr	Cu	Pb	Zn
土壤背景值	0.146	64	21.2	16.2	75*
O	0.156	65	20.8	16.6	71
P	0.23*	65	23.5	17.3*	83**
Z	0.209*	65	21.3	16.5	78**
A	0.21*	67	22.6	16.9	79**
B	0.314**	64	22.5	16.9	80**
C	0.388**	65	21.9	17.3*	84**

注：* 和**分别表示 $P<0.05$ 和 $P<0.01$。

表 5-21 国标土壤重金属限量Ⅱ级标准（GB15618—1995，HJ333—2006）

重金属	Cd	Cr	Cu	Pb	Zn
限量（mg/kg）≤	0.4	250	100	50	300

6. 肥料种类与施用量对芹菜与番茄安全指标的影响 表 5-22 是不同处理番茄与芹菜硝酸盐含量的测定结果。试验结果中各处理的番茄硝酸盐含量均显著低于蔬菜硝酸盐标准允许量 600mg/kg（瓜果类），这是因为番茄属于果菜类，是低硝酸盐积累的蔬菜。2007 年番茄硝酸盐含量测定结果与 2006 年的相比可以看出（表 5-22），连续施肥的情况下，番茄硝酸盐含量有所增加，但与空白相比增加不显著，其中处理 B 的增加量最少。

由表 5-22 也可以看出，芹菜是极富硝酸盐作物，其含量远高于番茄，也未超过蔬菜安全的限量标准（≤3 000mg/kg）。分析结果表明，除了精制有机肥处理 C 的测定结果显著高于对照外，其他处理的芹菜硝酸盐含量都与对照差异不显著（处理 A 与处理 P）或者低于对照（处理 B 与处理 Z），说明适量有机肥不会增加芹菜硝酸盐含量，甚至可以降低其含量。由于芹菜采收时间对硝酸盐含量有较大的影响，故测定结果比文献中其他研究者所得结果偏小。

表 5-22 不同处理对番茄与芹菜硝酸盐的影响（mg/kg）

处理	2006 年番茄	2006 芹菜	2007 年番茄
O	84.2d	1 312b	120ab
A	80.6e	1 166d	111c
B	93.9b	1 336b	119ab
C	97.5a	1 431a	110c
P	89.9c	1 332b	122a
Z	83.3d	1 219c	117b

精制有机肥的 3 个处理相比较，随着施肥量的增加，番茄果实与芹菜的硝酸盐含量都在增加，同时处理 A、Z 含量均低于对照。等 N 量的 3 个处理相比，处理 Z 的 3 茬蔬菜中硝酸盐含量都是最

低的。在第一茬番茄与第二茬芹菜中处理B的硝酸盐含量最高，处理P次之，而第三茬番茄则是处理P的硝酸盐含量最高，处理B次之。

表5-23分析了精制有机肥不同施肥水平下的芹菜各部位重金属分布规律。不同施肥量与不同种类肥料对芹菜各部位重金属分布规律影响相似，即Cu、Cd、Pb和Cr在各部位的含量顺序为：根>叶>茎；Zn的分布为叶>根>茎。但随着施肥量的增加，芹菜各部位对重金属的富集效果不同，与对照相比，根中重金属富集量均呈直线增加态势，重金属含量以处理C最高。叶中的富集趋势随施肥量增加呈抛物线趋势，即B水平下叶中重金属含量最高，C水平下重金属含量略有降低，但仍高于对照。茎中重金属除Cr在B水平下明显升高外，其他元素各施肥处理间变化不大，说明芹菜茎部对重金属的吸收不敏感，土壤中重金属含量增加到一定水平后（A），重金属在茎中的积累量会趋于“饱和”，而根富集重金属的能力最强。

表5-23 不同施肥水平对芹菜各部位重金属残留量的影响（mg/kg）

部位	水平	Cu	Pb	Cd	Cr	Zn
叶	CK	0.474	0.112	0.017	0.068	3.202
	A	0.427	0.081	0.024	0.041	3.409
	B	0.618	0.115	0.033	0.085	4.612
	C	0.577	0.102	0.027	0.062	4.143
茎	CK	0.122	0.05	0.008	0.027	0.587
	A	0.156	0.059	0.015	0.047	0.8
	B	0.164	0.051	0.011	0.065	0.776
	C	0.15	0.052	0.012	0.037	0.755
根	CK	0.858	0.2	0.03	0.585	2.674
	A	0.999	0.181	0.049	0.852	3.224
	B	1.054	0.208	0.045	1.646	3.22
	C	1.282	0.289	0.062	1.642	3.676

7. 芹菜不同部位对土壤重金属的富集比　为了解芹菜不同部位富积重金属的能力，将其各部位不同重金属含量与土壤重金属含量进行比较，以其相对比值衡量芹菜对重金属的吸收能力，比值越大，说明芹菜该部位富集重金属的能力越强。从表 5-24 的结果可以看出，相同施肥处理下芹菜不同部位均以 Cd 的富集比最高，Zn、Cu 次之；而同一部位不同施肥处理以普通有机肥（P）处理的 Cd 比率最高，精制有机肥处理 B 的富集比最低。Zn、Cu 等其他元素各施肥处理间差异不明显，说明芹菜各部位对土壤中 Cd 有很强的富集能力，虽然土壤中 Cd 相对于其他元素含量最低，但芹菜对其吸收能力却相对最强。

芹菜从土壤中吸收的重金属在其体内并不是均匀分布的，不同的器官组织对重金属的富集能力也是有差异的。很多研究结果表明，蔬菜（双子叶植物）中生命活动旺盛部位（绿叶和吸收根）中重金属含量较高，营养物质贮存器官（块根、果实、花等）含量较低。本试验结果有类似的结论，重金属在芹菜各部位含量高低表现为：根＞叶＞茎。但 Zn 的分布与其他重金属不同，是叶＞根＞茎。蔬菜植株内重金属的含量一方面与土壤污染程度和污染元素的性质有关，另一方面还与蔬菜作物本身对重金属的选择吸收性有关。用富集比率（即蔬菜可食部位重金属的含量与土壤中同元素含量的百分比）可大致反映出不同蔬菜对各种重金属的富集能力。表 5-24的分析结果表明芹菜对 Pb 富集能力高于 Cr，尤其是叶中表现更为明显。

表 5-24　芹菜各部位对重金属的富集比（%）

部位	处理	Cd	Cr	Cu	Pb	Zn
叶	CK	10.9	0.1	2.3	0.7	4.5
	P	18.3	0.1	2.7	0.6	5.3
	Z	14.4	0.2	3.6	1.0	5.9
	B	10.5	0.1	2.7	0.7	5.8

（续）

部位	处理	Cd	Cr	Cu	Pb	Zn
茎	CK	5.1	0.0	0.6	0.3	0.8
	P	7.8	0.1	0.6	0.3	1.0
	Z	5.3	0.0	0.9	0.3	0.8
	B	3.5	0.1	0.7	0.3	1.0
根	CK	19.2	1.3	4.1	1.2	3.8
	P	27.8	2.2	5.3	1.3	4.2
	Z	20.6	1.9	4.5	1.4	3.9
	B	14.3	2.6	4.7	1.2	4.0

通过对2007年番茄果实的测定，发现施肥量的不同影响了番茄果实重金属的含量（表5-25），随着施肥量的增加，除Cr以外，其他都呈累积增长趋势，但均远小于国标限量值，说明连续施用有机肥对番茄重金属含量的安全性影响不大。

表5-25　不同处理对番茄果实重金属含量的影响

（2007年）

处理	Zn（mg/kg）	Cu（mg/kg）	Cr（mg/kg）	Pb（mg/kg）	Cd（mg/kg）
O	1.048abA	0.292abA	0.017a	0.046abA	0.014abA
A	0.904bcAB	0.239bA	0.018a	0.024bA	0.007bA
B	0.917bcAB	0.27abA	0.014a	0.038abA	0.011abA
C	1.114aA	0.334aA	0.014a	0.063aA	0.02aA
P	0.771cB	0.225bA	0.016a	0.072aA	0.015aA
Z	0.915bcAB	0.261abA	0.012a	0.054abA	0.019aA

三、基于沼液电导率的沼液灌溉施肥技术集成

如图5-36所示，沼液电导率与养分间存在线性正相关的特征。基于此，研发出了通过电导率的监测控制沼液与水的精准配比

系统，并实现了在线自动化控制。鉴于沼液与水的配比压力存在动态变化，配套设置压力调节模块予以调节，实现系统运行的稳定性。

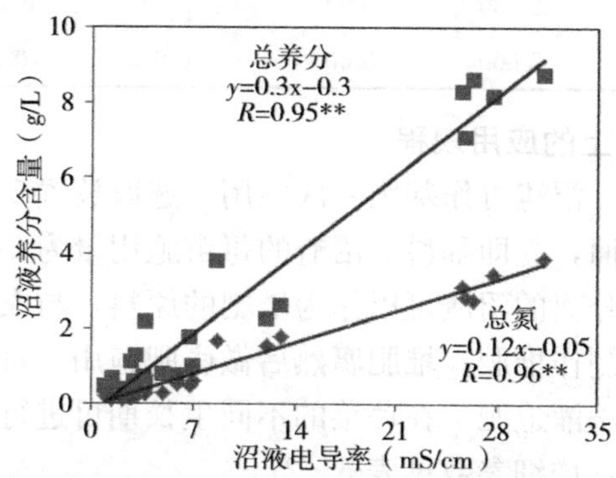

图 5－36 沼液养分含量与电导率关系

（一）沼液灌溉施肥技术规程

1. 在番茄上的应用技术规程

（1）基肥 沼渣可作基肥一次施用。选取放置 5～7d 的新鲜沼渣直接泼洒田面，立即翻耕。沼渣每亩的施用量为 4.0～4.5m^3。

经过固液分离的沼渣可以作为堆肥的原料，与农作物秸秆一起进行高温发酵制作堆肥，堆肥腐熟后做底肥施用，每亩用量 2t。

（2）沼液滴灌追肥 在番茄的不同生长期可进行沼液追肥。以鸡粪沼液为例，详细参数见表 5－26。

表 5－26 番茄沼液追肥用量

施用时期	沼液电导率（μS/cm）	流量（L/h）	施用时间（h）	原液使用量（m）	合计施用量（m）
幼苗期	500（清水）			0	
开花期	2 000	5 000	2.0	1.0	10
坐果期	2 500	5 000	2.0	1.25	10
第一穗果膨大期	3 000	5 000	3.0	2.25	15
第二穗果膨大期	3 000	5 000	1.5	1.13	7.5

（续）

施用时期	沼液电导率（μS/cm）	流量（L/h）	施用时间（h）	原液使用量（m）	合计施用量（m）
第三穗果膨大期	2 500	5 000	1.0	0.63	5
采摘期	2 000	5 000	1.0	0.5	5

2. 在芹菜上的应用规程

（1）基肥　沼渣可作基肥一次施用。选取放置 5～7d 的新鲜沼渣直接泼洒田面，立即翻耕。沼渣的每亩施用量为 2.0～2.5m^3。

经过固液分离的沼渣可以作为堆肥的原料，与农作物秸秆一起进行高温发酵制作堆肥，堆肥腐熟后做底肥施用，每亩用量为 1t。

（2）沼液滴灌追肥　在芹菜的不同生长期可进行沼液追肥。以鸡粪沼液为例，详细参数见表 5-27。

表 5-27　芹菜沼液追肥用量

施用时期	沼液电导率（μS/cm）	流量（L/h）	施用时间（h）	原液使用量（m^3）	合计施用量（m^3）
苗期	500（清水）			0	
心叶生长期	2 000	3 000	3.0	0.9	9
旺盛生长前期	2 500	2 500	4.0	1.25	10
旺盛生长中期	2 300	2 500	3.0	0.86	7.5
旺盛生长后期	500（清水）			0	
收获期	500（清水）			0	

3. 注意事项

①沼渣沼液出池后忌立即施用，必须陈置 5～7d。沼肥的还原性强，出池后的沼肥立即施用，会与作物争夺土壤中的氧气，影响种子发芽和根系发育，导致作物叶片发黄、凋萎。

②施用的沼液电导率和用量根据园区实际土壤质地和肥力进行适当调整。

③进入滴灌系统的沼液为经过三级过滤（120 目）的沼液，以防止滴灌管堵塞。

④若肥液不能正常进入管道，检查阀门是否打开，底阀有无堵塞，泵内空气是否排出，链接是否密封，离心泵是否反转。

⑤滴灌过程中需经常巡查工作情况，修补跑水漏肥的地方。

⑥若三级过滤池的沼液抽完，用反冲洗管将滤网上的渣滓反冲干净，使沼液可以顺利通过滤网。

⑦运行时，变频开关需拨到“变频”档，反冲洗过滤器不能自动冲洗时必须人工冲洗过滤器。毛管每月冲洗1次。

（二）沼液在不同作物上的合理施用量

针对设施菜地滴灌技术使用普遍，灌溉精准度需求高的特点，配套了沼液滴灌系统；针对不同作物提出了合理的沼液推荐用量（表5-28），并建立了施用技术规范。基于以上单项技术，从沼液的贮存传输系统到浓度配置和沼液用量的总量控制，形成了完整的“一通二调三总控”沼液处理利用智能化系统，有效解决了管道易堵塞、浓度难控制、用量不精准的历史性难题，技术成果在京津冀典型地区蔬菜、果树、小麦、苜蓿等多种作物上得到了普遍利用，带动了农业生态环保体系的建设，经济、社会和生态效益显著。

表5-28　不同作物的沼液推荐用量

作物	鸡粪沼液量（t/hm^2）	牛粪沼液量（t/hm^2）	猪粪沼液量（t/hm^2）
番茄	50.6	88.1	66.6
油菜	36.5	63.5	48.0
冬小麦	45.2	78.7	59.5
夏玉米	37.4	65.2	49.3
苹果	54.6	95.2	72.0
水稻	39.9	69.4	52.5

四、沼肥施用的土壤生物学效应

试验拟通过微宇宙培养方式，定期监测土壤微生物生物量和群落结构，为沼液的合理使用提供科学依据。试验设置4个处理：鸡粪源沼液（FS）、猪粪源沼液（PS）、牛粪源沼液（CS）和对照（CK）。沼液添加量依据等氮原则，不同处理的稀释成等体积的沼液加入土壤，对照处理以等量的蒸馏水代替。每盆加入过 2mm 筛的风干土壤 450g，然后加稀释后沼液 100ml，避光培养。培养期间，每隔三日按等重法（须记录原始重量）补充水分。于第 60d 进行破坏性取样，约 100g 土样用于测定微生物量碳氮，20g 土样测定微生物群落结构。本试验为随机区组设计，设置 4 次重复。微生物群落采用 Biolog 方法，微生物量碳氮采用氯仿熏蒸法测定。

（一）不同来源沼液对微生物量碳氮的影响

经过 60d 的培养，牛粪沼液处理获得了最高的微生物量碳，显著高于猪粪沼液（$P<0.05$）（图 5-37），但与对照和鸡粪沼液处理相比并无显著差异（$P>0.05$），而添加猪粪沼液则显著降低了微生物量碳（$P<0.05$），但其同鸡粪沼液的结果相比并无显著差异（$P>0.05$）。微生物量氮在不同处理间尽管存在差别，但并未达到显著差异水平（$P>0.05$）。

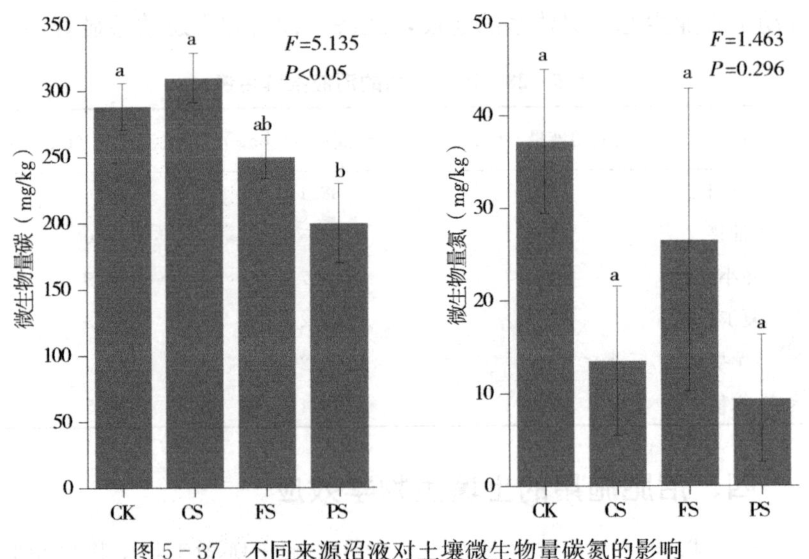

图 5-37　不同来源沼液对土壤微生物量碳氮的影响

（二）不同来源沼液对土壤微生物碳源利用的影响

如图 5－38 所示，各土壤样品的孔平均颜色变化率随着培养时间而逐渐升高，在 48h 之前不同处理间的差异尚不明显，从 72h 开始变化规律逐渐明朗，主要表现在鸡粪沼液可引发微生物最高的碳源利用强度，牛粪沼液与对照处理较为接近，而猪粪沼液有抑制微生物碳源利用的趋势。

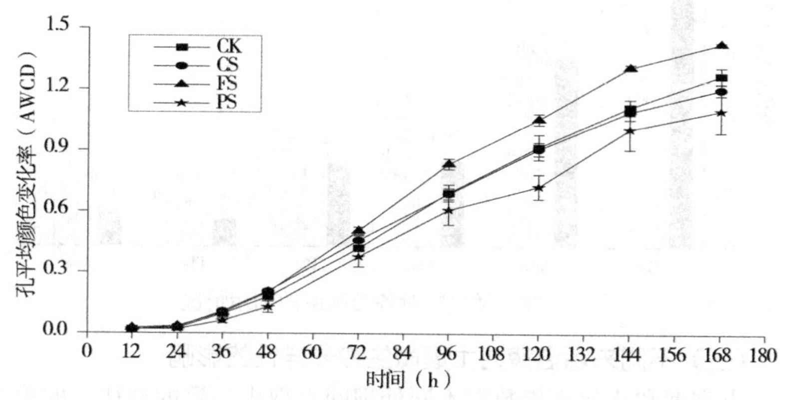

图 5－38 微生物碳代谢 AWCD 值

图 5－39 表明了土壤微生物对六大类碳源的利用情况。可以看出，各处理微生物主要利用的是碳水化合物（Car），其次是氨基酸（Ama），而对酚酸类（Phc）和胺类（Ami）利用相对较少。对于某些类碳源的利用，处理间也存在差异，微生物对碳水化合物的利用在鸡粪沼液处理中达到最高，显著高于猪粪沼液（$P<0.05$），而处于二者之间的对照和牛粪沼液处理则均和除自身之外的其他处理无显著差异（$P>0.05$）。对于氨基酸，添加不同源沼液均有抑制微生物利用碳源的趋势，但仅在猪粪沼液处理中达到显著水平（$P<0.05$），而后者与鸡粪和牛粪处理也无显著差异（$P>0.05$）。鸡粪沼液相比其他处理显著促进了微生物对羧酸（Caa）的利用（$P<0.05$），这个指标在牛粪、猪粪和对照处理间并无显著差异（$P>0.05$）。不同处理土壤微生物对胺类的利用程度也可划分为 3 个层次，鸡粪沼液起到了促进作用，孔颜色变化率显著高于处于第三层

次的对照和猪粪沼液（$P<0.05$），而后两者并无显著差异，处于中间层次的牛粪沼液处理与其他处理均无显著差异（$P>0.05$）。

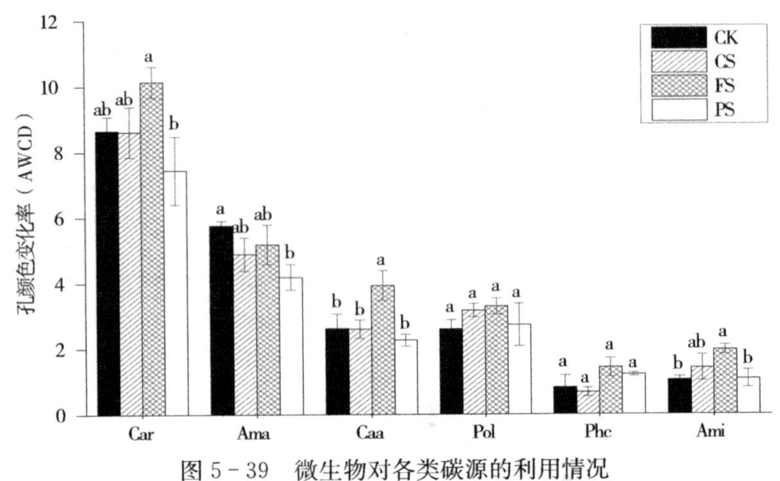

图 5-39 微生物对各类碳源的利用情况

（三）不同来源沼液对土壤微生物多样性的影响

丰富度和优势度指数在不同处理间表现出一致的规律，即鸡粪沼液处理的数值最高，显著高于其他处理（$P<0.05$），其次为牛粪沼液处理的，其数值显著高于猪粪沼液处理（$P<0.05$），而处于它们中间的对照处理则与二者均无显著差异（$P>0.05$）。均匀度指数最高的也是鸡粪沼液处理，但其只显著高于猪粪处理（$P<0.05$），处于这两个处理中间的对照和牛粪沼液处理与各处理均无显著差异（$P>0.05$）（图 5-40）。

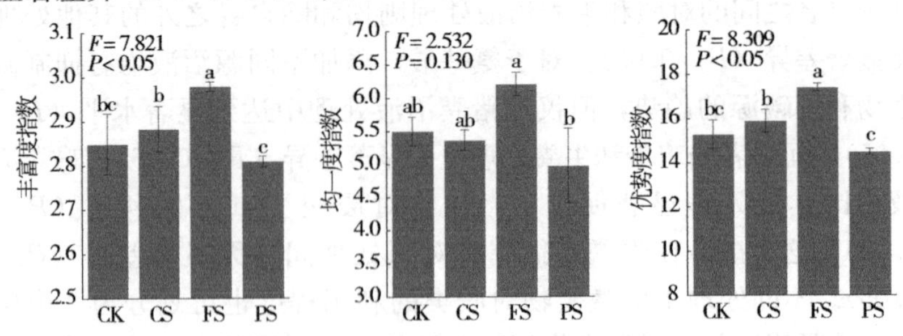

图 5-40 不同来源沼液对土壤微生物多样性指标的影响

综上，鸡粪沼液可引发微生物最高的碳源利用强度，牛粪沼液与对照处理较为接近，而猪粪沼液有抑制微生物碳源利用的趋势。各处理微生物主要利用的是碳水化合物（Car），其次是氨基酸（Ama），而对酚酸类（Phc）和胺类（Ami）利用相对较少。鸡粪沼液有利于提高微生物碳代谢的多样性、均一度和优势度，而猪粪则表现出抑制趋势。

第二节　沼液氮磷高效回收技术

一、沼液氮磷特征分析

近年来随着我国农业结构的深化调整，集约化、规模化畜禽养殖业快速发展，畜禽粪污对水体污染风险持续增加。2011 年北京市畜牧业总产值 162.7 亿元，比 2001 年增加 63.8%，养殖产生的以畜禽粪尿、污水等废弃物对环境产生了巨大威胁。据统计，2000 年全国畜禽粪便年排放量已经超过 27 亿 t，相当于工业废弃物年排放量的 3.4 倍。畜禽养殖废物已成为我国农村面源污染的主要来源。据国家环境保护部发布的《国家农村小康环保行动计划》估算，我国每年畜禽粪便排放总量达到了 25 亿 t，而处理率不足 10%，同期欧美发达国家的处理率达到了 80%以上。第一次全国污染源普查结果表明，全国畜禽养殖废水产生量 13.21 亿 m^3，处理利用量仅占 57.3%，北京畜禽养殖废水产生量 477.74 万 m^3，处理利用量仅占产生量的 56.0%，低于全国水平。农业源污染物排放对水环境的影响较大，其 COD 排放量为 1 324.09 万 t，占 COD 排放总量的 43.7%，其中畜禽养殖业 COD 排放占农业源排放总量的 95.8%，畜禽养殖业的污染问题较突出。北京市畜禽养殖业饲养量折标准牛 784 130 头，占全国饲养量的 1.0%，COD 的产生量为 59.6 万 t，占全国养殖业 COD 产生量的 1.2%，北京市畜禽养殖业 COD 的污染问题不容忽视。

为处置大量畜禽养殖废物，厌氧发酵处理技术（既沼气工程）发挥了重要的作用，已成为畜禽养殖场粪污处理工艺中重要的处理单元，但因其产生沼液等副产物，存在二次污染问题。至 2009 年我国的沼气用户已达 3 千万户，居世界之首，截至 2010 年，规模化养殖场大中型沼气工程达到 4 700 处以上，产生 30 亿 t 的沼液沼渣。2013 年底，全国农村沼气用户保有量达到 4 300 多万户，各类沼气工程近 10 万处，年产沼气量达 155 亿 m^3。厌氧发酵产生沼气后产生的厌氧消化液也称沼液，含有丰富的氮、磷、钾等元素，大量铁锌铜等微量元素、有机质、多种氨基酸、维生素及多种有益菌群等，它在浸种、叶面肥、病虫害防治等农用方面取得了一定成效，但是高污染物负荷的沼液同时也对环境造成了不利影响，暴露出一些安全隐患问题。国内外学者研究表明，畜禽粪污经厌氧消化处理后，沼液 COD、氨氮和总磷均未达到相关标准。高含量的氮磷养分是影响沼液排放及利用的重要障碍因素，在我国南方一些重点畜产区，传统的肥、药沼液利用方式已经无法满足源源不断的和日益增长的沼液处理需求，沼液的排放成为突出的水体富营养化威胁。在耕地紧缺地区，运用“精细处理”实现畜禽粪污高值利用，最为适宜，研发畜禽粪污沼液的氮磷回收技术，既能降低沼液的环境污染风险，又能实现养分循环利用。

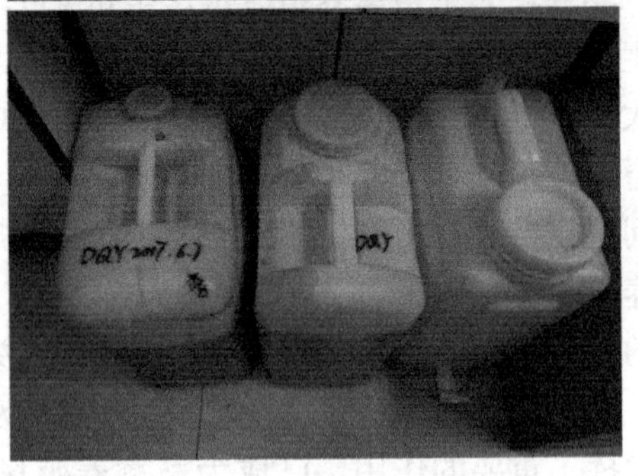

图 5－41　采样过程与沼液样品

通过对京冀地区的 9 个沼气站（养殖场污水处理站）沼液样品采集，共取得沼液样品 13 个，其中猪粪污沼液样品 6 个，牛粪污沼液样品 4 个，鸡粪污沼液样品 3 个，混合粪污沼液 1 个，见图 5－41 和表 5－29。对采集到的沼液样品进行分析，主要分析悬浮物（SS）、TN、TP 和氨氮等污染指标含量特征。取采集沼液样品，每个样品分别进行离心（转速 2 000r/min）处理和摇匀处理，离心处理样品取上清液，与摇匀处理样品一起测定总氮、氨氮、总磷，前者测得总氮和总磷可表示为溶解态氮和溶解态磷，后者测得总氮和总磷可表示为样品总氮和总磷。沼液总氮的测定采用过硫酸盐消解法，沼液氨氮的测定采用水杨酸盐法（HACH 分光光度计，DR6000），沼液总磷采用钼锑抗分光光度法。

表 5－29　样品编号及来源

<table>
<tr><th>序号</th><th>编号</th><th>养殖类型</th><th>样品类型</th><th>样品编号</th></tr>
<tr><td>1</td><td rowspan="2">Z1</td><td rowspan="2">猪</td><td rowspan="11">沼液</td><td>Z11</td></tr>
<tr><td>2</td><td>Z12</td></tr>
<tr><td>3</td><td rowspan="2">Z2</td><td rowspan="2">猪</td><td>Z21</td></tr>
<tr><td>4</td><td>Z22</td></tr>
<tr><td>5</td><td rowspan="2">J1</td><td rowspan="2">鸡</td><td>Z23</td></tr>
<tr><td>6</td><td>J1</td></tr>
<tr><td>7</td><td rowspan="2">J2</td><td rowspan="2">鸡</td><td>J21</td></tr>
<tr><td>8</td><td>J22</td></tr>
<tr><td>9</td><td>J3</td><td>鸡</td><td>J3</td></tr>
<tr><td>10</td><td>N1</td><td>牛</td><td>N1</td></tr>
<tr><td>11</td><td>H</td><td>猪＋鸡</td><td>H</td></tr>
<tr><td>12</td><td>N2</td><td>牛</td><td>粪污</td><td>N2</td></tr>
<tr><td>13</td><td>Z3</td><td>猪</td><td>沼液</td><td>Z3</td></tr>
</table>

经测定可知，沼液样品中主要污染物浓度差异较大，SS 在 200～6 400mg/L 之间，TN 在 256～6 625mg/L 之间，TP 在 43.75～1 550mg/L 之间，NH_3-N 在 255～1 652.5mg/L 之间。说明不同来源、不同时间取得的沼液样品含有的污染物浓度具有很大差异，猪和鸡粪沼液氨氮含量相对较高，鸡粪污沼液总磷含量普

遍较高。将养殖粪污水（沼液）过膜，可知过膜后沼液中主要污染物浓度特征，其中，多数污染物浓度均呈现出下降趋势，说明养殖粪污水（沼液）中的污染物既存在颗粒态，又存在溶解态。

（一）养殖粪污废水中氮素特征

由表5-30可知，所取得不同养殖粪污水样品中溶解态N的比例在45%～99%之间，存在一定变异性。除5号样品溶解态N含量在45%以外，其余样品溶解态N含量均超过70%，溶解态N含量比例在80%以上的样品数为11个，占总样品数的84.6%，溶解态N含量比例在85%以上的样品数为8个，占总样品数的61.5%。因此，多数养殖粪污废水的氮素大部分以溶解态形式存在。

表5-30　所采集样品中溶解态N和TN含量特征

序号	原液TN（mg/L）	上清液TN（mg/L）	溶解态N占TN比例（%）
1	1 920	1 900	98.96
2	755	737.5	97.68
3	630	625	99.21
4	580	565	97.41
5	1 090	490	44.95
6	3 100	2 575	83.06
7	2 110	2 010	95.26
8	256	254	99.22
9	6 625	4 750	71.70
10	687.5	555	80.73
11	2 360	1 970	83.47
12	462.5	450	97.30
13	134	114	85.07

由图5-42可知，所取样品氨氮占TN比例较高，76.9%的样品氨氮占TN比例超过85%，61.5%的样品氨氮占TN比例超过90%。可以看出，氨氮是京郊及周边养殖粪污废水（沼液）中氮素

的主要存在形态，该结论与国内外学者的研究结论具有一致性。由此推断，利用对水体中氨氮具有一定提取回收功能的工艺处理养殖粪污废水中的氮素，可以达到畜禽养殖粪污水氮素减控的目的，同时回收大量氮素后可灵活用于种植业生产，实现资源再利用。

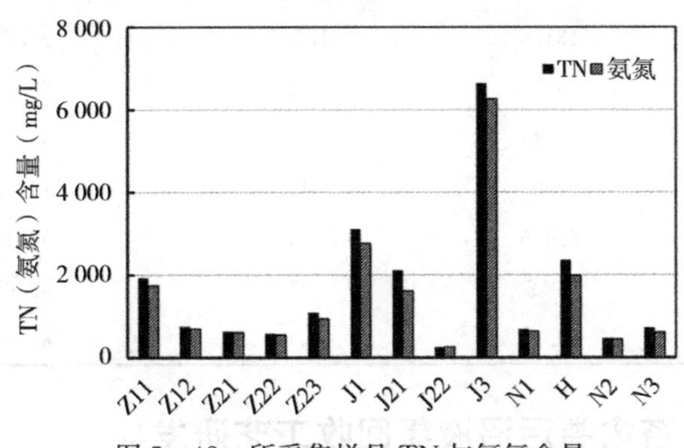

图 5-42　所采集样品 TN 与氨氮含量

（二）养殖粪污废水中磷素特征

由表 5-31 可知，所取得不同养殖粪污水样品中溶解态 P 的比例在 19.1%～96.5%之间，存在一定变异性。除 10 号样品溶解态 P 含量占 TP 比例为 19%以外，其余样品溶解态 P 含量均超过 45%，溶解态 P 含量比例在 50%以上的样品数为 10 个，占总样品数的 76.9%，溶解态 N 含量比例在 80%以上的样品数为 7 个，占总样品数的 53.8%。因此多数养殖粪污废水的磷素大部分以溶解态形式存在。

表 5-31　所采集样品中溶解态 P 和 TP 含量特征

序号	原液 TP（mg/L）	上清液 TP（mg/L）	溶解态 P 占 TP 比例（%）
1	85.5	82.5	96.49
2	57.25	48	83.84
3	43.75	41	93.71
4	65	29.5	45.38

（续）

序号	原液 TP（mg/L）	上清液 TP（mg/L）	溶解态 P 占 TP 比例（%）
5	35	32	91.43
6	1 550	725	46.77
7	131.5	126.5	96.20
8	67	44.25	66.04
9	1 035	860	83.09
10	230	44	19.13
11	294.5	170	57.72
12	40.5	27	66.67
13	10.25	9.0	87.80

二、畜禽粪污沼液氮回收工艺研发

供试沼液采自河北省廊坊市永清县某生猪养殖场污水处理站养猪粪污厌氧消化处理单元排出液。养殖场占地 30.67hm^2，拥有建筑面积 65 000m^2 的高标准猪舍及相应生产设施。发展无公害生态养殖，常年存栏生猪 5 万头，年出栏生猪 15 万头。沼液基本化学性质见表 5－32。

表 5－32　供试沼液基本化学性质

参数	氨氮（mg/L）	pH	TN（mg/L）	TP（mg/L）	COD（mg/L）
原液	4 416	8.31	5 215	649.5	4 620

采用基于透气膜的氮素回收工艺进行沼液氨氮提取回收。气体渗透膜分别为 GEST0810 膜、HC1010 膜和 HC1005 膜，为聚四氟乙烯材质，管壁孔径平均 2.5μm 和 1.5μm，由市售获得。

自制实验装置，包括料液反应槽、氨氮收集槽、氨氮分离提取系统、微曝气系统等主要单元，如图 5－43、图 5－44 所示。

本研究的试验方法如下：

（1）气体渗透膜耐酸程度与微曝气对沼液 pH 的影响预试验

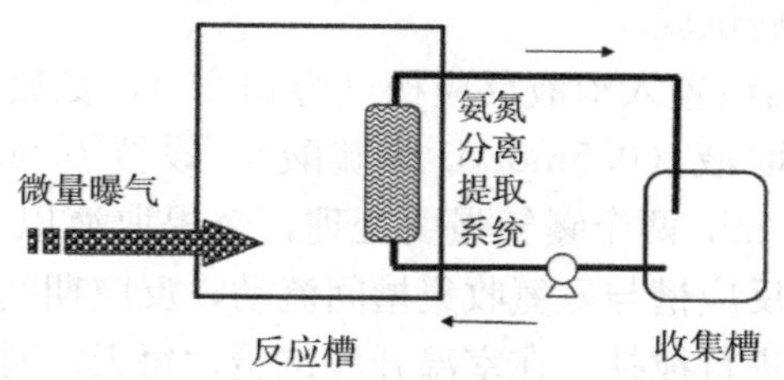

图 5－43　基于透气膜的氮素回收实验装置示意

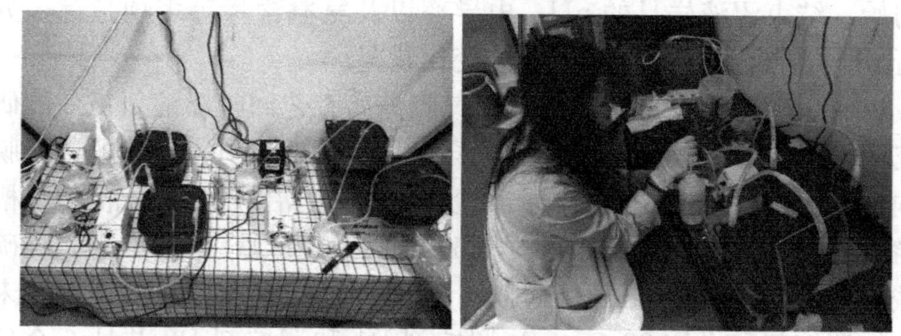

图 5－44　基于透气膜的氮素回收实验装置现场实拍

配置 0.5mol/L 稀硫酸溶液，选取 3 个规格的供试气体渗透膜管材料 GEST0801 膜、HC1005 膜和 HC1010 膜，剪取长度为 3cm 的膜管材样断分别置于装有 0.5mol/L 硫酸溶液的烧杯中，观察 3d，考察形态变化。

利用 500ml 烧杯开展微曝气试验，量取 370ml 所采集的畜禽粪污沼液置入烧杯中，设置 3 个曝气强度，分别调节气体流量在①60ml/min（记为 1）、②90ml/min（记为 2）、③180ml/min（记为 3）和无曝气对照（0ml/min，记为 CK）共计 4 个处理。通过封口膜封住气管周边烧杯大部分。连续曝气 20d，每隔 12h 取沼液样测定 pH、电导率（EC）。考察初始（0h）及结束（456h）这段时间内沼液 pH、电导率和 TN 的变化。

（2）国产管式透气膜适用性筛选　以畜禽粪污厌氧发酵沼液为处理对象，将样品搅拌混合均匀取样，选取两个规格的膜材料，分别为 GEST0810 膜（记为 G 膜）和 HC1005 膜（记为 H 膜）。自制实验装置开展试验。

将 1.5L 沼液置入沼液反应槽（容积 2L），氨氮收集槽内装入 250ml 酸性提取液（0.5mol/L 稀硫酸），设置 0.00L/min（无曝气）和 0.36L/min 两个曝气强度处理；令提取液以 4ml/min 的流速循环在沼液反应槽与氨氮收集槽间流动，反应期间运用搅拌装置对反应槽沼液进行搅拌。在室温开展试验，每天定时取 2 次沼液样和吸收液样，测定氨氮含量、pH 及电导率，试验进行 20d。测定初始、结束沼液样品的 pH、电导率以及氨氮含量等多项指标，分析 pH、游离氨在反应过程中的变化状况。

(3) 微曝气及调控剂强化透气膜分离工艺回收沼液氨氮效能研究　将沼液样品搅拌混合均匀取样，采用筛选出适宜规格的透气膜构建氨氮回收实验装置开展试验。将 1.2L 沼液置入沼液反应槽（容积 2L），氨氮收集槽内装入 250ml 酸性提取液（0.5mol/L 稀硫酸），设置 0.00L/min（无曝气）和 0.36L/min 两个曝气强度，未投加调控剂和投加 22.5mg/L 调控剂 R1 和调控剂 R2 共计 6 个处理（表 5-33）；令提取液以 4ml/min 的流速循环在沼液反应槽与氨氮收集槽间流动，反应期间运用搅拌装置对反应槽沼液持续搅拌，试验在室温下开展（图 5-45）。每天定时取 1 次沼液样和提取液样，测定氨氮含量、pH 及电导率，试验进行 20d。测定初始、结束沼液样品的 pH、电导率、氨氮等多项指标。

表 5-33　试验处理编号及设置列表

处理	无曝气（0L/min）	曝气（0.36L/min）
未投加调控剂	A0R0	A1R0
投加 22.5mg/L 调控剂 1	A0R1	A1R1
投加 22.5mg/L 调控剂 2	A0R2	A1R2

(4) 透气膜分离工艺的参数优化　将沼液样品搅拌混合均匀取样，运用氨氮气液膜分离处理工艺实验装置开展试验。将 1L 沼液样置入料液反应槽，氨氮收集槽内装入 190ml 酸性提取液，调控剂处理采用调控剂 R2，实验装置从开始计时运行 80h，采集沼液

样和提取液样，测定初始、结束沼液样的氨氮含量，确定不同因素对沼液氨氮去除和回收的主次作用。供试污水 pH 为 7.48，氨氮含量为 92.5mg/L。

运用正交试验方法考察曝气强度、调控剂投加量、反应温度、提取液浓度、提取液流速 5 个最主要因素对工艺效果的影响，目的在于通过试验寻求畜禽养殖粪污沼液氮素最优提取条件。采用 L_{18}（3^7）正交试验，每个因素均设 3 个水平，试验因素水平见表 5－34，正交试验见表 5－35。

图 5－45　透气膜分离工艺回收沼液氨氮效能研究试验实拍

表 5－34　试验影响因素水平

水平	因　素				
	曝气强度[$L_{空气}$/（min·$L_{沼液}$）]	调控剂投加量（mg/L）	反应温度（℃）	提取液浓度（H^+，mol/L）	提取液流速（ml/min）
1	0.15	10	25	0.1	4
2	0.30	22.5	35	0.2	8
3	0.60	45	45	0.5	16

表 5－35　L_{18}（3^7）正交试验

试验号	曝气强度 A	提取液流速 B	调控剂投加量 C	空白 D	反应温度 E	空白 F	提取液浓度 G
1	1	1	1	1	1	1	1
2	1	2	2	2	2	2	2
3	1	3	3	3	3	3	3
4	2	1	1	2	2	3	3
5	2	2	2	3	3	1	1

（续）

试验号	曝气强度 A	提取液流速 B	调控剂投加量 C	空白 D	反应温度 E	空白 F	提取液浓度 G
6	2	3	3	1	1	2	2
7	3	1	2	1	3	2	3
8	3	2	3	2	1	3	1
9	3	3	1	3	2	1	2
10	1	1	3	3	2	2	1
11	1	2	1	1	3	3	2
12	1	3	2	2	1	1	3
13	2	1	2	3	1	3	2
14	2	2	3	1	2	1	3
15	2	3	1	2	3	2	1
16	3	1	3	2	3	1	2
17	3	2	1	3	1	2	3
18	3	3	2	1	2	3	1

（一）透气膜耐酸程度与微曝气对沼液 pH 的影响

1. 透气膜耐酸程度预试验 透气膜置于酸溶液中，悬浮于液面上，经过设定时间观察，颜色形状均无变化，说明本研究可利用所选规格透气膜膜管材料开展试验工作。

2. 微曝气对沼液 pH 的影响预试验 由图 5－46 可知，持续曝气可以显著提高养殖粪污沼液 pH，前 2d 便可以从 8.24 提高到 9.41，后期曝气处理可维持沼液 pH 在 9.5 左右，比未曝气处理提高了 0.5～0.6 个 pH 单位。随着曝气强度的提高，沼液 pH 的提高速率增加。60ml/min 曝气强度下，沼液 pH 升至 9.4 用了 120h；90ml/min 曝气强度下，沼液 pH 升至 9.4 用了 72h；180ml/min 曝气强度下，沼液 pH 升至 9.4 仅用了 48h。养殖粪污沼液在曝气的作用下，因为消耗了碳酸盐碱度促使 OH^- 不断释放提高了 pH。pH 的提高促进了沼液系统中氨分子的生成，在持续微曝气的作用下，气相氨分子被吹脱释放，从而使沼液电导率随之下降（图 5－47）。

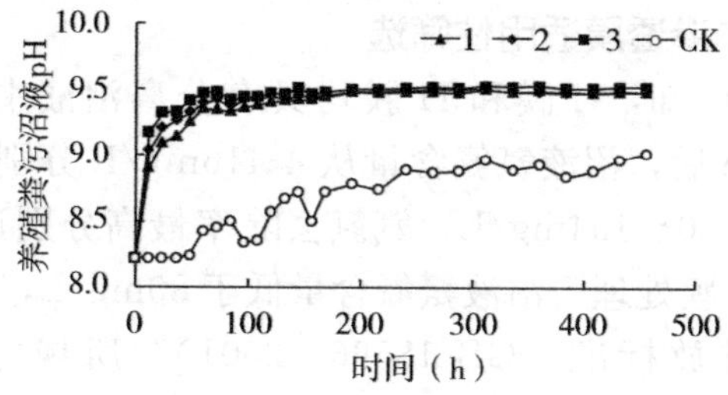

图 5-46　不同微曝气处理养殖粪污沼液 pH 随时间变化

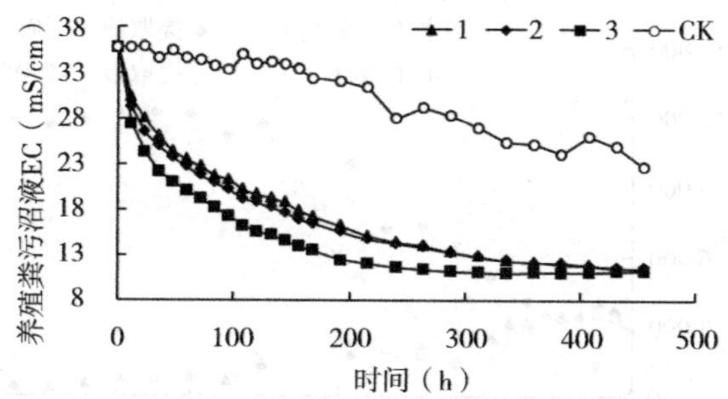

图 5-47　不同微曝气处理养殖粪污沼液电导率随时间变化

由图 5-48 可知，持续曝气可显著降低养殖粪污沼液 TN 含量，随着曝气强度的提高，沼液 TN 去除率增加。养殖粪污沼液在曝气的作用下 pH 升高，进而促进沼液中游离氨的形成，随气体吹脱脱离沼液。

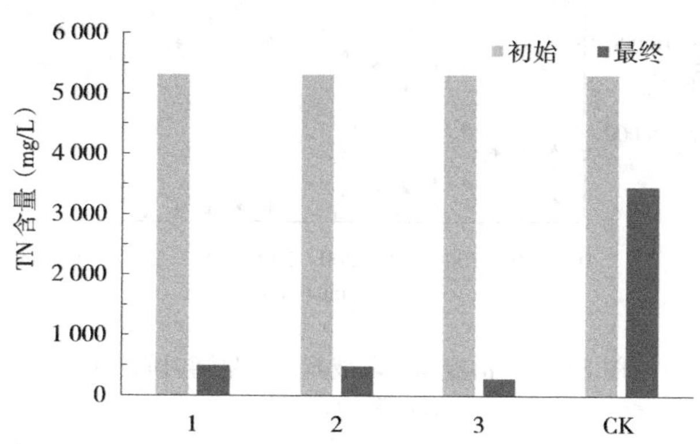

图 5-48　不同曝气强度条件下持续曝气 20d 沼液 TN 含量

（二）气体渗透膜适用性筛选

图 5-49 可知，G 膜和 H 膜均具有分离沼液中氨氮的效能，装置运行 432h 后，沼液氨氮含量从 4 416mg/L 分别降低到 490～1 435mg/L 和 70～154mg/L，氨氮去除率最高分别达到 88.9%和 98.4%，经 H 膜处理后沼液氨氮含量低于 80mg/L，达到《畜禽养殖业污染物排放标准（GB 18596—2001）》所规定的氨氮排放标准。

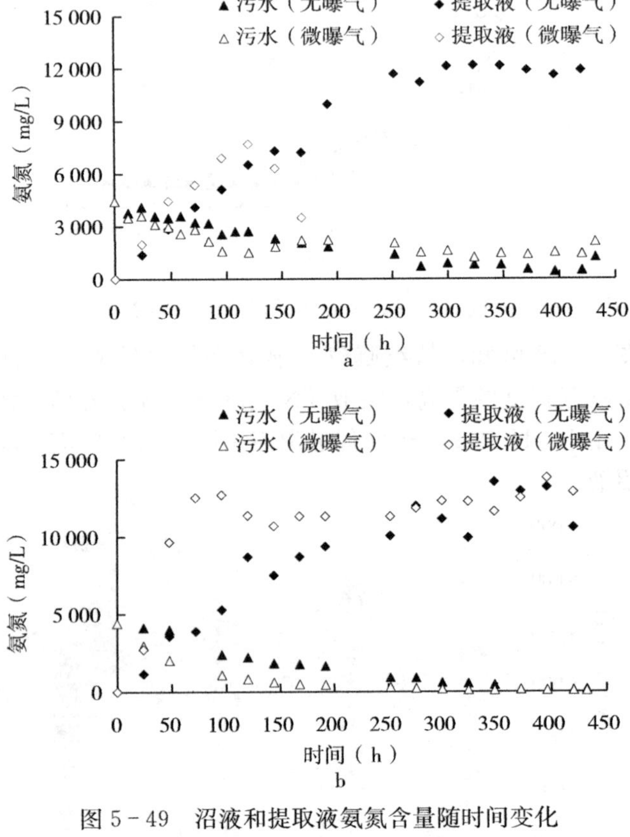

图 5-49　沼液和提取液氨氮含量随时间变化

（a. G 膜　b. H 膜）

图 5－49 还表明，G 膜试验组反应过程中无曝气和微曝气 2 个处理下沼液氨氮含量之间的差异随时间有一个明显变化，168h 之前微曝气处理沼液氨氮一直低于无曝气处理沼液氨氮含量，168h 之后出现反转情况，微曝气处理沼液氨氮含量反而高于无曝气处理沼液氨氮含量，对应处理下沼液电导率（EC）的变化规律与氨氮含量一致（图 5－50），同时观察到微曝气处理氨氮收集槽内提取液的体积随着时间逐渐减少，直至此刻，提取液几乎已经消失殆尽。由此可推知，G 膜试验组提取液逐渐渗透进入沼液反应槽，微曝气处理加速了这个进程，从而使得微曝气处理沼液氨氮含量高出未曝气处理。与 G 膜试验组不同，H 膜试验组反应过程中未出现

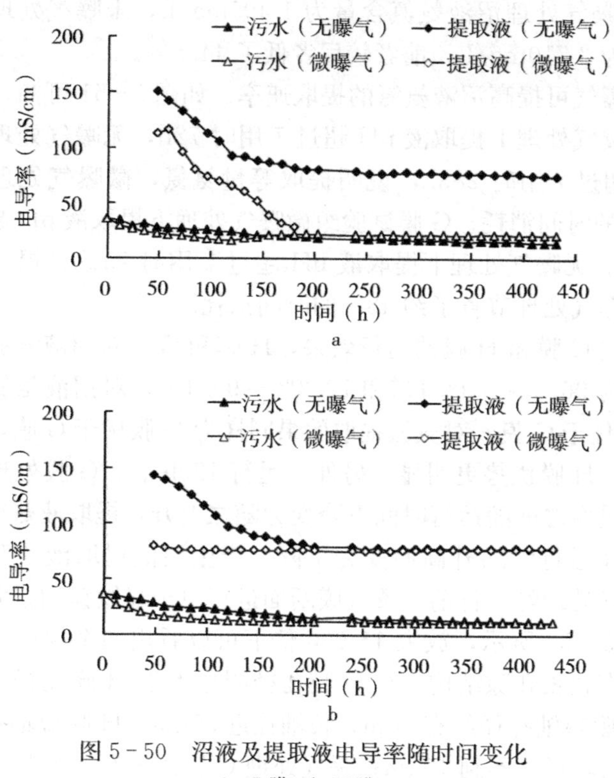

图 5－50　沼液及提取液电导率随时间变化

（a. G 膜　b. H 膜）

提取液渗透进入沼液反应槽的现象。

微曝气可加快沼液氨氮去除并提高去除率。H 膜试验组中，同样使沼液氨氮降低到 500mg/L 以下，微曝气处理用时 168h，无曝气处理用时 348h；微曝气处理沼液氨氮含量始终低于未曝气处理沼液氨氮含量，432h 后，微曝气处理沼液氨氮含量为 70mg/L，未曝气处理沼液氨氮含量为 154mg/L，前者较后者低了 54.5%。G 膜试验组，在提取液未发生大量渗透现象前，微曝气处理用时 120h 使沼液达到 1 500mg/L 以下，无曝气处理运行 192h 时，沼液氨氮含量还在 1 800mg/L 以上；在提取液未发生大量渗透现象前微曝气处理沼液氨氮含量始终低于未曝气处理沼液氨氮含量，120h 微曝气处理沼液氨氮含量为 1 495mg/L，未曝气处理沼液氨氮含量为 2 710mg/L，前者较后者低了 44.8%。

微曝气可提高沼液氨氮的提取速率。如图 5－51 可知，H 膜试验组微曝气处理下提取液 pH 超过 7 用时 72h，无曝气处理下提取液 pH 超过 7 用时 288h，说明提取等量氨氮，微曝气处理节省了约 75%的时间消耗。G 膜试验组微曝气处理下提取液 pH 超过 7 用时 132h，无曝气处理下提取液 pH 超过 7 用时 252h，提取等量氨氮，微曝气处理节省了约 48%的时间消耗。

对比 G 膜和 H 膜的运行效果，H 膜和 G 膜对沼液氨氮的去除率分别为 96.5%～98.4%和 72.3%～90.4%，对沼液氨氮去除效果 H 膜优于 G 膜，对氨氮提取效果同样为 H 膜优于 G 膜，微曝气条件下，H 膜优势更明显。另外，运行 120h 后，G 膜处理后沼液氨氮含量由之前随运行时间下降变为随之上升，提取液氨氮含量也由之前随运行时间升高而变为下降，产生沼液提取液“互渗”现象。将各处理经运行前后透气膜断面进行电子显微镜扫描测试，结果如图 5－52 所示，放大 15 000 倍下可以看出两个规格的膜管壁均分布有狭长孔隙结构，且 G 膜孔径明显大于 H 膜孔径。未曝气处理 G 膜短轴孔径约有 2μm，长轴径近 30μm，H 膜短轴孔径不到 1μm，长轴径达不到 10μm；曝气处理 G 膜短轴孔径变长，达到近 5μm，长轴径基本无变化，仍保持在近 30μm 长度，H 膜部分短轴

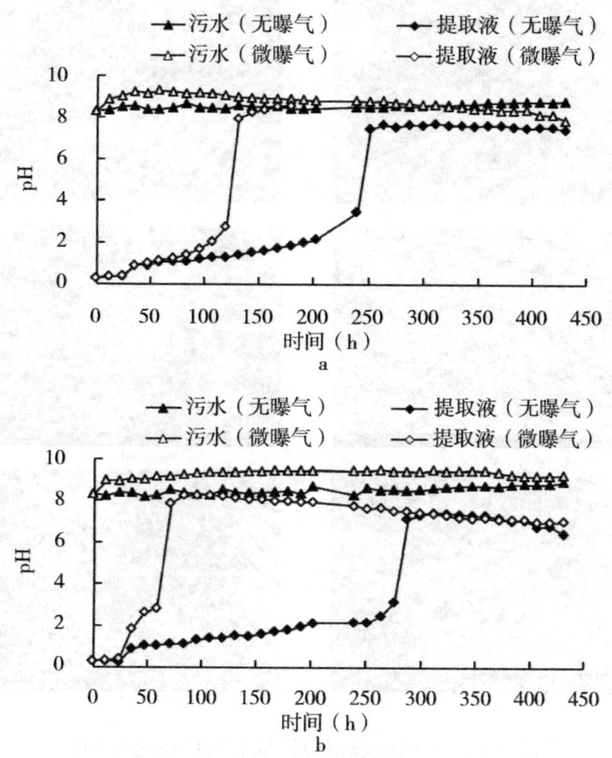

图 5-51　沼液及提取液 pH 随时间变化
（a. G 膜　b. H 膜）

孔径变长，可达到 2μm，长轴径基本无变化，仍然处于 10μm 以内。微曝气处理下，膜管壁受到提取液、气泡的作用，G 膜孔径变化更为明显，造成沼液提取液“互渗”现象，失去应有的气液分离功能，H 膜孔径虽然也存在一定变化，但是膜功能依然保持良好。说明在沼液氨氮提取条件下 H 膜的运行稳定性更好，因此选择 H 膜作为工艺膜材料，开展进一步研究。

（三）沼液氨氮透气膜分离工艺处理效能

如图 5-53 所示，沼液氨氮含量随装置运行时间的延长而降低，232h 后无曝气组沼液氨氮含量在 1 400～2 400mg/L，氨氮去

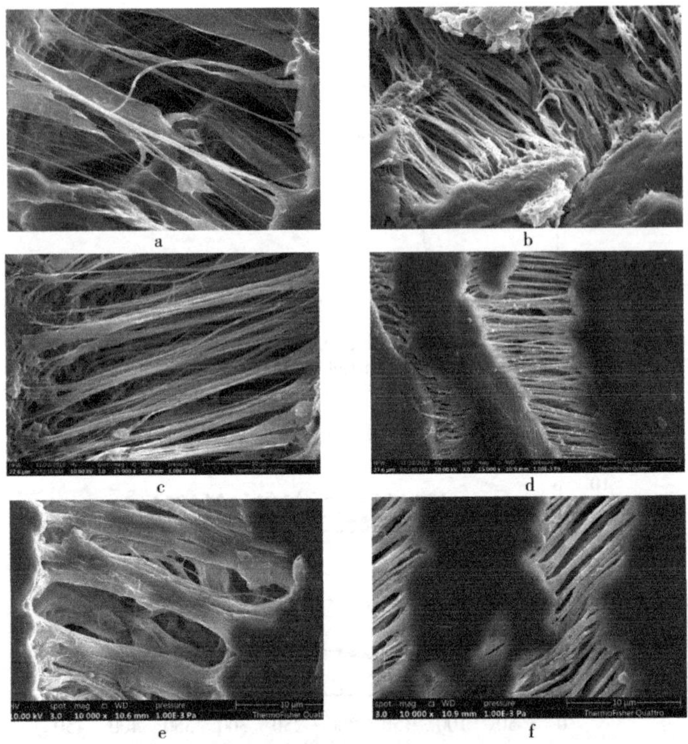

图 5－52　不同处理沼液提取后气体渗透膜 SEM

（a. 初始 G 膜　b. 初始 H 膜　c. 无曝气 G 膜
d. 无曝气 H 膜　e. 曝气 G 膜　f. 曝气 H 膜）

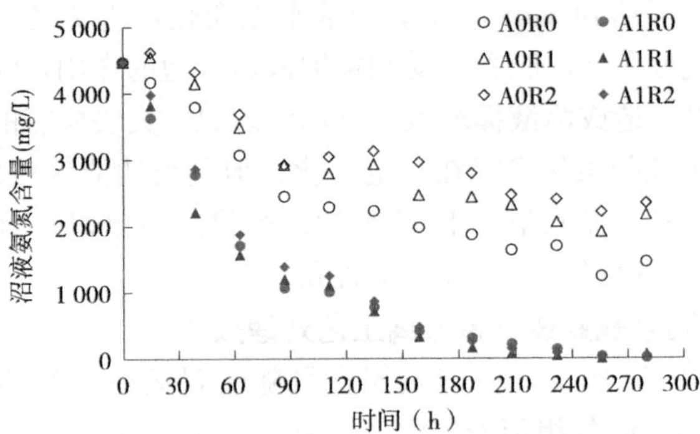

图 5－53　养殖粪污沼液处理后氨氮含量随时间的变化

除率47.7%～67.5%；而0.36L/min微曝气组养殖粪污水氨氮含量则降到90mg/L以下，氨氮去除率高达98.4%～99.7%。与此同时，沼液氨氮降低速率，微曝气处理组高出无曝气组0.48～1.07倍。由此可知，本研究设计的膜分离工艺中辅助微曝气可显著提高养殖粪污沼液氨氮的去除效果，增加氮素去除效率。

如图5-54所示，运行前123h（期间未更换提取液），微曝气组提取液氨氮含量是无曝气组提取液氨氮的0.7～3.8倍；A0R0处理提取液pH超过7用时171h，微曝气组A1R0、A1R1和A1R2处理提取液pH超过7所用时间分别为87h、63h和75h，不同调控剂处理与其对应的无曝气处理相比，A1R0、A1R1和A1R2处理提取液达到饱和分别减少用时49.1%（无调控剂）、72.8%（R1调控剂）和70.7%（R2调控剂）。由此可知，本研究膜分离工艺中辅助微曝气可明显提高氨氮回收效果和速率。

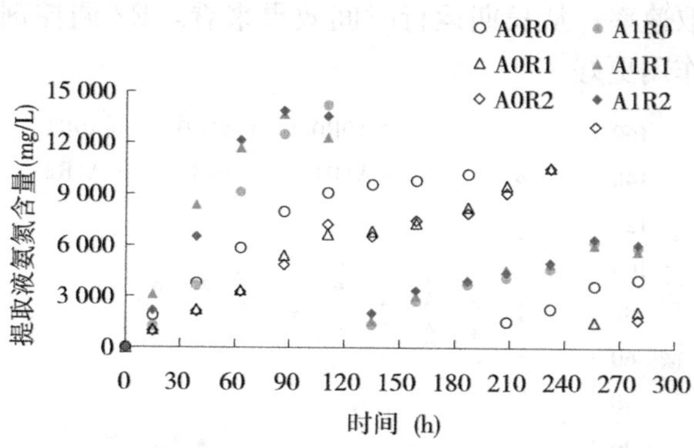

图5-54　提取液氨氮含量随装置运行时间的变化

如图5-55所示，养殖粪污沼液氨氮含量随装置运行时间的延长而降低，微曝气条件下，196h后养殖粪污沼液氨氮平均含量在41.0～84.6mg/L，无调控剂、调控剂R1、调控剂R2处理粪污沼液氨氮平均含量分别为84.6mg/L、41.0mg/L和70.9mg/L，去除率分别为98.1%、99.1%和98.4%。微曝气条件下无调控剂处理养殖粪污沼液氨氮经232h降低到100mg/L以下，调控剂R1、调控剂R2处理养殖粪污沼液氨氮则分别经196h和208h降低到

100mg/L以下。由此可知，本研究设计的膜分离工艺中辅助添加一定量调控剂具有提高养殖污沼液氨氮的去除效果，加快去除速率的作用。

实验装置氨氮回收率随运行时间变化如图5－55所示，提取液饱和前，无曝气无调控剂处理氨氮回收率先下降而后保持平稳（高于81%），微曝气且未加调控剂处理氨氮回收率逐渐升高（超过85%），两个处理后续氨氮回收率均达到80%以上。无曝气条件下添加调控剂处理氨氮回收率开始波动较大，而后逐渐增加至95%以上，R2调控剂回收率略高于R1调控剂处理；微曝气条件下，添加调控剂处理氨氮回收率起始较高，39h降低到较低（77%～84%），而后逐渐增加至87%（R1调控剂）和97%（R2调控剂）以上，R2调控剂回收率要高于R1调控剂处理。以上数据均表明，本研究设计的膜分离工艺中投加一定量调控剂可明显提高氨氮提取效果和提取速率，从长期运行时间效果来看，R2调控剂对氨氮回收的辅助作用更好。

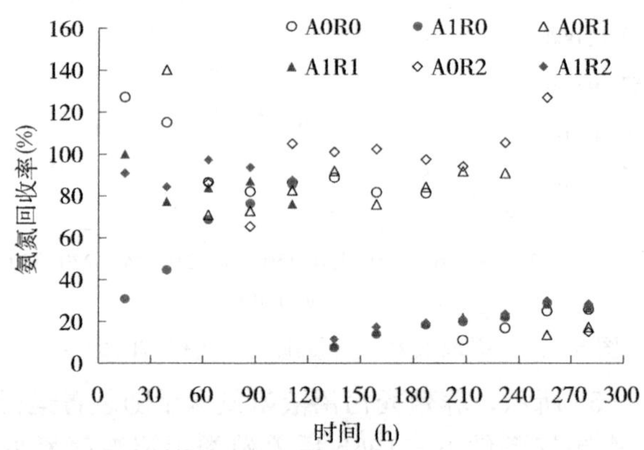

图5－55　各处理氨氮回收率随装置运行时间的变化

（四）气液膜分离工艺的参数优化

通过直观分析法，计算不同因素水平对养殖粪沼液氨氮含量影响的极差，由表5－36和图5－56可知，对养殖粪沼液氨氮含量影响较大的因素为曝气强度，其次为调控剂投加量，最后是提取液浓度，以沼液经工艺处理后氨氮含量最低为衡量标准，直观分析所得最优组合为“A3 B3 C3 E3 G1”，即在曝气强度为 0.6$L_{空气}$/（min·$L_{沼液}$）、提取液流速为 16ml/min、调控剂投加量为 45mg/L、反应温度为 45℃和提取液（H^+）浓度为 0.1mol/L 的运行状况下，沼液氨氮去除效果最佳。反应温度和提取液流速并非最主要影响因素，考虑到增加反应温度对耗能的需求以及提取液流速对处理效率的影响，选择反应温度以 25℃、提取液流速为 16ml/min 作为最适宜工艺运行参数（A3 B3 C3 E1 G1）。

表 5-36　养殖粪污沼液出水氨氮含量正交试验分析

因素编号 参数	曝气强度 A	提取液 流速 B	调控剂投 加量 C	空白 D	反应温度 E	空白 F	提取液 浓度 G
K1	16.6	13.5	15.41	13.04	12.9	13.34	9.5
K2	12.44	13.37	12.51	13.86	13.47	13.08	12.61
K3	9.95	12.12	10.96	12.09	12.62	12.57	13.27
均值 1	2.77	2.25	2.57	2.17	2.15	2.22	1.58
均值 2	2.07	2.23	2.09	2.31	2.25	2.18	2.10
均值 3	1.66	2.02	1.83	2.02	2.10	2.10	2.21
极差	1.11	0.23	0.74	0.30	0.14	0.13	0.63

较优组：A3 B3 C3 E3 G1

因素主次：A>C>G>B>E

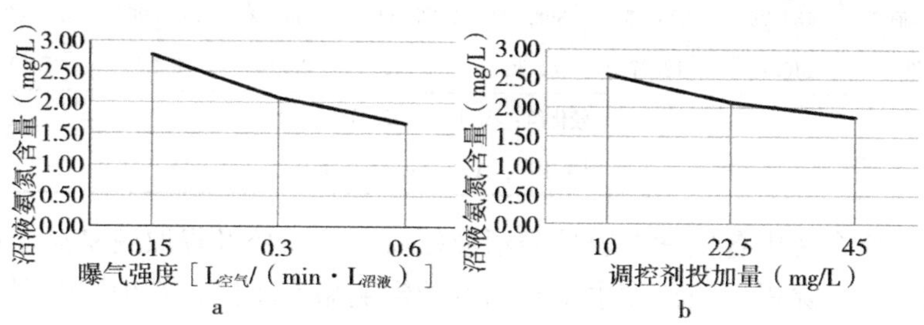

图 5-56　主要影响因素各水平养殖粪污沼液出水氨氮含量
（a. 曝气强度　b. 调控剂投加量）

通过直观分析法，计算不同因素水平对提取液氨氮含量影响的极差，由表 5－37 和图 5－57 可知，对提取液氨氮含量影响较大的因素为曝气强度，其次为调控剂投加量，最后是提取液浓度，以养殖粪沼液经工艺处理后所获得提取液氨氮含量最高为衡量标准，直观分析所得最优组合为“A3 B3 C3 E1 G2”，即在曝气强度为 0.6$L_{空气}$/（min·$L_{污水}$）、提取液流速为 16ml/min、调控剂投加量为 45mg/L、反应温度为 25℃和提取液（H^+）浓度为 0.2mol/L 的运行状况下，提取液氨氮含量最高，也就是说该工况下氨氮提取效果最佳。反应温度和提取液流速并非最主要影响因素，较佳的反应温度为室温，16ml/min 的提取液流速可达到对处理效率要求，直观分析所得的最佳工况可作为最适宜工艺运行参数（A3 B3 C3 E1 G2）。

表 5－37　提取液氨氮正交试验分析

因素编号参数	曝气强度 A	提取液流速 B	调控剂投加量 C	空白 D	反应温度 E	空白 F	提取液浓度 G
K1	1 740.49	2 104.14	1 944.16	2 218	2 178.92	2 087.25	2 026.49
K2	2 005.23	2 076.35	1 995.17	2 143.84	2 111.6	2 136.86	2 179.44
K3	2 584.76	2 149.99	2 391.15	1 968.64	2 039.96	2 106.37	2 124.55
均值 1	290.08	350.69	324.03	369.67	363.15	347.88	337.75
均值 2	334.21	346.06	332.53	357.31	351.93	356.14	363.24
均值 3	430.79	358.33	398.53	328.11	339.99	351.06	354.09
极差	140.71	12.27	74.50	41.56	23.16	8.27	25.49
较优组：A3 B3 C3 E1 G2							
因素主次：A>C>G>E>B							

综合考虑各因素对养殖粪沼液氨氮含量减控及提取液氨氮含量的影响，除提取液浓度水平对两者的影响略有不同，其他影响因素最适宜运行水平一致，均为 A3 B3 C3 E1。考虑到提取液浓度水平的影响力，对养殖粪沼液氨氮含量的影响相较对提取液氨氮含量的影响更为突出，所以确定提取液（H^+）浓度最佳运行参数为

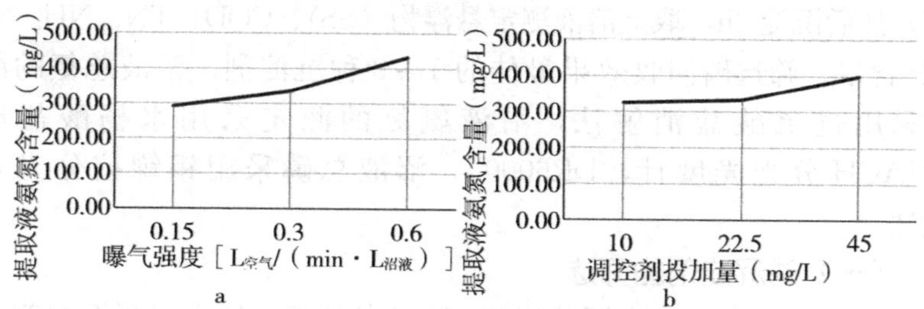

图 5-57　主要影响因素各水平提取液氨氮含量
（a. 曝气强度　b. 调控剂投加量）

0.1mol/L（G1），这同时在工艺运行成本上也更为有益。综上所述，养殖粪污沼液氨氮膜分离回收工艺最佳运行参数为：曝气强度为 0.6$L_{空气}$/（min·$L_{沼液}$）、提取液流速为 16ml/min、调控剂投加量为 45mg/L、反应温度为 25℃（室温）和提取液（H^+）浓度为 0.1mol/L。

三、畜禽粪污沼液磷回收工艺研发

选取供试沼液 TP 浓度为 125mg/L，投加若干种无机、有机沉淀剂（投加量设定为 300mg/L），分别标为 AC、PAC、FC、PFS、MC、NPAM 和 CPAM，于六联搅拌机（图 5-58）上运行混凝程

图 5-58　沼液磷回收实验装置——六联搅拌机

序，然后沉淀 2h，取上清液测定悬浮物（SS）、COD、TN、NH_3-N、TP 含量。筛选磷回收效果最佳的 1～2 种沉淀剂。沼液总氮的测定采用过硫酸盐消解法，沼液氨氮的测定采用水杨酸盐法（HACH 分光光度计，DR6000），沼液总磷采用钼锑抗分光光度法。

（一）磷沉淀剂的筛选

试验过程中，在未调节沼液 pH 的条件下，加入混凝沉淀剂进行一定时间匀速搅拌后，沉淀剂和沼液作用后，反应槽中可产生肉眼可见的矾花（图 5－59）。吸取上清液后，对沉积在底层的矾花与溶液进行过滤，即可回收到沉淀下来的氮磷物质。

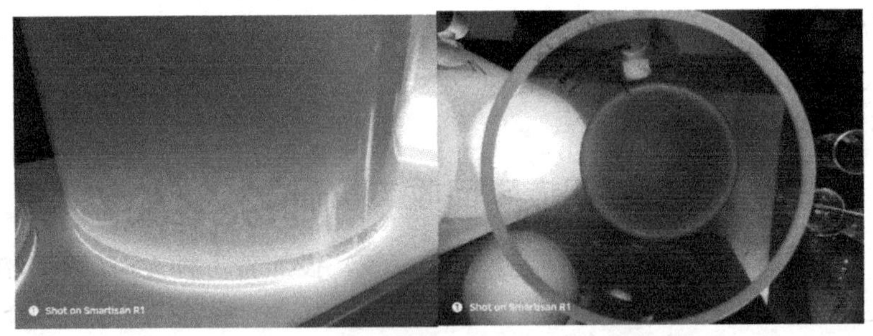

图 5－59　沼液磷回收试验形成的矾花

选取了 7 种水处理常见的混凝剂作为沼液资源回收的沉淀剂，分别标记为 AC、PAC、FC、PFS、MC、NPAM 和 CPAM。7 种沉淀剂对选定沼液中 COD、TN、TP 和 NH_3－N 的回收率如表 5－38、图 5－60 所示。

表 5－38　不同沉淀剂处理沼液沉淀后各指标回收率

序号	沉淀剂	COD（%）	TN（%）	TP（%）	NH_3－N（%）
1	AC	72.70	38.97	86.32	66.24
2	PAC	78.80	43.37	75.76	60.86
3	FC	72.65	32.92	85.20	71.61
4	PFS	71.54	35.95	85.68	69.25

（续）

序号	沉淀剂	COD（%）	TN（%）	TP（%）	NH_3-N（%）
5	MC	67.49	34.30	84.32	67.74
6	NPAM	72.33	38.97	63.68	66.24
7	CPAM	76.80	40.34	62.24	72.47

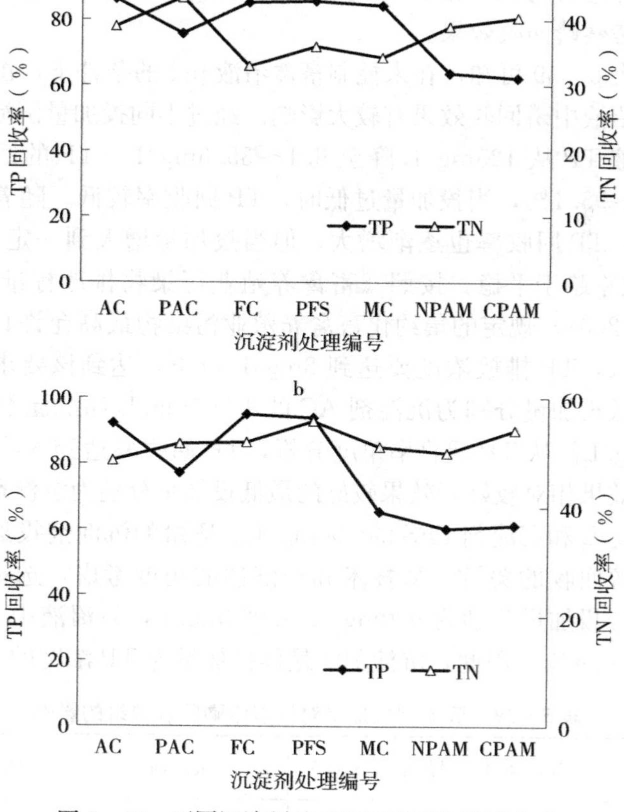

图 5-60　不同沉淀剂处理下沼液磷沉淀回收率

（a. 批次 1　b. 批次 2）

由表 5-38 可知，7 种沉淀剂对沼液的回收效果不同。总体来说 AC、FC 和 PFS 具有较好的效果，两批次试验中对 TP 的回收率分别为 86.3%、85.2%、85.7 和 92.2%、95.0%、93.9%；两批次试验中混凝沉淀剂 AC、FC 和 PFS 对 TN 的回收率分别为 39.0%、32.9%、36.0%和 48.6%、51.9%、55.7%。两批次试验下 FC 对 TN 的回收率略欠稳定。因此综合分析，选取 AC 和 PFS 两种混凝沉淀剂作为沼液磷回收沉淀剂更为合适。

（二）沼液磷回收沉淀剂投加量优化

在筛选后的 AC 和 PFS 两种沉淀剂的基础上，设定不同投加量条件考察磷回收效果。

由表 5-39 可知，在未控制畜禽沼液 pH 的条件下，沉淀剂投加量对沼液中磷回收效果有较大影响。经过不同投加量沉淀剂处理后，沼液 TP 从 125mg/L 降至 6.1～35.6mg/L，TP 的回收率为 71.5%～95.1%，当投加量过低时，TP 回收率较低。随着投加量的增加，TP 回收率也逐渐增大，但当投加量增大到一定程度时，TP 回收率趋于平稳。按照《畜禽养殖业污染物排放标准》（GB 18596—2001）规定的集约化畜禽养殖业污染物最高允许日均排放浓度要求，TP 排放浓度要达到 8mg/L 以下，达到该要求的沉淀剂的最低投加量分别为沉淀剂 AC 的 1 700mg/L 和沉淀剂 PFS 的 1 900mg/L。从 TP 回收率角度分析，TP 回收率达到 85%以上说明回收效果相对较好，效果较好的最低投加量分别为沉淀剂 AC 的 1 100mg/L 和沉淀剂 PFS 的 900mg/L。适量的沉淀剂投加量是确保磷资源回收的关键，从技术和经济性的角度考虑，选择 AC 和 PFS 最佳投加量分别为 900mg/L 和 900mg/L，原沼液中 TP 浓度约为 125mg/L，因此，沉淀剂的最佳投加量为 TP 浓度的 7.2 倍。

表 5-39 沉淀剂投加量对沼液中磷回收效果的影响

序号	反应条件—投加量（mg/L）	沉淀剂	回收率（%）
1	100	AC	71.84
2	300		71.52

（续）

序号	反应条件—投加量（mg/L）	沉淀剂	回收率（%）
3	500	AC	74.8
4	700		81.28
5	900		83.68
6	1 100		88.48
7	1 300		91.12
8	1 500		92.72
9	1 700		93.76
10	1 900		95.12
11	100	PFS	72.48
12	300		72.96
13	500		75.44
14	700		80
15	900		85.84
16	1 100		89.44
17	1 300		91.44
18	1 500		92.32
19	1 700		93.12
20	1 900		94.8

（三）初始 pH 优化

在筛选后的 AC 和 PFS 两种沉淀剂的基础上，设定不同反应体系初始 pH 条件考察其对磷回收效果的影响。

由表 5－40 可知，反应体系初始 pH 对沼液中磷回收效果有较大影响。在投加 900 mg/L 沉淀剂条件下，pH 可明显促进沼液磷素回收，减少沼液 TP 的排放，不同 pH 处理，沼液 TP 从 125mg/L 降至 23.5～115.2mg/L，TP 的回收率为 7.8%～81.2%，当 pH 过低时，TP 回收率较低。随着 pH 的增加，TP 回收率也逐渐增大。对于 AC（$AlCl_3$），最佳 pH 为 8，pH 的进一步增加，TP 回收率反而降低；对于 PFS，当 pH 进一步增加时，TP 回收率也进一步增加。试验所用养猪粪污沼液的初始 pH 为 8.2 左右，倘若进一步调整 pH，pH 调节剂（例如氢氧化钠）用量也会增加，相应成本也会进一步增加。鉴于此，确定对于 PFS 来说，最佳初始 pH 为 8～9。

表 5-40　初始 pH 对沼液磷回收效果的影响

序号	反应条件—pH	沉淀剂	TP 回收率（%）
1	2	AC	19.68
2	4		23.84
3	6		21.36
4	8		66.64
5	10		65.28
6	12		64.21
7	2	PFS	7.84
8	4		11.6
9	6		19.04
10	8		69.52
11	10		80.96
12	12		81.24

（四）投加助凝剂对沼液磷回收效果的影响

如图 5-61 所示，在投加 900mg/L 沉淀剂条件下，投加助凝剂可明显促进沼液磷素回收，减少沼液 TP 的排放，不同助凝剂投加量处理沼液 TP 从 125mg/L 降至 21.0～22.4mg/L，TP 的回收率为 82.1%～83.3%（图 5-62）。随着助凝剂投加量的增加，沉淀处理后沼液 TP 含量先下降而后增加，同时回收率随之变化。从 TP 回收率角度分析，投加 900mg/L 沉淀剂 PFS，投加助凝剂 300mg/L 时回收率为 87.4%，效果较好；投加 900mg/L 沉淀剂 AC，投加助凝剂 300mg/L 时回收率为 83.3%。助凝剂的投加时间点对于沼液中磷的回收率也有影响，间隔 1min 投加的方式要比同时投加方式得到更高的 TP 回收率。综合考虑成本，可确定投加沉淀剂 900mg/L，同时间隔一定时间（1min）投加 300mg/L 助凝剂 PAM 可作为较适宜的沼液磷回收沉淀反应条件。

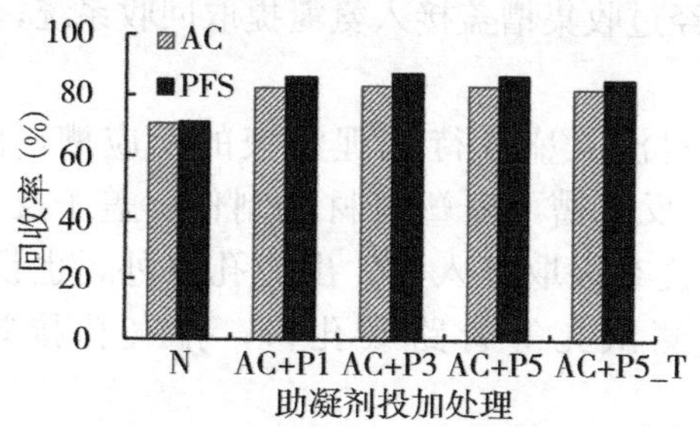

图 5－61　助凝剂投加处理对养殖粪污沼液中磷回收效果的影响

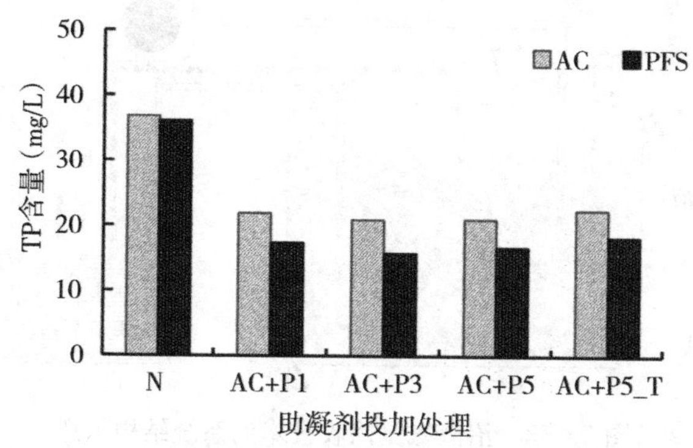

图 5－62　助凝剂投加处理对养殖粪污沼液中磷含量的影响

四、畜禽粪污沼液氮素高效回收新技术

（一）基于气液膜分离的沼液氮素回收技术的初步构建

通过实验室小试试验结果，初步提出一种基于透气膜的沼液氮素回收技术（图 5－63）。选取具备气体渗透功能的疏水膜膜管材料（壁厚为 0.5mm），膜管材料与玻璃管（或其他耐酸管材）连接，保证连接处密闭。一端玻璃管（或其他耐酸管材）与蠕动泵连

接，蠕动泵再接耐酸管材接入收集槽，另一端玻璃管（或其他耐酸管材）直接接入收集槽，这样使得膜管材料＋耐酸管材＋蠕动泵＋耐酸管材＋收集槽形成一个提取剂循环路径—氨氮提取回收系统。提取剂盛放于耐酸材料制成的收集槽内，收集槽覆盖，提取液入流、出流管路经过收集槽盖接入氨氮提取回收系统，收集槽盖设置排气孔。

将膜管材料浸入盛放待处理沼液的反应槽，使膜管在液面3～5cm以下，反应槽可由塑料材质制作，盖于反应槽间做好密封，槽盖除设置有提取液入流、出流孔以外，也设有微曝气路、排气孔、取样测试孔等管路或孔口，排气孔接管路可接入收集槽。

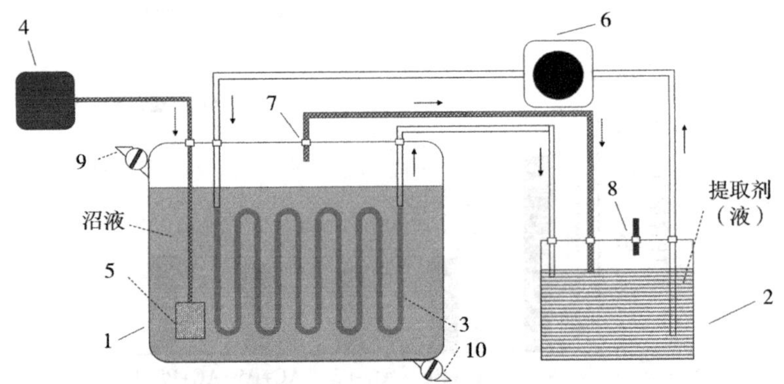

图5-63　沼液氨氮回收技术的系统结构示意

（1. 反应槽　2. 氨氮收集槽　3. 疏水膜反应吸收管　4. 微曝气泵　5. 曝气头　6. 蠕动泵　7、8. 排气孔　9. 原液注入口　10. 处理液排出口）

（二）沼液氮素回收原型设备

试制完成了基于气液膜分离的沼液氮素回收原型装备1套（图5-64），沼液处理能力200L/h。该设备主要由膜元件、吸收液箱、动力系统、管路系统、电控系统和支架系统构成。膜元件借鉴错流膜过滤的处理液过膜形式，将透气膜封装形成膜接触器组件与管路系统连接，从而实现沼液的连续处理功能。

图 5 - 64　基于气液分离膜的沼液氮素回收原型设备

第三节　沼液绿色综合利用模式及基地示范

一、沼液绿色综合利用模式

针对不同作物的需求和各农业园区的实际设施状况，建立适宜于沼液滴灌模式、沼液管灌模式和移动式喷灌模式的相关工程及其配套工艺，并与园区灌水系统对接进行灌溉施肥，从而实现针对沼渣沼液的综合利用，形成沼渣沼液综合利用技术体系和模式(图5 -65、图 5 - 66)。

本研究主要是在沼液滴灌沼液管灌的基础上进一步研究沼液喷灌技术并进行试验示范。

沼气是通过发酵产生的，原料主要有植物残枝、动物粪便等，沼气产生后会剩余相应的废渣废液，俗称沼渣沼液。在沼液中含有各类氨基酸、维生素、蛋白质、赤霉素、生长素、糖类、核酸以及抗生素等。其中，赤霉素可使种子提早发芽；核酸、单糖能增强作

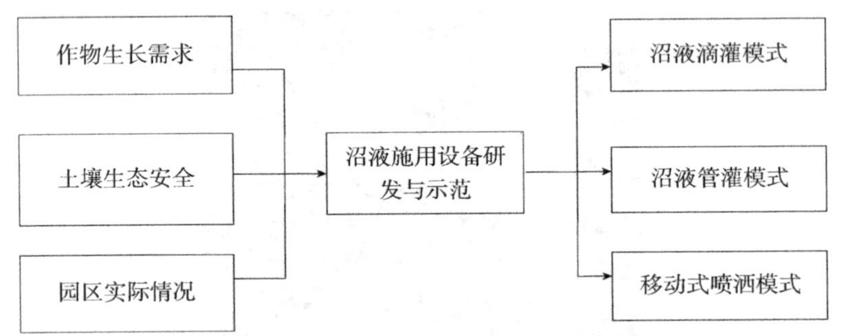

图 5-65　沼液沉淀

图 5-66 沼液滴灌装备

物的抗旱能力；游离氨基酸能增强作物抗冻能力；抗生素则能防治作物病虫害；多种氨基酸和微量元素添加到饲料中，能促进畜禽增产等。沼液主要用于浸种、叶面喷肥、拌营养钵、无土栽培母配方滴灌、养畜禽以及农业种植有机灌溉等。

目前，农村对沼液有了一些初步的应用，例如将沼液与水混合后通过滴灌系统输送到田间实施农作物灌溉，由于沼液原液中含有沼渣等颗粒度较大的固态物，以及从河流或水井中抽取的水中含有泥沙等颗粒物，因此容易造成滴灌装置中的滴液孔堵塞，从而导致滴灌系统不能维持有效运行，严重时可造成滴灌系统瘫痪。鉴于上述原因，沼液目前还无法较好地应用于农作物灌溉。而喷灌系统由于喷液孔较大，不易堵塞，克服了滴灌系统的缺点，可大面积应用于大田作物生产。

沼液喷灌技术是将沼气工程所产生的废弃物沼液通过工程技术

手段处理，实现对作物喷灌施肥的高新技术。该技术应用固液分离、三级过滤、曝气、喷灌施肥等技术，通过技术集成与组装，实现沼液、沼渣的分离与过滤，沼液过滤稀释后与喷灌系统对接，按照作物的养分需求规律进行沼液喷灌施肥，达到沼液资源化高效利用的目的。

沼液喷灌技术已获得国家专利，技术水平达到国内领先、国际先进水平。与传统施肥习惯相比，应用沼液喷灌施肥技术农作物产量提高6%～15%，农产品品质明显提高（图5-67、图5-68）。

图5-67　大型沼液喷灌装备

图5-68　小型沼液喷灌装备

综上所述，本成果在沼液污染理论上有突破，在减排技术上有创新，并形成了沼液输送与农田消纳的系列配套技术，技术指标先进。

二、沼液绿色综合利用基地示范

构建示范基地2个，示范推广沼渣、沼液资源化利用面积100hm^2，辐射带动京津冀农业废弃物资源化利用面积666.7hm^2，示范区畜禽粪便资源化利用率达到95%，农作物秸秆资源化利用率达到95%，减少化肥投入30%以上。

（一）河北廊坊远村现代农业示范园

廊坊远村现代农业园区创建于2013年6月，由廊坊远村农业开发有限公司兴建，规划占地2 333hm^2，总投资30亿元。县发改委已经备案批准园区中心位于永清县土楼胜利村，现已经流转土地

$864.6hm^2$，涉及团结、建设等 8 个村街。地处京畿重地，环渤海经济圈腹地。农业基础设施实现了“九通一平”，完善了灌排、道路、林网、农机质检等配套设施。目前已经入驻了廊坊远村农业开发有限公司、远村畜业养殖基地、永清县胜利养殖有限公司、永清县中苋农业科技发展有限公司、廊坊盛泰农业开发有限公司 5 家市级重点龙头企业（图 5-69）。

图 5-69　廊坊远村现代农业园区及其沼气工程

针对种植业、养殖业资源化利用过程中关键节点问题，重点开展了沼渣沼液资源化利用等循环农业技术的集成与工程化应用。

目前园区已形成了粮食作物种植、花卉蔬菜种植、生猪养殖加工、香菊种植加工、乡村休闲旅游、苋草种植销售、有机肥生产等主导产业。

基地沼液主要用于苜蓿上的试验示范，示范面积达 400 余 hm^2。沼液处理土壤全氮、速效磷和电导率有所提升，分别提高了 8.4%，18.1%和 10.6%（图 5-70、图 5-71）。表明使用沼液后，土壤肥力明显提高，苜蓿产量也有较大提高，增产达 6%～11%。

（二）北京海华百利能源有限公司示范基地

北京海华百利能源科技有限公司成立于 2015 年 9 月，注册资金 1 000 万元，位于北京市密云区河南寨开发区，是一家从事种养殖业废弃物、城市餐厨和镇村生活垃圾等有机废弃物资源化处置的大型企业。

拥有一条堆肥生产线，年生产堆肥 1 万 t。推广沼渣有机肥

图 5－70　苜蓿试验示范取土样

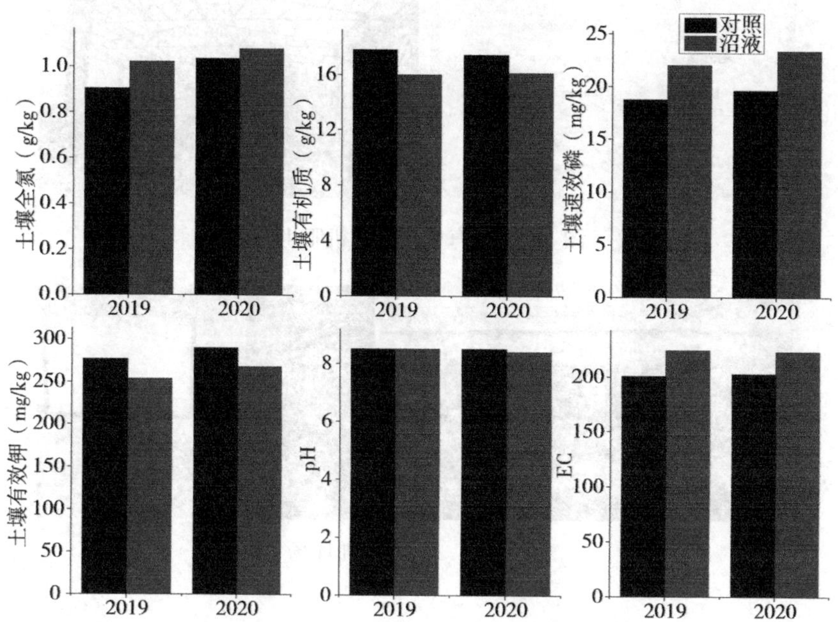

图 5－71　苜蓿种植中沼液施用对土壤理化性状的影响

333.3hm²。制定相关技术规程 2 套。示范区减少化肥投入 25%以上，沼渣沼液利用率达 90%。成功参与北京市有机肥招标，中标 1 万 t。召开沼渣沼液资源化利用技术培训会，培训农技人员 150 余人（图 5－72 至图 5－74）。

图 5-72　北京海华百利能源科技有限公司

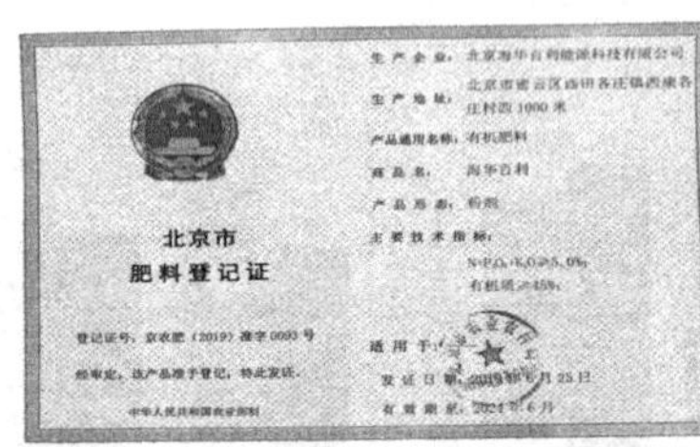

图 5-73　海华公司有机肥生产

图 5-74　技术培训现场

参考文献

陈隆隆，潘振玉 . 2008. 复混肥料和功能性肥料分析测试与标准［M］. 北京：化学工业出版社 .

陈同斌，郑玉琪 . 2001. 一种测量疏松固体介质中氧气含量的装置［P］. 中国发明专利申请号：CN 01142018. 9.

陈同斌，郑玉琪 . 2002. 一种连续自动测量疏松固体介质中氧气含量的装置［P］. 中国发明专利申请号：CN 02130473. 4.

崔铁宁，刘双喜 . 2007. 生态农业是发展循环经济的重要趋势［J］. 环境与可持续发展（3）：63-65.

董克虞 . 1998. 畜禽粪便对环境的污染及资源化途径［J］. 农业环境保护（6）：281-283.

高福平 . 2008. 循环农业中农业废弃物的再生利用［J］. 农学学报（2）：66-68.

何旭 . 2016. 浅析奶牛养殖场粪便堆肥技术［J］. 甘肃畜牧兽医，46（13）：110-111.

黄汉英，熊先安，魏明新 . 2000. 模糊线性规划在优化饲料配方软件中的应用［J］. 农业工程学报（3）：107-110.

孔建松，郑玉琪，陈同斌 . 2003. 好氧堆肥过程中的氧气变化及其监测［J］. 生态环境，12（2）：232-236.

李国建，钱新东 . 1990. 堆肥腐熟度指标的探讨［J］. 城市环境与城市生态，3（2）：27-30.

李吉进，张一帆，孙钦平 . 2019. 农业资源再生利用与生态循环农业绿色发展［M］. 北京：化学工业出版社 .

李吉进 . 2019. 环境友好型农业模式与技术［M］. 北京：化学工业出版社 .

李吉进 . 2004. 畜禽粪便高温堆肥机理与应用研究［D］. 北京：中国农业大学.

李清飞，何新生，孙震宁，等 . 2011. 农村生活垃圾好氧堆肥技术探讨［J］. 农机化研究，33（6）：186-189.

李书田，刘荣乐，陕红 . 2009. 我国主要畜禽粪便养分含量及变化分析［J］. 农业环境科学学报，28（1）：179-184.

刘禹池，冯文强，秦鱼生，等 . 2015. 长期秸秆还田与施肥对成都平原稻—麦轮作下作物产量和土壤肥力的影响［J］. 西南农业学报（1）：240-247.

吕药灵，姜晓林，牛明星，等 . 2016. 腐殖土对牛粪好氧堆肥的影响［J］. 中国给水排水，32（9）：119-122.

吕云生 . 2004. 炕洞土肥的积攒及施用方法［J］. 农村科学实验（10）：24.

牛明芬，梁文涓，武肖媛，等 . 2015. 复合微生物菌剂在牛粪堆肥中的应用效果［J］. 江苏农业科学，43（11）：427-429.

邵森 . 2010. 奶牛养殖场粪便堆肥处理技术研究［D］. 杨凌：西北农林科技

大学.

檀勤良，邓艳明，张兴平，等.2014.农业秸秆综合利用中农户意愿和行为研究［J］.兰州大学学报（社会科学版），42（5）：105-111.

涂强楠.2009.餐厨垃圾有机肥料生产问题分析［J］.南昌大学学报（工科版）（4）：406-408.

王岩，王文量，霍晓婷.2002.家畜粪尿的堆肥化处理技术研究-I通气量、通气温度及搅翻次数的调节［J］.河南农业大学学报，36（1）：46-49.

吴亚楠.2016.谈中国餐厨垃圾处理的现状、问题和对策［J］.工程技术（引文版），7（13）：79.

邢文英，李荣.2000.中国有机肥料养分数据集［M］.北京：中国科学技术出版社.

徐莹莹.2015.接种菌剂对牛粪堆肥硝化和反硝化细菌群落影响的研究［D］.哈尔滨：东北农业大学.

徐莹莹，许修宏，任广明，等.2015.接种菌剂对牛粪堆肥反硝化细菌群落的影响［J］.农业环境科学学报，34（3）：570-577.

许俊香，刘本生，孙钦平，等.2015.沸石添加剂对污泥堆肥过程中的氨挥发及相关因素的影响［J］.农业资源与环境学报（1）：81-86.

严竞雄.2020.基于Webservice的系统信息上报平台的设计与实现［J］.电子技术与软件工程（3）：212-214.

赵秀玲，朱新萍，罗艳丽，等.2014.添加不同秸秆对牛粪好氧堆肥的影响［J］.中国农业科技导报，16（3）：119-125.

郑玉琪.2003.好氧堆肥过程中氧气浓度的时空变化特征及其调控［D］.北京：中国科学院.

朱凤连，马友华，周静，等.2008.我国畜禽粪便污染和利用现状分析［J］.安徽农学通报，14（13）：48-50，12.

Amir S，Hafidi M，Lemee L，et al. 2006. Structural characterization of humic acids，extrac：ted from sewage sludge during composting，by thermochemolysis-gas chromatography-mass spectrometry ［J］. Process Biochem，41（2）：410-422.

Frederick C，Michel J，Reddy C. 1998. Composting rate，odor production，and compost quality in bench-scale reactors［J］. Compost Science and Utilization，6（4）：6-14.

Jlang T，Schuchardt F，Li G，et al. 2011. Effect of C/N ratio，aeration rate and moisture content on ammonia and greenhouse gas emission during the composting [J] . Journal of Environmental Sciences，23 (10)：17515760.

Jusoh MLC，Manaf LA，Latiff，PA，et al. 2013. Composting of rice straw with effective microorganisms (EM) and its influence on compost quality [J]. Iranian Journal of Environmental Health Sciences and Engineering，10 (1)：1-9.

Lasaridi KE. 1998. A simple respirometric technique for assessing compost stability. Water Research，32 (12)：3717-3723.

Liang C，Das K C，McClendon R W. 2003. The influence temperature and moisture contents regimes on the aerobic microbial activity of a biosolids composting blend [J] . Bioresource Technology，86 (2)：131-137.

Richard T L，Hamelers H V M，Veeken A，et al. 2002. Moisture relationships in composting processes [J] . Compost Science&Utilization，10 (4)：286-302.

Sugahara K，Harada Y，Inoko A. 1979. Color change of city refuse during composting process [J] . Soil Sci. Plant. Nutri. 25：197-208.

GB 7959—2012，粪便无害化卫生标准 [S] .

第六章

京津冀循环农业能流分析与环境效应

我国“循环农业”一词首先由陈德敏等在2002年提出，目前主要有以生态农业模式提升和整合为基础的局部循环模式；以农业废弃物资源多级循环利用为目标的内循环模式；以循环农业园区为方向的整体循环模式。可分为农林复合型模式、农牧渔综合种养型模式、以沼气为纽带的生态家园模式、流域治理与生态恢复型模式、作物秸秆及畜禽粪便资源化利用型模式、生物质产业模式、农业企业生产循环经济模式及生态农业园区模式。

近年来由于我国农业专业化与规模化的需求，传统小规模的农业操作方式因其劳动力投入密度大，专业要求高，效益低下而难以维持；原有的各类种养结合的循环农业模式也因为种养分离的现象突出而停止，很难适应新形势下的现代农业发展。因此，在京津冀一体化发展的现实环境条件下，紧紧抓住国家制定实施《京津冀一体化发展规划》的难得契机，促进循环农业的不断发展。

针对京津冀规模化种植业、养殖业及种养循环相关产业存在的关键技术问题，利用直接还田、好氧发酵、厌氧发酵等技术手段，分别对秸秆、果蔬废弃物、畜禽粪便等开展无害化、资源化、减量化生态循环技术研究。循环农业注重产业的链接和循环，从整体的角度建立了农业和相关产业的物质循环，将种植业与养殖业交织在一起，使资源得到多级循环利用，增加产业链条，最大限度地多次使用资源。因此循环农业的落实需要各单项技术综合集成，本课题在其他课题突破种养环节关键技术的技术上，在京津冀选择核心农业区域进行综合集成示范。能量转化与物质循环是循环农业系统的基本功能之一，也是农田生态系统最主要的研究内容之一。因此，研究循环农业示范区的能流物流特征，可以为提高农田生态系统质量及环境可持续发展提供理论依据，以科技支撑京津冀绿色循环农业的可持续发展。

循环农业主要遵循的是循环经济 4R 基本原则，即减量化（Reduce）原则、再循环（Recycle）原则、再利用（Reuse）原则和可控化（Regulate）原则。循环农业的基本原则既是模式建立所遵循的原则，也是循环农业评价研究的主要原则。

循环农业的评价研究是循环农业理论研究的一部分，是判断循环农业模式环境适应性、发展可持续性和经济效益的重要方面，针对不同地区不同的自然、社会、经济条件推广发展不同的循环农业模式类型，对现有循环农业模式发展提供指导建议。循环农业的评价根据评价对象的不同可以分为宏观层面和微观层面上的评价。宏观评价是针对国家或地区循环农业进行的综合评价，主要对该区域循环农业的经济、社会和生态效益，以及循环农业的适宜性进行综合评价，国内学者对循环农业在宏观上进行了大量的研究工作。马其芳（2005）、陈玉成（2008）和王艳（2011）分别应用层次分析法对江苏、重庆和三江平原进行了循环经济发展状况评价；孙建卫（2007）应用灰色关联分析方法对南京市 1985—2005 年农业循环经济发展水平进行了评价；冯华（2008）应用主成分分析法评价了陕西省的循环农业的发展程度；李佳（2009）、张伟强（2009）和秦钟（2010）分别应用粗糙集理论和数据包络分析（DEA）评价了广东省各地市的循环经济发展水平和循环经济效率。国外对循环农业的宏观评价研究较少。

微观层面的循环农业模式评价对象类型丰富，对于具体产业或模式的微观评价内容和方法差异较大。目前国内学者主要使用能值分析、专家打分、层次分析等方法针对具体循环农业模式的结构、功能、效益进行评价研究，如钟珍梅等（2016）应用能值分析方法对福建省不同茶园生态系统（“茶园—加”、“茶园—畜—草—加”）

进行了分析；胡艳霞等（2009）对北京房山区南韩继大型养猪—沼气生态经济系统的能量、能值和经济效益进行了评价；肖清铁（2014）对福建“草—牧—沼—蔬”循环农业模式经济效益进行了综合评价。

循环农业评价的核心是分析不同区域、不同尺度、不同类型的循环农业模式可减少资源投入，提高资源利用效率，控制污染物排放以及提高可持续发展的潜力（彭小瑜等，2015）。总体来看，当前我国循环农业发展在宏观尺度和微观层面的评价所采用的方法，大都基于经济数学模型来展开循环农业系统的分析。国内在循环农业宏观评价上的研究相对较多，也较为成熟，但针对具体的循环农业模式的评价研究还有待完善，且目前微观层面的评价多集中在经济、社会效益和能流、能值分析上，这类方法主要借鉴了循环经济的研究手段，单纯从经济或数学的角度评价系统，忽略了农业生态系统所客观具有的物质、能量的内外交换、流动耗散的特点。对资源的利用效率、废弃物排放水平、物质循环效率的研究工作极少，且对价值流分析的指标过于简单，不能很好地反映模式的优缺点，循环农业评价研究有待进一步深入完善。

近年来部分学者开始引入能值分析、生命周期评价、生态足迹等宏观生态、环境评价方法，对我国各种园区、农户或企业等微观层面的循环农业模式进行定量化评价。这些评价方法目前在国际上应用广泛，相对而言具有较为完整、科学的理论基础，系统性的评价指标，以及丰富的比较案例，甚至是一些成熟的软件化工具。

因此采用能值评价方法从能量流的角度对循环农业复杂生态系统进行评价，是循环农业模式优化调控的有效途径之一。但是，能值评价方法主要分析系统运转过程中的直接和间接的能量消耗状况，而对于循环农业系统持有的消纳农业废弃物、减少环境污染排放等方面的关注尚有不足。所以本研究在能量流研究基础上，重点关注养分循环中大量元素 CNPK 的物质流，特别是京津冀地区造成面源污染的氮磷，从循环链投入、产出等方面分析 CNPK 在循环链中的周转，以加强对 CNPK 的养分管理，提高种养过程中的养分利用效率，降低环境风险。但是循环链中物质流的分析，只能评价单一元素的流动，很难对整个系统进行分析。梁龙等（2010）研究已经表明，生命周期评价能够较好地对循环农业系统的潜在环境影响进行分析，值得进一步研究。因此，结合物质流、能量流，利用生命周期评价方法对循环农业复杂系统进行整体评价，能够有效地对我国不同循环农业模式进行比较分析。

综上，本研究针对京津冀种植业、养殖业、种养循环资源化利用过程中关键节点问题，开展直接还田、好氧/厌氧发酵等循环农业技术的集成与示范区建设。对示范区物流、能流及环境效应等进行综合分析，找出减排关键点，以便落实种植、养殖等各项关键节点技术，形成适宜京津冀地区的循环农业综合性技术方案，协调资源配置，延长完善循环农业链条，强化区域内农业废弃物资源的高效协同处置与资源化利用，实现京津冀循环农业技术提升。

第一节　循环农业典型区域农业生产现状

以河北省廊坊市永清县作为京津冀循环农业典型区域，开展了农业生产现状调研。永清县位于河北省中部，京、津、保三角地带中心，总面积 76km^2。现辖五镇、九乡、一园，共 38 个行政村，包括刘街村、王街村、乔街村、徐街村、陆街村、陈佃庄村、西务村、南大王庄一村、南大王庄二村、渠头村、杨青口村、大辛庄村、二辛庄村、彩木营村、枣林村、李通庄村、大五间房村、小五间房村、东辛庄村、西辛庄村、南范庄村、李家口村、西兴庄村、土楼团结村、土楼胜利村、土楼建设村等。

2019 年 3 月对永清县 38 个村，根据村常住人口状况，每村随机抽取 10～20 户进行问卷调研，共回收问卷 475 份。

一、调查区域基本情况

（一）农业人口职业与年龄构成

调查农户常住人口 1 557 人，直接从事农业的人口 751 人，占常住人口比例为 51.5%，务工人口占 32.6%，学生占 12.7%（图 6-1），其中男性为 795 人，女性为 756 人，6 人不详，男女比例为 1.051。在务农人口中，36.2%的年龄为 50～60 岁，35.4%为 40～50 岁（图 6-2），40～60 年龄段人群占务农人口的 71.6%，年龄最小为 17 岁，最大为 87 岁，平均年龄为 51 岁，从事农业人口年龄总体偏大，青壮年倾向于外出务工，其中男性为 371 人，女性为 380 人，男女比例为 1.029，男女比例基本协调。

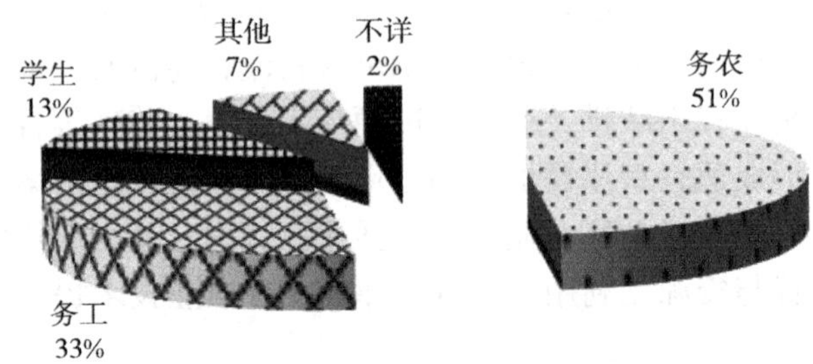

图 6-1　永清农村常住人口工作情况

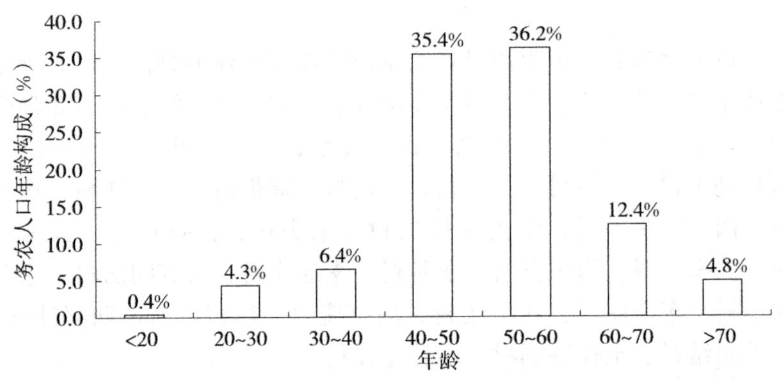

图 6-2　永清务农人口年龄构成

（二）农业人口受教育情况

调查农户常住人口 1 557 人，其中小学以下学历占 6%，小学学历占 14%，初中学历占 39%，高中学历占 24%，大专及以上学历占 14%；直接从事农业的人口 751 人，其中小学以下学历占 6%，小学学历占 21%，初中学历占 52%，高中学历占 18%，大专及以上学历占 2%（图 6－3）。和农业人口相比，务农人口高中以下学历明显高于农业人口，高中以上学历比例显著下降，这和我国实行的九年义务教育有直接联系，青少年多在接受完义务教育之后开始务农，而接受了高等教育的人群更多的选择了外出务工。

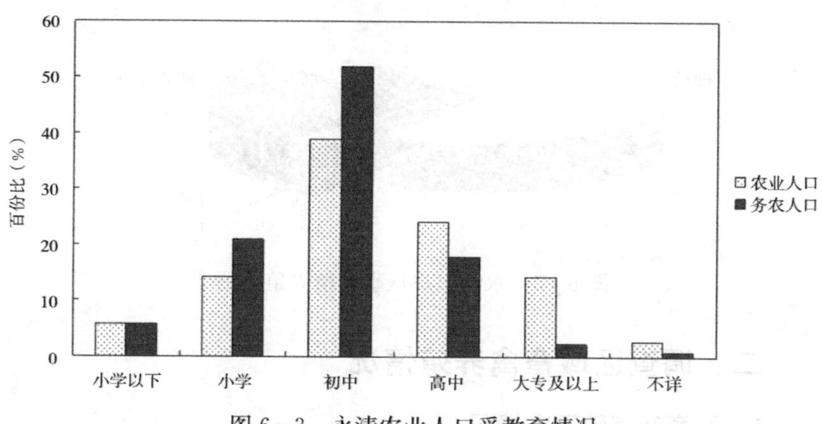

图 6－3　永清农业人口受教育情况

（三）农户家庭收入来源

调查农户 475 户，其中 34%的农户务农是唯一的家庭收入来源，62%的农户收入来自务农务工等方面，其中务农占总收入的 1%～90%不等（图 6－4），说明在河北省永清县务农已经不是农业人口的主要收入来源，这和永清近年来城市化进程加快耕地面积减少有着直接联系。

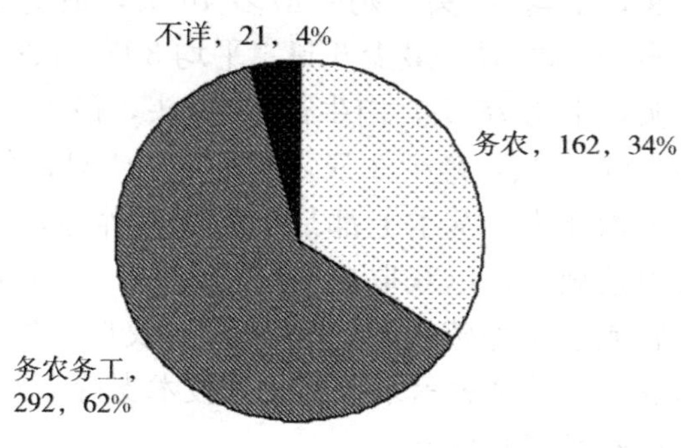

图 6－4　永清农户家庭收入来源

（四）农户从事种植养殖比例

调查农户 475 户，其中 325 户仅从事种植业，占总农户的 69%，15 户仅从事养殖业，占总农户的 3%，种养结合 130 户，占总农户的 27%（图 6－5）。

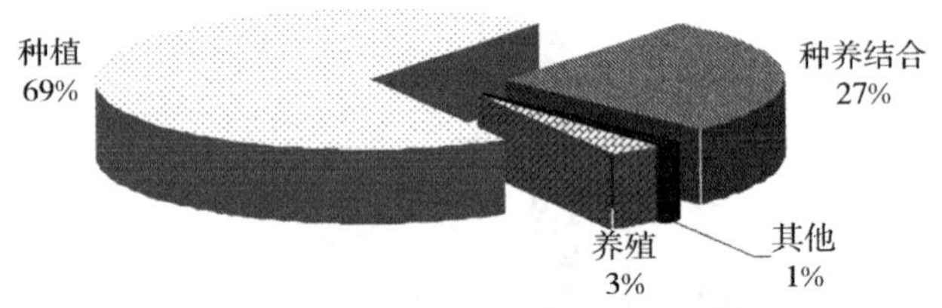

图 6－5 永清农户从事种植养殖比例

二、调查区域畜禽养殖情况

（一）畜禽养殖基本情况

调查农户 475 户，有养殖的共计 145 户，其中饲养育肥猪 40 户、蛋鸡 27 户、羊 23 户、母猪 21 户、奶牛 17 户、肉鸡 12 户、仔猪 11 户、肉牛 10 户、鸭 9 户、种猪 4 户、其他畜禽 9 户，多为马、驴、兔等（图 6－6）。各农户养殖规模不等，肥猪养殖最多 2 000头，最少 1 头，平均 149 头；蛋鸡最多 2 000 只，最少 4 只，平均 198 只；羊最多 270 只，最少 2 只，平均 33 只；母猪最多 330 头，最少 1 头，平均 30 头；奶牛最多 46 头，最少 2 头，平均 19 头；肉鸡最多 16 000 只，最少 6 只，平均 3 600 只；仔猪最多 250 头，最少 1 头，平均 78 头；肉牛最多 50 头，最少 10 头，平均 19 头；鸭最多 10 000 只，最少 2 只，平均 1 504 只；种猪最多 7 头，最少 1 头，平均 3 头。基本上都是小型家庭养殖，有 39%的农户表示要扩大养殖规模，以获取更大经济利益，其余 61%的农户表示要维持现状或缩小养殖规模。有 37%的农户受到政府相关部门给予的技术支持，其余表示未受到相关技术支持，养殖多凭经验或听从饲料、兽药经销商指导。

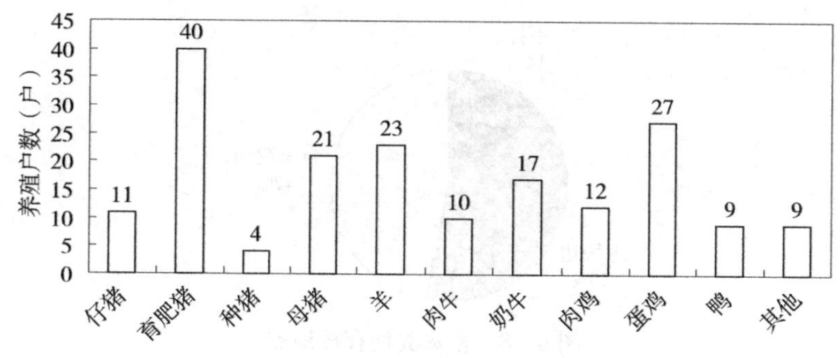

图 6-6　永清农户畜禽养殖户数

（二）畜禽粪便存放情况

1. 畜禽粪便存放方式　调查养殖农户共计 145 户，畜禽粪便存放方式较为粗放，97 户选择露天堆置，占总数的 67%，11 户选择直接处理不存放，多为饲养肉鸡的农户，在清粪时直接出售，8 户选择室外遮蔽堆置，多用塑料布、草帘等遮盖，5 户选择清粪后室内堆置（图 6-7）。

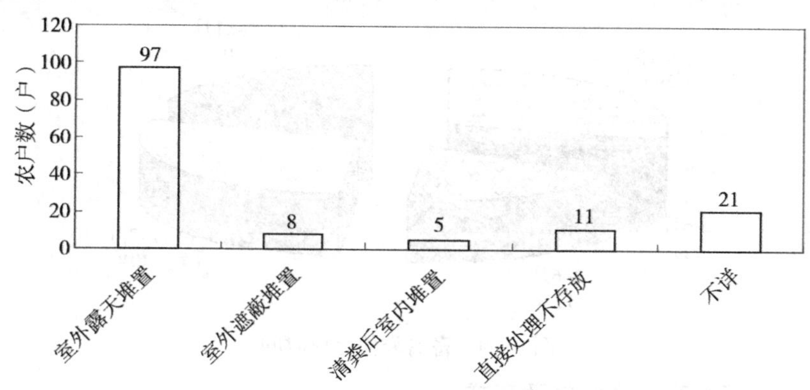

图 6-7　畜禽粪便存放方式

2. 畜禽粪便存放地点　在调查养殖农户中，其中 63 户选择在自家院子里存放畜禽粪便，占总数的 47%，多为自家院子比较大的农户，52 户选择在地块边上存放，占总数的 39%，多为种养结合户（图 6-8）。

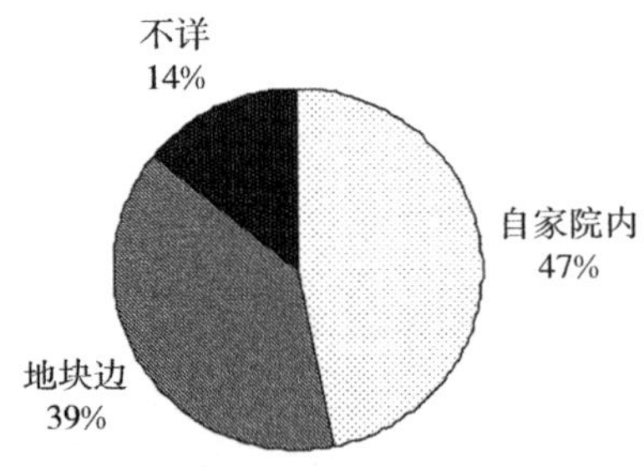

图 6－8　畜禽粪便存放地点

3. 畜禽粪便存放时间　调查养殖农户 145 户，其中畜禽粪便存放时间小于 1 个月的有 26 户，占全体的 19％；存放时间 1～3 个月的有 39 户，占全体的 30％；存放时间 3～6 个月的有 23 户，占全体的 17％；存放时间 6 个月以上的只有 7 户，占全体的 5％。可见永清农户畜禽粪便储存时间在半年以上的超过 66％，仅有少数存放时间较长，多为单纯养殖户，因夏季粪便含水量较高无人购买所致（图 6－9）。

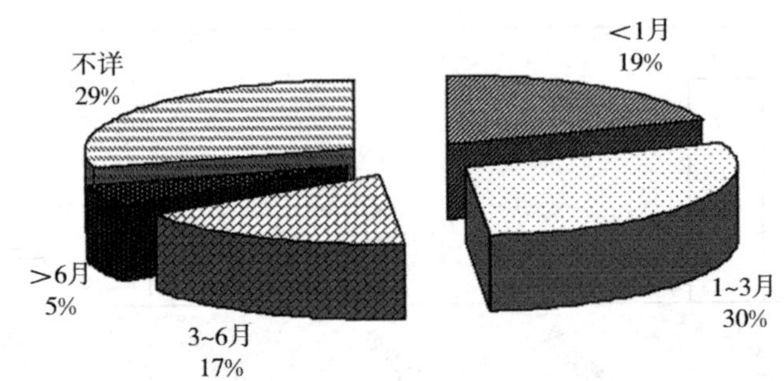

图 6－9　畜禽粪便存放时间

（三）畜禽粪便处理方式

调查养殖农户 145 户，其中粪便直接还田的有 69 户，占全体的 48％，堆肥的有 17 户，占全体的 12％，但该堆肥多为简单的条垛式堆肥，非工厂规模化堆肥，粪便进化粪池的有 2 户，沼气发酵的只有 1 户，售出的 40 户，占全体的 28％，堆弃的有 4 户。可见目前永清畜禽养殖粪便处理方式多为粗放的直接还田和直接售出，

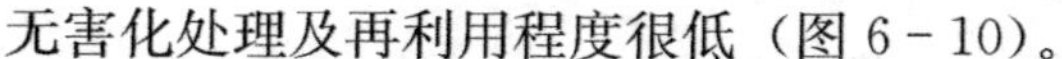

无害化处理及再利用程度很低（图 6－10）。

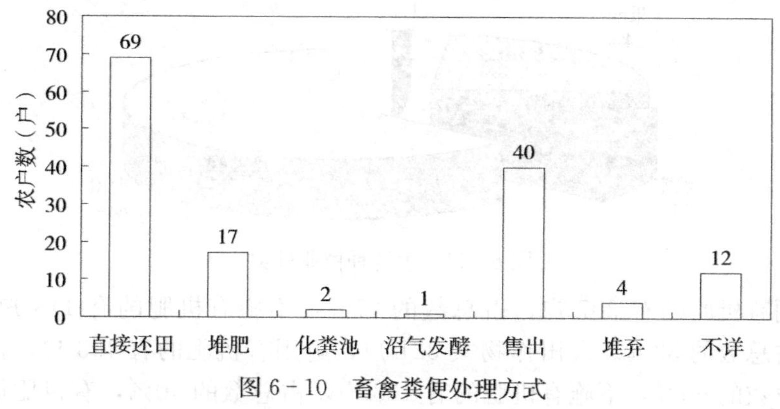

图 6－10　畜禽粪便处理方式

三、调研区域种植业情况

（一）种植业基本情况

调查种植农户 455 户，其中种植大田作物的有 321 户，占全体的 64%，总面积为 186.33hm²，种植面积最大的为 13.33hm²，最小的为 0.006 7hm²，平均每户 0.6hm²，种植面积小于 0.33hm² 的有 198 户，0.33～0.67hm² 之间的有 78 户，0.67～3.33hm² 之间的有 35 户，超过 3.33hm² 的有 10 户，种植作物以小麦、玉米为主；种植温室蔬果的有 55 户，占全体的 11%，总面积为 25.07hm²，种植面积最大的为 3.6hm²，最小的为 0.033hm²，平均每户 0.47hm²，种植面积小于 0.33hm² 的有 43 户，超过 0.33hm² 的仅有 12 户，种植种类较多，主要有番茄、黄瓜、茄子、青菜、草莓等；种植果园的为 123 户，占全体的 24%，总面积 102.73hm²，种植面积最大的为 13.33hm²，最小的为 0.033hm²，平均每户 0.8hm²，种植面积小于 0.33hm² 的有 78 户，0.33～0.67hm² 之间的有 36 户，超过 0.67hm² 的仅有 10 户，果树以桃树、梨树、樱桃树为主（图 6－11）。

（二）有机肥施用情况

1. 不同种植业有机肥施用比例　调查种植农户共 455 户，施

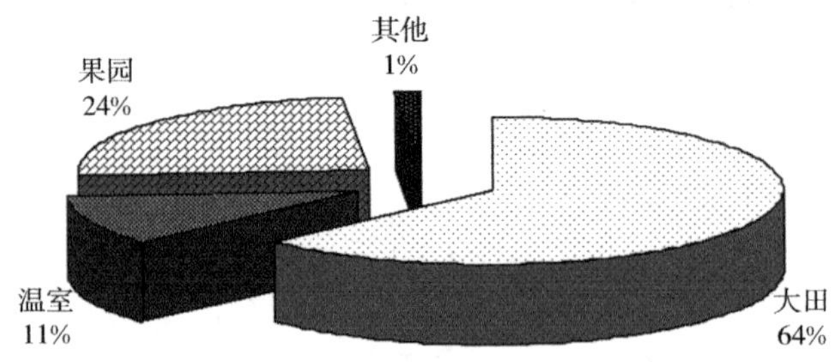

图 6-11　永清种植业种类

用有机肥的有 307 户，占总数的 67%，不施有机肥的有 148 户，占总数的 33%。大田作物共 321 户，施用有机肥的有 193 户，占总数的 60%，不施有机肥的有 128 户，占总数的 40%，有机肥施用比例低于总体水平；温室共 55 户，施用有机肥的有 47 户，占总数的 85%，不施有机肥的有 7 户，占总数的 15%，有机肥施用比例显著高于总体水平；果园共 123 户，施用有机肥的有 102 户，占总数的 83%，不施有机肥的有 21 户，占总数的 17%，有机肥施用比例高于总体水平，可见温室和果园是有机肥的主要消纳场所（图 6-12）。

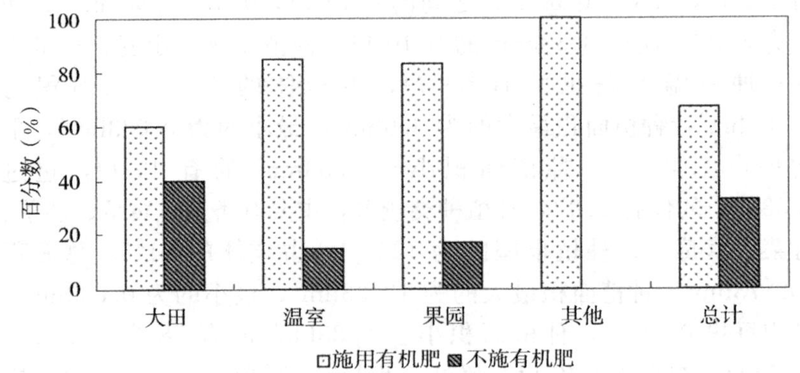

图 6-12　永清种植业施用有机肥比例

2. 有机肥来源　调查施用有机肥的共计 307 户，其中 162 户向养殖户或商贩购买有机肥，占全体的 53%，售价鸡粪高于猪粪和牛粪，多为 50～100 元/m^3，90 户施用自家养殖产生的粪便，占全体的 29%，14 户使用的有机肥来自亲友赠送（图 6-13）。

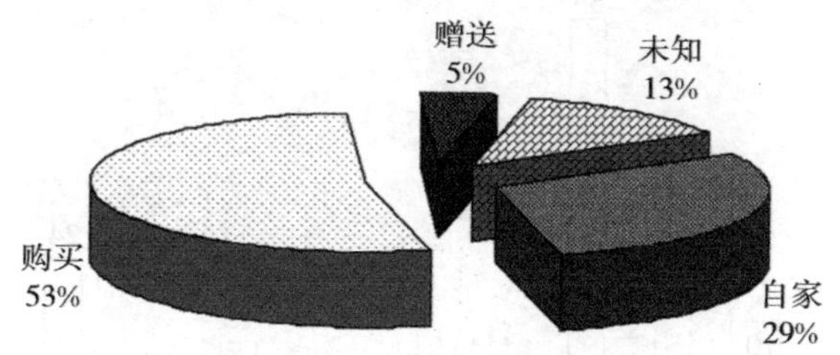

图 6-13　有机肥来源

3. 有机肥施用种类　调查施用有机肥的共计 307 户，其中施用猪粪的 47 户，占全体的 15%，施用牛粪的有 37 户，占全体的 12%，施用鸡粪的 91 户，占全体的 30%，施用混合粪的有 42 户，占全体的 14%，施用商品有机肥的有 24 户，占全体的 8%，施用其他有机肥的有 66 户，包括驴粪、马粪、鸭粪、秸秆、绿肥、沼渣沼液等（图 6-14）。

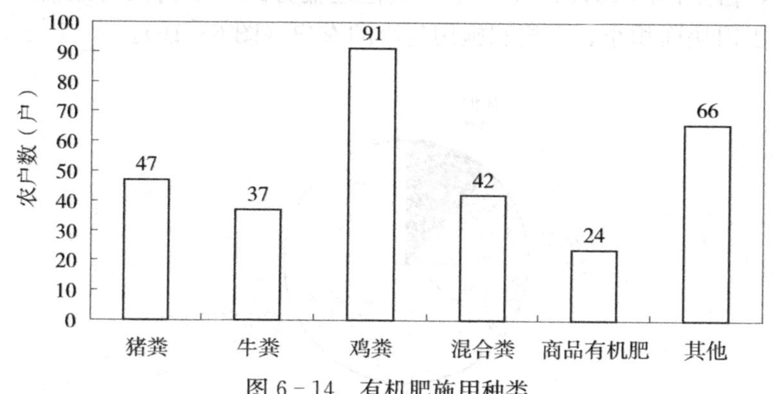

图 6-14　有机肥施用种类

4. 有机肥施用时间　调查施用有机肥的共计 307 户，有机肥施用时间多集中于春秋两季，冬夏两季施用较少，这和永清地区的种植制度是密切相关的，同时也避开了高温和低温天气，利于有机养分的矿化和作物吸收，减少养分的损失量。但也有一些农户在冬夏施用，多为温室菜田作物。也有一些种养结合农户，在清粪后直接施入田块，并不根据作物的生长需要（图 6－15）。

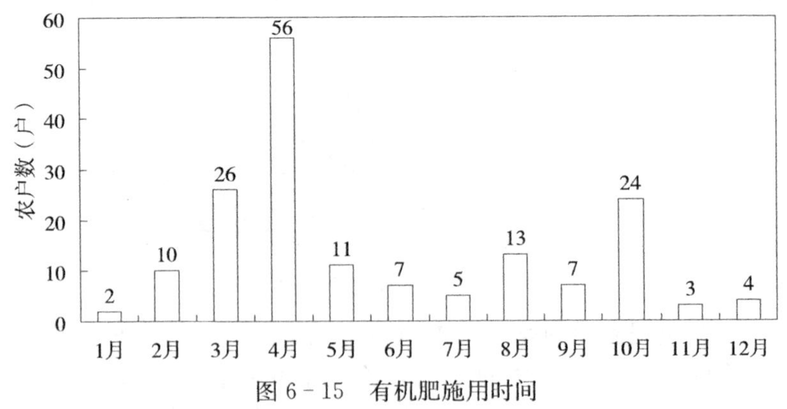

图 6－15　有机肥施用时间

5. 有机肥运输方式　调查施用有机肥的共计 307 户，其中 198 户使用专用农机车将有机肥运到田块，占全体的 65%，只有部分农民自己拥有农机车，多数采取租用他人的形式；72 户使用小推车，占全体的 23%；37 户采用其他运输方式，多为人力运输，常见于田块面积小、有机肥施用量小的农户（图 6－16）。

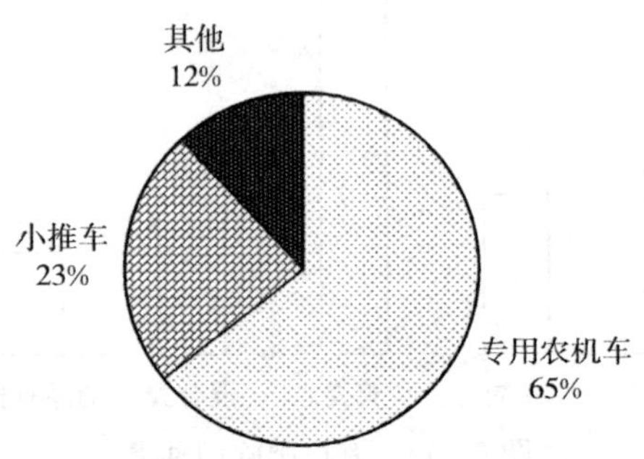

图 6－16　有机肥运输方式

6. 有机肥施用方式　调查施用有机肥的共计 307 户，其中使用非农业机械的有 282 户，占全体的 91%，主要施用方式为撒施和沟施，只有 5 户采用了农业机械施用有机肥，多和种肥一起施用，可见京郊农户施有机肥机械化程度比较低，这和缺少专用机械、农户缺乏资金、地块小有直接关系（图 6-17）。

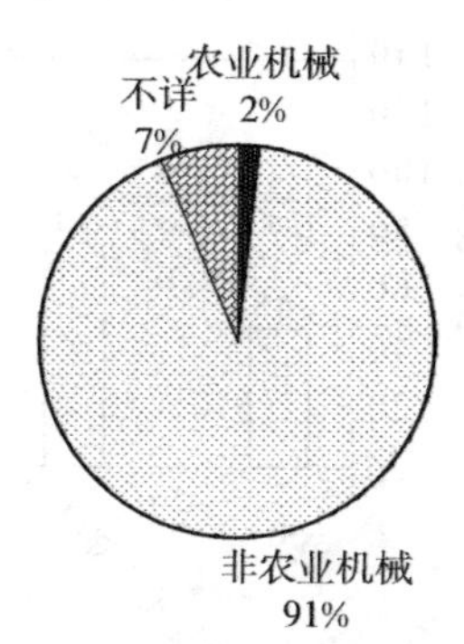

图 6-17 有机肥施用方式

7. 农户有机肥施用的指导情况 在从事种植业的 455 农户中，了解了 406 户的有机肥施用指导情况，获得正规指导的有 100 户，其中 23%每年获得指导一次，26%每年获得指导两次，51%每年获得的指导次数多于两次；但是有 306 户未获得过有机肥施用的相关指导（图 6-18、图 6-19）。

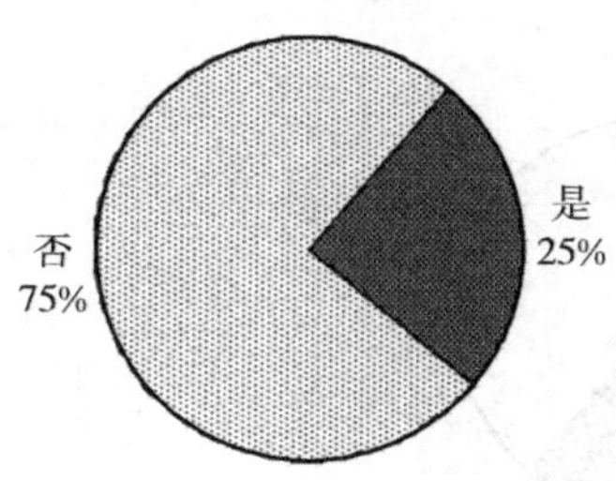

图 6-18 农户是否获得有机肥施用指导

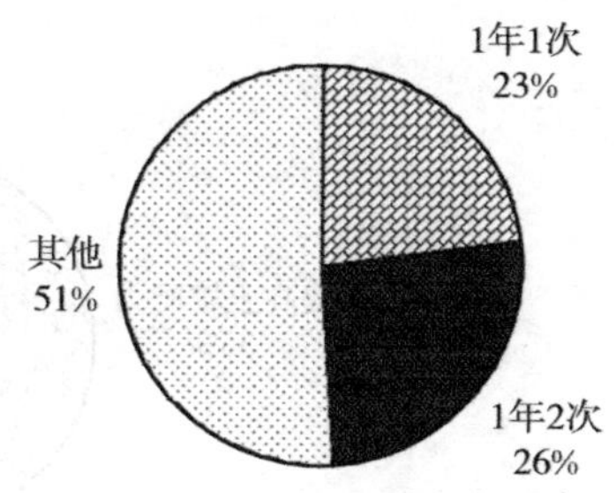

图 6-19 农户获得有机肥施用指导的次数

8. 农户获得有机肥施用技术的来源 在从事种植业的 455 农户中，279 户就获得有机肥施用技术的来源作了回答，有 123 户施用有机肥仅凭自己的经验，74 户技术来源于土肥推广部门的指导，48 户技术来源于广播、电视、报纸等媒体，36 户技术来源于向周围有经验农户的学习，6 户靠有机肥厂商获得相关技术（图 6-20）。

9. 农户施用有机肥的原因 在从事种植业的 455 农户中，291 户就施用有机肥原因作出回答，39%的农户认为施用有机肥可以提高产量、改善品质，35%的农户认为可以提高土壤肥力、改良土壤，20%的农户认为可以减少化肥的施用、节约成本，6%的农户施用有机肥比较盲目，多为消纳自家养殖产生的粪便（图 6-21）。

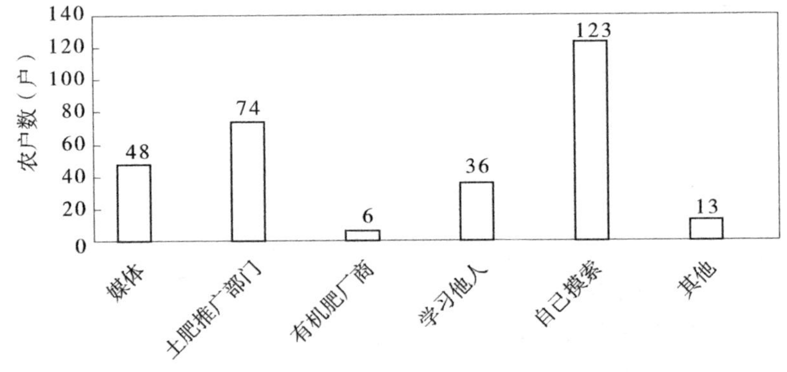

图 6-20　农户获得有机肥施用技术的来源

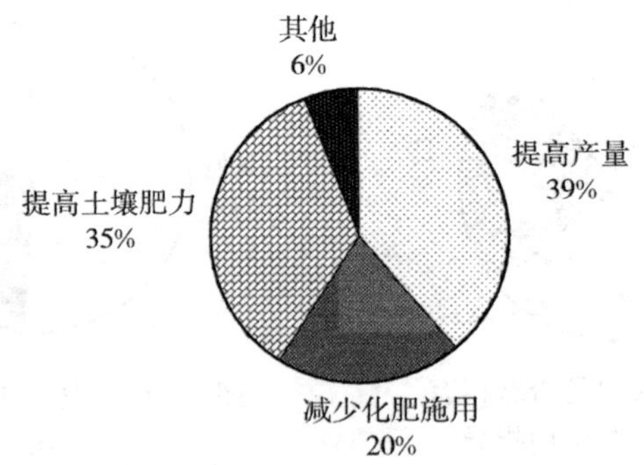

图 6-21　农户施用有机肥的原因

10. 限制农户施用有机肥的原因　在从事种植业的 455 农户中，245 户就限制有机肥施用的原因作出回答，臭味大、施用麻烦、价格昂贵、数量不足是限制农户施用有机肥的主要原因，运输不便、缺乏使用方法、无明显增产效果等原因也限制了农户对有机肥的施用（图 6-22）。

11. 农户对化肥有机肥使用量的看法　在从事种植业的 455 农户中，有 340 户就施用化肥时是否考虑有机肥中的养分作出回答，有 39%的农户会考虑到有机肥中的养分而减少化肥的施用量，但是仍有 41%的农户没有因为施用有机肥而减少化肥用量，忽视了有机肥中的养分，这也是农田养分投入过量的一个原因。另外

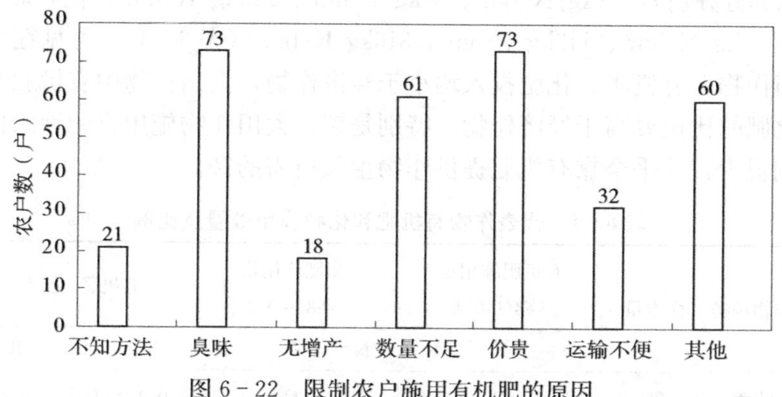

图 6-22　限制农户施用有机肥的原因

21%的农户认为化肥施得越多作物长的越好，71%的农户认为有机肥施得越多越好，52%的农户不知道过量施肥会造成环境问题（图 6-23）。

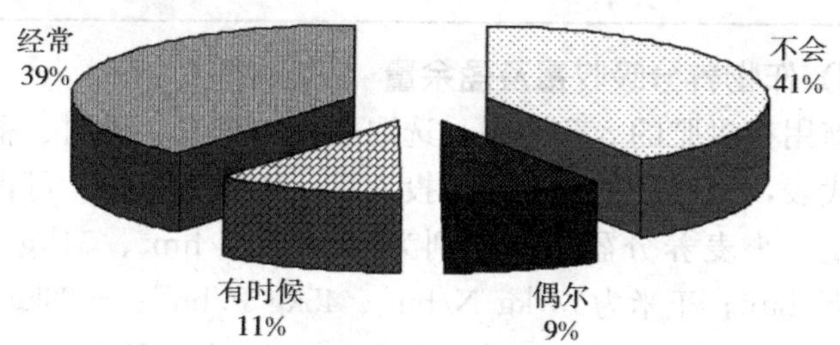

图 6-23　农户施用化肥时对有机肥养分的认识

（三）化肥和有机肥施用数量及比例

在施用有机肥的 307 户中，选取小麦、玉米、桃树、番茄 4 种作物为代表，经统计，小麦有机肥带入养分分别为 83kg N/hm^2、31kg P/hm^2、52kg K/hm^2，化肥带入 216kg N/hm^2、41kg P/hm^2、13kg K/hm^2；玉米有机肥带入养分分别为 107kg N/hm^2、39kg P/hm^2、67kg K/hm^2，化肥带入 178kg N/hm^2、30kg P/hm^2、21kg K/hm^2；桃树有机肥带入养分分别为 148kg N/hm^2、57kg P/hm^2、107kg K/hm^2，化肥带入 419kg N/hm^2、218kg P/hm^2、274kg K/hm^2；番茄有机肥带

入养分分别为 201kg N/hm²、80kg P/hm²、145kg K/hm²，化肥带入 1 040kg N/hm²、113kg P/hm²、316kg K/hm²（表 6-1）。可见在大田作物上有机肥、化肥投入均小于经济作物，大田作物中有机肥与化肥的比例要高于经济作物，特别是钾，大田作物施用化肥钾的比例很少，几乎全靠有机肥提供作物生长所需的钾。

表 6-1　代表作物有机肥和化肥施用数量及比例

作物种类	样本量	有机肥施用量（kg/hm²）			化肥施用量（kg/hm²）			有机肥/化肥		
		N	P	K	N	P	K	N	P	K
小麦	25	83	31	52	216	41	13	0.4	0.7	4.0
玉米	62	107	39	67	178	30	21	0.6	1.3	3.1
桃	19	148	57	107	419	218	274	0.4	0.3	0.4
番茄	7	201	80	145	1 040	113	316	0.2	0.7	0.5

（四）作物养分吸收量及盈余量

在施用有机肥的 307 户中，选取小麦、玉米、桃树、番茄 4 种作物为代表，经统计作物养分总投入量、作物带走量，可得养分表观盈余量。小麦养分盈余量分别为 190kg N/hm²、54kg P/hm²、—24kg K/hm²；玉米为 137kg N/hm²、45kg P/hm²、—26kg K/hm²；桃树为 490kg N/hm²、263kg P/hm²、292kg K/hm²；番茄为 1 084kg N/hm²、135kg P/hm²、232kg K/hm²（表 6-2）。可见 4 种作物氮肥施用过量严重，远高于《中国主要作物施肥指南》的推荐量，书中推荐华北地区冬小麦产量 4 500～7 500kg/hm² 时，施用 N 150～180kg/hm²、P 90～120kg/hm²、K 0～45kg/hm²；夏玉米产量 6 000kg/hm² 时，施用 N 135～165kg/hm²、P 30～45kg/hm²、K 0～45kg/hm²；桃产量 45 000kg/hm² 时，施用有机肥 30～45m³/hm²、N 300kg/hm²、P 150kg/hm²、K 450kg/hm²；番茄产量 60 000～90 000kg/hm² 时，施干鸡粪 15 000kg/hm²、N 255～300kg/hm²、P 150～210kg/hm²、K 450～555kg/hm²。

同时还存在施肥不合理现象，重施氮肥，大田作物钾肥施用不够。

表 6-2　代表作物养分吸收及盈余量

作物种类	样本量	养分投入量（kg/hm²）			作物带走量（kg/hm²）			养分盈余量（kg/hm²）		
		N	P	K	N	P	K	N	P	K
小麦	25	299	72	65	109	18	89	190	54	−24
玉米	62	282	68	88	148	23	114	137	45	−26
桃	19	568	275	380	77	12	88	490	263	292
番茄	7	1 241	193	461	156	58	229	1 084	135	232

（五）作物灌溉方式

调查的从事种植业的 455 农户中，其中 138 户田块无灌溉设备，占全体的 30%，多为分布在山区的大田作物；大水漫灌的有 105 户，占全体的 23%，多为靠近河流的水源丰富地区；小管出流的有 78 户，占全体的 17%；沟灌的有 42 户，占全体的 9%；畦灌的有 32 户，占全体的 7%；滴灌的有 31 户，占全体的 7%；多为温室蔬果类；喷灌有 29 户，占全体的 6%（图 6-24）。可见永清作物灌溉模式需要进一步的完善，应减少大水漫灌的比例，以减少水分的损失。

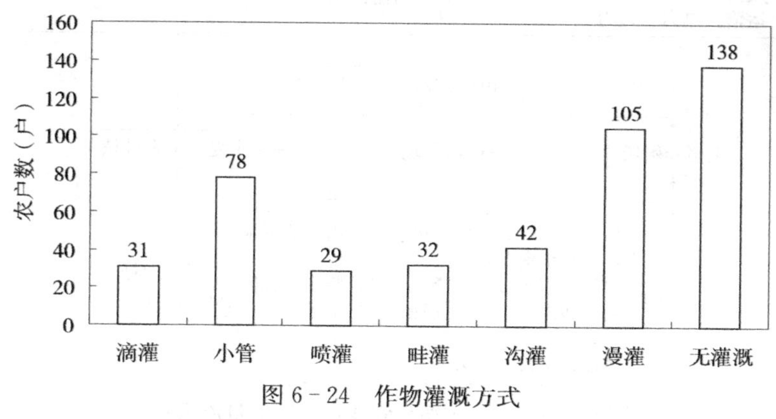

图 6-24　作物灌溉方式

第二节　循环农业示范区能流分析与环境效应

一、循环农业示范区能流分析

（一）示范区能流图绘制

在河北省廊坊市永清县远村现代农业园区初步建立了以“猪场—沼气场—小麦玉米种植”为核心的循环农业示范园。以此为边界，绘制能量流动图（图 6－25），第一步：确定系统边界，以四方框为界，将系统内、外组分分开。第二步：列出系统主要能量来源，由于这些能源一般来自系统外，即要绘制在边界以外。第三步：以 Odum 制定的能量符号图例绘出系统内的生产者、消费者、分解者。第四步：列出系统内的各组分之间的关系，即它们之间的生态

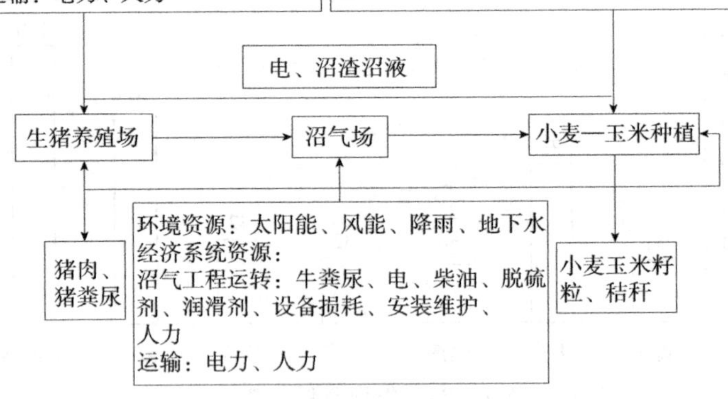

图 6－25　京津冀循环农业示范区能量流示意

流流动、存储、反馈等。其次编制能值分析表，将各种不同度量单位（J、g或¥）的能流、物流、货币流转换为统一的太阳能值单位（sej）。

（二）种植业系统能值分析

针对循环农业中的种植业亚系统进行了能值分析（表 6－3），其中种植业系统每产出 1t 粮食的总能值投入为 2.60×10^{15} sej，其中可更新环境资源为 4.68×10^{14} sej，可更新购买投入为 6.20×10^{14} sej，不可更新购买投入为 15.12×10^{14} sej，可更新和不可更新能值投入分别占 41.8%和 58.2%。可见，该粮食生产系统目前仍然是主要靠购买性资源驱动。对比小麦和玉米种植系统，冬小麦和夏玉米分别利用了该系统总能值投入的 69.2%和 30.8%。充分说明由于华北平原麦玉两熟系统中，冬小麦种植与该地区自然条件之间存在一定程度上的不耦合，使冬小麦在耕作、肥料、人工等方面的能值消耗较大。

表 6－3　循环农业种植业系统能值分析

项目			单位	UEV（sej/单位）	冬小麦能值（sej）	夏玉米能值（sej）
环境资源	太阳能		J	1	4.12×10^{12}	1.62×10^{12}
	风能		J	2.45×10^{3}	6.87×10^{11}	3.11×10^{11}
	降雨蒸腾		J	3.10×10^{4}	2.01×10^{13}	4.23×10^{13}
	地下水		J	2.45×10^{5}	2.69×10^{14}	1.30×10^{14}
经济系统资源	耕作	燃油	J	1.11×10^{5}	2.94×10^{13}	0
		机械	G	1.13×10^{10}	4.83×10^{12}	0
		人力	J	7.56×10^{6}	2.70×10^{12}	0
	播种	燃油	J	1.11×10^{5}	2.20×10^{12}	2.10×10^{12}
		机械	G	1.13×10^{10}	1.50×10^{12}	1.62×10^{12}
		人力	J	7.56×10^{6}	1.23×10^{12}	2.05×10^{12}
		种子	J	1.11×10^{5}	5.74×10^{13}	5.47×10^{12}

（续）

项目			单位	UEV（sej/单位）	冬小麦能值（sej）	夏玉米能值（sej）
经济系统资源	施肥	燃油	J	1.11×10^{5}	2.20×10^{12}	2.53×10^{12}
		机械	G	1.13×10^{10}	1.23×10^{12}	1.76×10^{12}
		人力	J	7.56×10^{6}	1.23×10^{12}	2.05×10^{12}
		氮肥	G	6.38×10^{9}	2.04×10^{14}	8.42×10^{13}
		磷肥	G	6.55×10^{9}	8.91×10^{13}	7.63×10^{13}
		钾肥	G	1.85×10^{9}	2.86×10^{13}	2.44×10^{13}
		粪肥	J	6.38×10^{9}	0	0
		沼渣沼液	J	1.24×10^{5}	1.03×10^{14}	4.06×10^{13}
	灌溉	人力	J	7.56×10^{6}	7.45×10^{13}	2.05×10^{13}
		电力	J	2.69×10^{5}	5.32×10^{14}	2.07×10^{14}
		地下水	J	2.27×10^{5}	3.26×10^{14}	1.04×10^{14}
	除草杀虫	农药	G	2.49×10^{10}	1.71×10^{12}	7.31×10^{12}
		燃油	J	1.11×10^{5}	8.82×10^{12}	8.40×10^{12}
		机械	G	1.13×10^{10}	2.48×10^{12}	2.36×10^{12}
		人力	J	7.56×10^{6}	4.96×10^{12}	4.11×10^{12}
	收获	燃油	J	1.11×10^{5}	1.11×10^{13}	6.30×10^{12}
		机械	G	1.13×10^{10}	1.07×10^{12}	3.16×10^{12}
		人力	J	7.56×10^{6}	3.01×10^{12}	2.05×10^{12}
	秸秆处理	燃油	J	1.11×10^{5}	5.51×10^{12}	4.55×10^{13}
		机械	G	1.13×10^{10}	0.92×10^{12}	6.51×10^{12}
		人力	J	7.56×10^{6}	2.70×10^{12}	5.91×10^{12}
	运输	柴油	J	1.11×10^{5}	5.56×10^{10}	9.56×10^{10}
		电力	J	2.87×10^{5}	1.79×10^{12}	3.08×10^{12}
产出	小麦		J	4.80×10^{4}	7.09×10^{14}	0
	小麦秸秆		J	4.80×10^{4}	8.32×10^{14}	0
	玉米		J	2.17×10^{4}	0	2.98×10^{14}
	玉米秸秆		J	2.17×10^{4}	0	3.05×10^{14}

（三）养殖业系统能值分析

针对循环农业中的养殖业亚系统进行了能值分析（表 6-4），可见生猪养殖系统每产出 1t 产品的总能值投入为 4.15×10^{15} sej，其中可更新环境资源为 2.74×10^{13} sej，可更新购买投入为 2.84×10^{15} sej，不可更新购买投入为 1.28×10^{15} sej，可更新和不可更新能值投入分别占 69.1%和 30.9%。服务性能值流在该系统总能值投入中占到 22.7%，表明该模式仍然有较高的对人力需求，配合机械化管理，劳动生产效率有进一步提升的空间。

表 6-4 循环农业养殖业系统能值分析（每吨物料）

项目			单位	UEV（sej/单位）	能值（sej）
环境资源	太阳能		J	1	2.84×10^{10}
	风能		J	2.45×10^{3}	8.21×10^{10}
	地下水		J	2.45×10^{5}	2.73×10^{13}
经济系统资源	精饲料	玉米	J	6.19×10^{4}	1.23×10^{15}
		豆粕	G	1.21×10^{5}	1.36×10^{14}
		麦麸	G	8.38×10^{4}	5.74×10^{14}
	饲料加工	柴油	J	1.11×10^{5}	1.00×10^{12}
		电	J	3.97×10^{5}	1.02×10^{12}
		钢	G	1.13×10^{10}	2.32×10^{12}
		砖	G	2.87×10^{9}	6.74×10^{12}
		混凝土	G	1.68×10^{9}	1.28×10^{13}
		设备	$	9.86×10^{12}	1.93×10^{11}
		人力	J	7.56×10^{6}	1.68×10^{13}
	医疗	疫苗	G	2.49×10^{10}	7.91×10^{12}
		消毒药	G	1.68×10^{9}	2.22×10^{13}
		兽药	$	9.86×10^{12}	2.06×10^{14}
	饲养管理	电	J	3.97×10^{5}	8.56×10^{14}
		煤	G	6.72×10^{4}	4.26×10^{9}

（续）

项目			单位	UEV（sej/单位）	能值（sej）
经济系统资源	饲养管理	建设费折旧	$	9.86×10^{12}	8.43×10^{13}
		设备费	$	9.86×10^{12}	6.29×10^{13}
		冲圈、消毒水	J	2.45×10^{5}	2.09×10^{13}
		饮用水	J	2.45×10^{5}	8.29×10^{12}
		人力	J	7.56×10^{6}	0.87×10^{15}
	运输	柴油	J	1.11×10^{5}	1.64×10^{11}
		电力	J	2.87×10^{5}	3.55×10^{12}
		人力	J	7.56×10^{6}	5.79×10^{12}
产出	生猪		J	3.16×10^{5}	5.48×10^{15}
	猪粪		J	8.07×10^{5}	7.31×10^{14}
	猪尿		J	8.07×10^{5}	2.57×10^{15}

（四）废弃物处理系统能值分析

针对循环农业中的废弃物处理亚系统进行了能值分析（表 6－5），可见沼气系统每产出 1kW·h 的电力所需的总能值投入为 3.93×10^{12} sej，其中可更新环境资源为 7.40×10^{10} sej，可更新购买投入为 3.55×10^{10} sej，不可更新购买投入为 1.05×10^{12} sej，系统反馈为 2.77×10^{12} sej，由此可知，可更新和不可更新能值投入分别占 73.3%和 26.7%，说明沼气工程的运转并不需要大量的直接或间接的人力服务，经济资金和可更新资源的投入利用是该系统正常运转的关键因素。

表 6－5　循环农业废弃物处理系统能值分析（kW·h）

项目		单位	UEV（sej/单位）	能值（sej）
环境资源	太阳能	J	1	8.32×10^{6}
	风能	J	2.45×10^{3}	7.28×10^{5}
	降雨	J	3.10×10^{4}	1.79×10^{8}
	地下水	J	2.45×10^{5}	7.38×10^{10}

（续）

项目			单位	UEV（sej/单位）	能值（sej）
经济系统资源	沼气工程运转	猪粪	J	8.07×10^5	2.10×10^{12}
		猪尿	J	8.07×10^5	6.68×10^{11}
		电	J	2.87×10^5	3.99×10^{11}
		柴油	J	1.11×10^5	5.89×10^{10}
		脱硫剂	J	3.08×10^{12}	1.01×10^9
		润滑油	G	1.11×10^5	6.78×10^7
		设备损耗	$	9.86×10^{12}	1.69×10^{10}
		安装维护	$	9.86×10^{12}	1.43×10^{10}
		人力	J	7.56×10^6	2.56×10^{10}
		钢	G	1.13×10^{10}	8.65×10^{10}
		混凝土	G	1.68×10^9	3.22×10^{11}
		砖	G	2.87×10^9	1.47×10^{11}
		玻璃	G	3.83×10^7	1.36×10^7
	运输	柴油	J	1.11×10^5	2.97×10^8
		电力	J	2.87×10^5	9.53×10^9
		人力	J	7.56×10^6	0.99×10^{10}
产出	电		J	3.92×10^5	4.39×10^{12}
	沼渣		J	8.92×10^5	3.67×10^{12}
	沼液		J	8.92×10^6	5.01×10^{10}

二、循环农业示范区环境效应

对于环境效应的分析，依据 ISO14040 系列国际标准、GB/T24040 系列国家标准和 GB15618—2009 国家环境土壤质量标准，借鉴已有相关领域的生命周期评价研究结果，已建立循环农业系统的生命周期清单，采纳的环境影响评价类型包含 4 个主要部分：来源于工业生产系统的“农资产品”清单，来源于种植业过程的“农作物产品”清单，完成不同亚系统连接的“运输过程”清单，以及循环农业系统的“直接排放”清单，确定评价指标体系采纳的环境影响评价类型。从不可再生资源、可再生稀缺资源和环境负荷三方面进行分类，进一步通过对生命过程中消耗和排放数据的监测与特征化，对能源消耗、温室效应、酸化潜力、富营养化、生态毒性等方面进行综合评价。由表 6－6 和表 6－7 可知，施肥、灌溉、杀虫除草生产环节都是影响该粮食生产系统环境表现的主要过程。粮食生产系统对周围环境的影响主要表现在富营养化和淡水生态毒性两方面，在优化系统、降低排放的过程中应该重点给予关注。

表 6－6　环境影响类型及相关的影响物质

影响类型	单位	相关的影响物质
能源消耗 ED	MJ	煤、柴油、天然气、电力
温室效应 GWP	kg CO_2	CO_2、CH_4、N_2O、CFC_3
酸化潜力 AP	kg SO_2	SO_x、NO_x、HCl、NH_3
富营养化 EP	kg PO_4^{3-}	NO_x、N_2O、NH_3、NO_3
生态毒性（土壤、水体、人体）ETP	kg 1,4-DCB	Cu、As、Cd、Cr、Pb、Hg、农药等

表 6－7　粮食生产系统中潜在环境影响（以 1hm² 小麦—玉米粮田为功能单元）

影响类型	单位	环境影响潜力
能源消耗 ED	MJ	509
温室效应 GWP	kg CO_2	18 000
酸化潜力 AP	kg SO_2	26.3
富营养化 EP	kg PO_4^{3-}	8.64
生态毒性（土壤、水体、人体）ETP	kg 1,4-DCB	1.21

参考文献

崔丽娟，赵欣胜．2004．鄱阳湖湿地生态能值分析研究［J］．生态学报，24（7）：1480-1485.

董孝斌，高旺盛．2003. 黄土高原丘陵沟壑区典型县域的能值分析［J］．水土保持学报，17（1）：89-92.

胡艳霞，周连第，李红，等．2009. 北京郊区生物质两种气站净产能评估与分析［J］．农业工程学报，25（8）：200-203.

蓝盛芳，钦佩．2001. 生态系统的能值分析［J］．应用生态学报，12（1）：129-131.

李飞，林慧龙．2007. 常生华农牧交错带种植模式与种养模式的能值评价［J］. 草地学报，15（4）：322-326.

李双成，傅小锋，郑度．2001. 中国经济持续发展水平的能值分析［J］．自然资源学报，16（4）：297-304.

刘新茂，蓝盛芳，陈飞鹏．1999. 广东省种植业系统能值分析［J］．华南农大学学报，20（4）：111-115.

彭小瑜，吴喜慧，吴发启，等．2015. 陕西关中地区冬小麦—夏玉米轮作系统生命周期评价［J］．农业环境科学学报（4）：809-816.

隋存花，蓝盛芳．2006. 广州与上海城市生态系统能值的分析比较［J］．城市环境与城市生态，19（4）：1-3.

肖清铁，陈珊，林光耀，等．2014. “草—牧—沼—蔬”循环农业模式的经济效益分析［J］．台湾农业探索（1）：49-53.

严茂超，Odum H T. 1998. 西藏生态经济系统的能值分析与可持续发展研究［J］．自然资源学报，13（2）：116-125.

严茂超，李海涛，程鸿，等．2001. 中国农林牧渔业主要产品的能值分析与评估［J］．北京林业大学学报，23（6）：66-69.

钟珍梅，翁伯琦，黄勤楼，等．2013. 以牧草为纽带的循环农业能值分析［J］. 福建农业学报，28（9）：925- 930.

Agostinho F，Diniz G，Siche R，et al. 2008. The Use of Emergy Assessment and the Geographical Information System in the Diagnosis of Small Family Farms in Brazil［J］. Ecological Modeling，210：37-57.

Amaral LP，Martins N，Gouveia J B. 2016. A review of energy theory，its application and latest developments［J］. Renewable and Sustainable Energy Reviews，54：882-888.

Amponsahj N Y，Le Coire O，Lacarriere B. 2011. Recycling flows in energy evaluation：A mathematical paradox［J］. Ecological Modelling，222：3071-3081.

Bastianoni S, Marchettini N, Panzieri M, et al. 2001. Sustainability Assessment of A Farm in the Chianti Area (Italy)[J] . Journal of Cleaner Production (9) 365-373.

Chen G Q, Jiang M M, Chen B, et al. 2006. Emergy Analysis of Chinese Agriculture [J] . Agriculture, Ecosystems & Environment, 115: 161-173.

Franzese PP, Rydberg T, Russo G F, et al. 2009. Sustainable Biomass Production: A Comparison Between Gross Energy Requirement and Emergy Synthesis Methods [J] . Ecological Indicators (9) : 959-970.

Hu QH, Zhang LX, Wang C B. 2012. Emergy-Based Analysis of Two Chicken Farming Systems: A Perception of Organic Production Model in China [J]. Procedia Environmental Sciences (13) : 445-454.

Jorge L Hau, Bhavik R Bakshi. 2004. Promise and Problems of Emergy Analysis [J] . Ecological Modeling, 178 : 215- 225.

Odum H T. 1988. Self-Organization, Transformity and Information . Science, 242: 1132-1139.

Odum H T. 1996. Environment Accounting: Emergy and Environ-Mental Decision Making [J] . New York: John Wiley & Sons, 20-50.

附　　表

农户编号：＿＿＿＿＿＿＿＿

2019 年河北省廊坊市永清县农户调查表

调查地点：河北省廊坊市永清县＿＿＿＿乡（镇）＿＿＿＿村
户主姓名：＿＿＿＿固定电话：＿＿＿＿手机：＿＿＿＿
访 谈 员：＿＿＿＿访谈日期：＿＿＿＿访谈员电话：＿＿＿＿

1. 家庭基本情况

1.1　基本情况

家庭成员编号	是否为被访人（1. 是 2. 否）	与户主关系编码①	性别（1. 男 2. 女）	年龄（周岁）	受教育年限（年）	是否村干部（1. 是 2. 否）	2009 工作情况（按 50% 以上时间计）（1. 务农 2. 务工 3. 经商 4. 学生 5. 其他）	2009 年务工时间（月）	实际打工工资（包括工钱、食宿费和各种奖金）（元/d）
1									
2									
3									

（续）

家庭成员编号	是否为被访人（1. 是 2. 否）	与户主关系编码①	性别（1. 男 2. 女）	年龄（周岁）	受教育年限（年）	是否村干部（1. 是 2. 否）	2009工作情况（按50%以上时间计）（1. 务农 2. 务工 3. 经商 4. 学生 5. 其他）	2009年务工时间（月）	实际打工工资（包括工钱、食宿费和各种奖金）（元/d）
4									
5									
6									
7									
……									

①与户主关系编码顺序：1. 户主；2. 户主配偶；3. 父；4. 母……11. 长子；12. 长媳；13. 次子；14. 次媳；15. 三子……21. 长女；22. 次女；23. 三女……99. 其他。

1.2 全家收入是否全部来自务农？ A. 是 B. 否（直接跳至问题2）

如果不是，务农占收入的比例______%

1.3 家庭主要务农劳动力是否进城务工？ A. 是 B. 否

1.4 如果是的话，他平均花在务农的时间有多少

家庭成员				
务农时间（月）				

1.5 主要劳动力进城务工后，是否有时间施有机肥？ A. 是 B. 否

施肥时间和务工时间冲突吗？ A. 是 B. 否

是否会因为进城务工而错过农技培训等学习？ A. 是 B. 否

2. 动物养殖情况

2.1　动物养殖数量

畜禽种类①			
2009 年初存栏量			
2009 年末存栏量			
2009 年出栏量			
2010 年当前存栏量			
饲养周期（d）			
饲料种类②及用量［kg/（d·只）］			

①畜禽种类：1. 仔猪；2. 育肥猪；3. 种猪；4. 母猪；5. 羊；6. 肉牛；7. 奶牛；8. 肉鸡；9. 蛋鸡；10. 鸭/鹅；11. 水产养殖；12. 其他。

②饲料种类：A. 粗饲料（干草类）；B. 青绿饲料；C. 青贮饲料；D. 能量饲料（谷实类、糠麸类、农副产品类等）；E. 蛋白质饲料（豆类、饼粕类、动物性饲料等）；F. 矿物质饲料；G. 维生素饲料；H. 添加剂饲料；I. 其他。

您是否打算扩大养殖规模	如果是，打算增加什么动物种类①	增加多少（只或头）	为什么	政府对养殖是否有补贴	政府对养殖是否有技术支持
A. 是　B. 否				A. 是　B. 否	A. 是　B. 否

①动物种类：1. 仔猪；2. 育肥猪；3. 种猪；4. 母猪；5. 羊；6. 肉牛；7. 奶牛；8. 肉鸡；9. 蛋鸡；10. 鸭/鹅；11. 水产养殖；12. 其他。

2.2　养殖经营情况

养殖场出售产品	单位	2009 年售出量	2009 年出售额	单价

（续）

养殖场出售产品	单位	2009 年售出量	2009 年出售额	单价

3. 动物粪尿处理处置情况

3.1 畜禽粪便存放情况（暂存是指粪尿进一步处理或离开农场前一定时期的处置）

畜禽种类①	暂存方式②	暂存地点③	暂存地点 下垫面④	暂存时间（月）

①畜禽种类：1. 仔猪；2. 育肥猪；3. 种猪；4. 母猪；5. 羊；6. 肉牛；7. 奶牛；8. 肉鸡；9. 蛋鸡；10. 鸭/鹅；11. 水产养殖；12. 其他。

②暂存方式：1. 室外露天堆置；2. 室外遮蔽堆置；3. 清粪后室内堆置；4. 直接处理不存放；5. 不清粪。

③暂存地点：1. 院内；2. 地块边。

④下垫面：1. 水泥地面；2. 泥土地；3. 垫塑料布；4. 其他。

3.2 粪肥处理方式

粪尿种类①	直接还田 （%）	堆沤肥 （%）	沼气发酵 （%）	化粪池 （%）	售出 （%）	堆弃 （%）

①粪尿种类：1. 猪；2. 羊；3. 肉牛；4. 奶牛；5. 肉鸡；6. 蛋鸡；7. 鸭/鹅；8. 水产养殖；9. 其他。

3.2.1　如果是遗弃，请填写如下信息

粪肥是否遗弃 A. 是　B. 否	遗弃地点与水源地的距离（km）

3.2.2　如果是堆肥，请填写如下信息

粪肥是否堆肥 A. 是　B. 否	堆肥方式[①]	堆沤后用途[②]	出售数量（m^3）	出售价格（元/m^3）

①堆肥方式：A. 槽式；B. 条剁；C. 其他。

②堆沤后用途：A. 果园；B. 菜地；C. 林地；D. 粮田；E. 出售；F. 闲置不用；G. 其他。

3.2.3　如果是进化粪池，请填写如下信息

是否有化粪池 A. 是　B. 否	有几个化粪池	建设时间	容量（m^3）	最后用途[①]

①最后用途：A. 果园；B. 菜地；C. 林地；D. 粮田；E. 出售；F. 闲置不用；G. 其他。

3.2.4　如果是沼气池，请填写如下信息

3.2.4.1　沼气池基本情况

沼气池数量（个）	建设时间	容量（m^3）	使用时间（月）	具体月份	是否连续使用 A. 是　B. 否	不能连续使用的原因[①]

①不能连续使用的原因：A 投料充足但温度低产气不足；B. 养殖减少、粪尿不足导致产气减少；C. 设备故障无法及时维修；D. 有其他燃料，不需要使用沼气；E. 家中无人；F. 其他。

3.2.4.2　正常使用沼气的主要用途及每种用途所占比重（多选并填写比例）

A. 烧水（%）	B. 煮方便面（%）	C. 热剩饭菜（%）	D. 照明（%）	E. 炒菜（%）	F. 煮粥（%）	G. 炖肉（%）	H. 其他（%）

3.2.4.3　不同季节沼气使用情况

季节	沼气使用频率	每次使用时间（h）	使用沼气的好处①	没有沼气时主要使用什么做饭
夏秋				
冬春				

①使用沼气的好处：A. 干净、卫生；B. 做饭方便省事；C. 省去买其他燃料的钱；D. 其他。

没有沼气时主要使用什么做饭：A. 煤炭；B. 液化气；C. 柴薪；D. 秸秆；E. 电力。

3.2.4.4　沼气池换料情况

自建池以来沼气池大换料次数	最近一次换料时间	出料方式①	如果是雇机械出料需要花多少钱[元/(次·池)]	如果其他用户来抽取需给多少钱（元/t）	沼液出料频率②	每年沼液出料总次数（次/年）	出料后如何处理③	是否有专门储存设备④	沼渣沼液主要用途⑤

①出料方式：A. 花钱雇机械；B. 人工用桶提出；C. 自动溢流；D. 其他用户来抽取。

②沼液出料频率：A. 池子满了出料；B. 用肥季节出料；C. 定期出料。

③出料后如何处理：A. 先存放一段时间；B. 立即用到地里或出售；C. 扔掉不用。

④是否有专门储存设备：A. 无；B. 塑料桶；C. 水泥池；D. 土坑。

⑤沼液和沼渣主要用途：A. 果园；B. 菜地；C. 林地；D. 粮田；E. 出售；F. 闲置不用；G. 其他。

3.2.4.5　沼气池维修情况

您家是否有废弃的沼气池 A. 是 B. 否	修建时间	何时停用	停用原因①	现在使用的沼气池每年维修次数②	需要维修服务时怎么办③	维修服务是否及时 A. 是 B. 不是	一般多长时间能够解决问题④	最近的沼气维修服务网点⑤	沼气维修服务网点收费⑥

①停用的原因：A. 不养殖，没有原料；B. 沼气技术设备差，无法正常使用；C. 使用一段时间后沼气设备损坏，无法维修；D. 沼气使用不方便，更愿意用其他的能源。

②现在使用的沼气池每年维修次数：A. 没有维修过；B. 1～3 次；C. 不到 5 次；D. 5 次以上

③需要维修服务怎么办：A. 打电话给服务网点即可；B. 去服务网点找人；C. 服务网点的人员巡视时就能解决问题。

④一般多长时间能够解决问题：A. 当天；B. 3 天之内；C. 一周左右；D. 时间更长。

⑤最近的沼气维修服务网点：A. 本村；B. 邻村；C. 本镇；D. 邻镇；E. 本县；F. 不清楚。

⑥沼气维修服务网点收费：A. 太高难以承受；B. 可以承受；C. 无所谓。

4. 种植业情况及有机肥利用

4.1　2009—2010 年土地利用情况

土地经营								土地条件			
实际经营耕地合计（亩）	原承包地（包括自留地和责任田）（亩）	租种他人			租给他人			大田（露地）（亩）	设施（大棚）（亩）	果园（亩）	其他（亩）
		面积（亩）	租金（元）	租期（年）	面积（亩）	租金（元）	租期（年）				

4.2　2009—2010 年作物种植及粪肥使用情况

作物种类	种植方式	面积（亩）	种植制度②	亩产（kg）	单价（元/kg）	亩施有机肥（m^3）	有机肥来源③	有机肥种类④	有机肥是否有补贴	有机肥价格（元/m^3）

（续）

作物种类	种植方式	面积（亩）	种植制度②	亩产（kg）	单价（元/kg）	亩施有机肥（m^3）	有机肥来源③	有机肥种类④	有机肥是否有补贴	有机肥价格（元/m^3）

①种植方式：1. 大田（露地）；2. 设施。

②种植制度：1. 一年一熟；2. 一年两熟；3. 一年三熟；4. 一年四熟。

③有机肥来源：1. 自家；2. 购买；3. 亲友赠送；4. 其他。

④有机肥种类：1. 猪粪（A. 干　B. 湿）；2. 牛粪（A. 干　B. 湿）；3. 鸡粪（A. 干　B. 湿）；4. 混合粪（A. 干　B. 湿）；5. 堆肥；6. 沤肥；7. 沼液沼渣；8. 商品有机肥（A. 生物有机肥　B. 一般有机肥）；9. 其他。

4.3　2009—2010 年最主要作物最大地块施肥情况（蔬菜果树优先，若有多茬请填附表）最大地块面积：______亩；作物种类：______；田块位置：______（村东、村南……）

	项目	施肥品种			
		第一种	第二种	第三种	亩施有机肥（m^3）
第一次基肥：__月__日	肥料品种代码①				
	养分含量（%）	N：__ P_2O_5：__ K_2O：__	N：__ P_2O_5：__ K_2O：__	N：__ P_2O_5：__ K_2O：__	
	亩施肥量（kg）				
	肥料价格（元/kg）				
	施肥方法②				

（续）

<table>
<tr><td rowspan="2"></td><td rowspan="2">项目</td><td colspan="4">施肥品种</td></tr>
<tr><td>第一种</td><td>第二种</td><td>第三种</td><td>亩施有机肥（m^3）</td></tr>
<tr><td rowspan="4">第二次基肥（特指）果园：__月__日</td><td>肥料品种代码</td><td></td><td></td><td></td><td></td></tr>
<tr><td>养分含量（%）</td><td>N：__ P_2O_5：__ K_2O：__</td><td>N：__ P_2O_5：__ K_2O：__</td><td>N：__ P_2O_5：__ K_2O：__</td><td></td></tr>
<tr><td>亩施肥量（kg）</td><td></td><td></td><td></td><td></td></tr>
<tr><td>施肥方法</td><td></td><td></td><td></td><td></td></tr>
<tr><td rowspan="4">种肥：__月__日</td><td>肥料品种代码</td><td></td><td></td><td></td><td></td></tr>
<tr><td>养分含量（%）</td><td>N：__ P_2O_5：__ K_2O：__</td><td>N：__ P_2O_5：__ K_2O：__</td><td>N：__ P_2O_5：__ K_2O：__</td><td></td></tr>
<tr><td>亩施肥量（kg）</td><td></td><td></td><td></td><td></td></tr>
<tr><td>施肥方法</td><td></td><td></td><td></td><td></td></tr>
<tr><td rowspan="4">第 1 次追肥：__月__日</td><td>肥料品种代码</td><td></td><td></td><td></td><td></td></tr>
<tr><td>养分含量（%）</td><td>N：__ P_2O_5：__ K_2O：__</td><td>N：__ P_2O_5：__ K_2O：__</td><td>N：__ P_2O_5：__ K_2O：__</td><td></td></tr>
<tr><td>亩施肥量（kg）</td><td></td><td></td><td></td><td></td></tr>
<tr><td>施肥方法</td><td></td><td></td><td></td><td></td></tr>
<tr><td rowspan="4">第 2 次追肥：__月__日</td><td>肥料品种代码</td><td></td><td></td><td></td><td></td></tr>
<tr><td>养分含量（%）</td><td>N：__ P_2O_5：__ K_2O：__</td><td>N：__ P_2O_5：__ K_2O：__</td><td>N：__ P_2O_5：__ K_2O：__</td><td></td></tr>
<tr><td>亩施肥量（kg）</td><td></td><td></td><td></td><td></td></tr>
<tr><td>施肥方法</td><td></td><td></td><td></td><td></td></tr>
<tr><td rowspan="4">第 3 次追肥：__月__日</td><td>肥料品种代码</td><td></td><td></td><td></td><td></td></tr>
<tr><td>养分含量（%）</td><td>N：__ P_2O_5：__ K_2O：__</td><td>N：__ P_2O_5：__ K_2O：__</td><td>N：__ P_2O_5：__ K_2O：__</td><td></td></tr>
<tr><td>亩施肥量（kg）</td><td></td><td></td><td></td><td></td></tr>
<tr><td>施肥方法</td><td></td><td></td><td></td><td></td></tr>
</table>

（续）

	项目	施肥品种			
		第一种	第二种	第三种	亩施有机肥（m^3）
第 4 次追肥：__月__日	肥料品种代码				
	养分含量（%）	N：__ P_2O_5：__ K_2O：__	N：__ P_2O_5：__ K_2O：__	N：__ P_2O_5：__ K_2O：__	
	亩施肥量（kg）				
	施肥方法				
第 5 次追肥：__月__日	肥料品种代码				
	养分含量（%）	N：__ P_2O_5：__ K_2O：__	N：__ P_2O_5：__ K_2O：__	N：__ P_2O_5：__ K_2O：__	
	亩施肥量（kg）				
	施肥方法				

①肥料品种代码：

化肥：1. 尿素；2. 碳酸氢铵；3. 磷酸二铵；4. 硫酸铵；5. 氯化钾；6. 硫酸钾；7. 复合肥（包括作物专用肥）；8. 配方肥（特指测土配方施肥）；9. 过磷酸钙（钙镁磷肥）；10. 叶面肥；11. 钙镁肥；12. 其他（请注明，如腐植酸冲施肥、土壤改良剂、液体肥等）；13. 磷酸二氢钾。

有机肥：1. 猪粪（A. 干　B. 湿）；2. 牛粪（A. 干　B. 湿）；3. 鸡粪（A. 干　B. 湿）；4. 混合粪（A. 干　B. 湿）；5. 堆肥；6. 沤肥；7. 沼液沼渣；8. 商品有机肥（A. 生物有机肥　B. 一般有机肥）；9. 其他。

②施肥方法：

基肥施用方法：A. 撒施；B. 条（沟）施；C. 穴施。

种肥施用方法：A. 肥种混播；B. 肥种分播。

追肥施用方法：A. 撒施；B. 穴施；C. 沟施（人工）；D. 沟施（机械）（选一个）；E. 灌水前施；F. 灌水后施；G. 降雨前；H. 降雨后；I. 随水冲施（选一个）。

注：基肥为播种前施肥；种肥为随播种时施用。

4.4　灌溉方式：A. 滴灌；B. 小管出流；C. 喷灌；D. 畦灌；E. 沟灌；F. 漫灌；G. 不浇水；H. 穴灌

4.5　粪肥使用方式情况

4.5.1　畜禽粪便如何运到农田？

A. 专用农机车　B. 小推车　C. 其他

4.5.2　畜禽粪便如何施入田中？

A. 农业机械　B. 非农业机械

开放性问题

1. 您用不用有机肥？

A. 是　B. 否（直接跳至6）

2. 您为什么愿意使用有机肥？

A. 提高产量、改善品质　B. 可减少化肥使用、节本　C. 提高土壤肥力　D. 其他

3. 您用什么有机肥？

A. 秸秆　B. 绿肥　C. 畜禽粪便　D. 沼渣沼液　E. 商品有机肥　F. 其他

4. 您愿意自己积肥还是购买商品有机肥？

A. 积肥　B. 购买

5. 您愿意在哪施用有机肥？

A. 设施菜田　B. 露地菜田　C. 果园　D. 大田粮食作物　E. 其他

6. 您是否得到有关有机肥施用技术的指导？

A. 是　B. 否（直接跳至9）

7. 您得到有关有机肥施用技术指导的次数？

A. 一年一次　B. 一年两次　C. 其他

8. 您从何处获取有机肥施用的相关技术？

A. 电视、报纸等新闻媒体　B. 土肥技术推广部门　C. 有机肥厂商　D. 学习他人　E. 自己摸索　F. 其他

9. 您认为较好的技术宣传途径？

A. 田间学校　B. 农技人员组织培训　C. 种植高产户传授经验　D. 发资料自学　E. 其他

10. 您想了解哪些方面的农业技术？（可多选）

A. 栽培技术　B. 施肥技术　C. 病虫害防治技术　D. 其他

11. 限制您进一步扩大有机肥施用范围的主要原因：

A. 不知如何施用　B. 臭味大、施用麻烦　C. 无明显增产效

果　D. 数量不够　E. 价格昂贵　F. 运输不便　G. 其他

12. 您在施用化肥时是否会考虑到有机肥中的养分？

A. 不会　B. 偶尔　C. 有时候　D. 经常

13. 您是否认为化肥使得越多庄稼长得越好？

A. 是　B. 否

14. 您是否认为有机肥使得越多庄稼长得越好？

A. 是　B. 否

15. 您是否知道过量施肥会造成环境污染？

A. 是　B. 否

16. 您主要根据谁的意见来购买肥料和农药？

A. 经销商介绍　B. 自己或亲友经验　C. 专家指导　D. 田间示范效果　E. 其他

17. 您会根据下列哪种原因来调整肥料实际使用量？

A. 根据农产品价格　B. 根据作物长势　C. 根据化肥价格　D. 其他

18. 如果有的肥料品种以前用过，但现在不用了，理由是：

A. 市场出现冒牌货　B. 价格过高　C. 效果不好　D. 买不到　E. 其他

19. 您购买化肥和农药时，最担心的是什么？

A. 不适合农作物需求　B. 价格过高　C. 假冒名牌　D. 质量难以保证　E. 其他

20. 您的化肥和农药经常是从哪里购买？

A. 县城及其他乡镇经销商　B. 本乡镇经销商　C. 本村经销商　D. 其他

21. 您了解中、微量元素肥料吗？（中量元素肥料指主要成分为钙、镁、硫 3 种养分中的一种或几种养分的肥料，微量元素肥料指主要成分为锌、硼、锰、钼、铁、铜、氯 7 种养分中的一种或多种养分，二者统称为中微量元素肥料。）

A. 知道并且用过　B. 听说过但没用过　C. 从未听说过

22. 您用过或听过的中微量元素肥料（用过请在序号上打钩

"√"，听过打"×"）？您认为效果怎么样？（1. 好；2. 一般 3. 没有什么效果）

[1] 钙肥________________ [2] 锌肥________________

[3] 铁肥________________ [4] 硼肥________________

[5] 钼肥________________ [6] 锰肥________________

[7] 镁肥________________ [8] 其他________________

23. 您打算在以后尝试购买或使用中微量元素肥料吗？

A. 愿意尝试　B. 不打算购买

24. 您认为目前种植存在的问题？

A. 土壤板结　B. 土壤盐渍化　C. 土传病害　D. 产量品质下降　E. 化肥价格过高　F. 其他

25. 种植作物在哪个生长时期出现病虫害问题比较严重？

A. 苗期　B. 开花期　C. 结果期　D. 收获期

26. 您认为目前家庭养殖存在的问题？

A. 有臭味　B. 院子空间有限　C. 无人购买　D. 其他

27. 您希望怎样使用家庭养殖产生的畜禽粪便？

A. 直接施用　B. 晾干后施用　C. 堆沤后施用　D. 沼气发酵后施用沼渣沼液　E. 其他

图书在版编目（CIP）数据

京津冀循环农业新技术及实践 / 王甲辰等主编 . —
北京 ：中国农业出版社，2024. 6
ISBN 978-7-109-32005-5

Ⅰ. ①京…　Ⅱ. ①王…　Ⅲ. ①生态农业—农业技术—研究—华北地区　Ⅳ. ①S-0

中国国家版本馆 CIP 数据核字（2024）第 103849 号

中国农业出版社出版
地址：北京市朝阳区麦子店街 18 号楼
邮编：100125
策划编辑：贺志清
责任编辑：史佳丽　贺志清
版式设计：王　晨　　责任校对：张雯婷
印刷：北京印刷集团有限责任公司
版次：2024 年 6 月第 1 版
印次：2024 年 6 月北京第 1 次印刷
发行：新华书店北京发行所
开本：880mm×1230mm　1/32
印张：10. 5
字数：146 千字
定价：68. 00 元
